煤层气开发与“三软”矿区瓦斯抽采

胡向志　王志荣　张振伦　著

黄河水利出版社

·郑州·

内 容 提 要

本书全面阐述了我国煤层气地质参数的测定方法及应用，着重介绍了煤层气气田的可行性评价、预测和勘探方法，深入探讨了河南省“三软”矿区低渗难抽煤层的含气性、瓦斯抽采可行性和关键技术。研究结果明确指出，在复杂地质条件下，只有采取正确的瓦斯抽采方法，才能实现“三软”矿区瓦斯的高效抽采和矿井的安全生产。

本书的煤层气气田勘探与矿井瓦斯抽采实例均来自生产第一线的科研实践，内容丰富且真实生动，可供矿山工程勘察、设计、施工、监理、安全、矿井地质工程技术人员参考，也可作为大专院校有关专业师生的参考资料。

图书在版编目(CIP)数据

煤层气开发与“三软”矿区瓦斯抽采/胡向志，王志荣，张振伦著. —郑州：黄河水利出版社，2011.5

ISBN 978-7-5509-0019-6

Ⅰ.①煤…　Ⅱ.①胡…　②王…　③张…　Ⅲ.①煤层-地下气化煤气-资源开发-研究　②煤矿-瓦斯抽放-研究

Ⅳ.①P618.110.8　②TD712

中国版本图书馆 CIP 数据核字(2011)第 066002 号

策划组稿：马广州　电话：13849108008　E-mail：magz@yahoo.cn

出 版 社：黄河水利出版社

地址：河南省郑州市顺河路黄委会综合楼 14 层　邮政编码：450003

发行单位：黄河水利出版社

发行部电话：0371-66026940、66020550、66028024、66022620(传真)

E-mail：hhslcbs@126.com

承印单位：黄河水利委员会印刷厂

开本：787 mm×1 092 mm　1/16

印张：11.25

字数：274 千字　　印数：1—1 000

版次：2011 年 5 月第 1 版　　印次：2011 年 5 月第 1 次印刷

定价：29.00 元

前 言

在全球遏制气候变暖、提倡低碳生活以及我国深入开展学习实践科学发展观活动的新形势下，煤层气开发这个朝阳产业，随着我国“十二五”规划的制定，迎来了千载难逢的“阳光政策”。瓦斯这个昔日的煤矿“超级杀手”，正堂堂正正地汇入绿色能源管网，成为造福千家万户的名副其实的“福气”。

一种新能源的开发利用，往往预示着旧的能源结构的剧烈变革。从国家规划来看，“十一五”末，也就是2010年，国家计划把地面煤层气产量提升至50亿m^3；到2015年，年产能力将突破100亿m^3；到2020年，计划达到500亿m^3。近几年，在加大地面煤层气开发的同时，煤炭系统也加大了井下瓦斯的抽采力度，使每采百万吨煤死亡人数从5年前为世界平均水平的100倍降为几十倍。2007年我国煤矿安全事故死亡人数为3 786人，其中瓦斯爆炸事故死亡人数为1 084人，比前5年下降45%。近3年来，瓦斯矿难死亡人数每年减少100余人。这充分说明，从能源安全和环境保护这两个战略层面，国家已经开始推行让煤层气变害为宝的若干重要举措。

全书撰写分工如下：绪论和第一章由河南豫中工程勘察公司胡向志撰写，全面阐述了煤层气地质参数的测定方法及煤层气气田可行性的预测方法；第二章由河南豫中工程勘察公司张振伦撰写，详细总结了我国目前先进的煤层气钻井技术与工艺；第三章由郑州大学王志荣撰写，全面分析了矿井瓦斯地质条件评价体系及应用，着重介绍了矿井瓦斯地质参数的测试方法及应用，强调了各种评价指标的系统性与相互制约性；第四章由郑州大学王志荣及河南豫中工程勘察公司胡向志撰写，系统分析了“三软”煤层瓦斯赋存特征，探讨了具有“三软”矿区特色的瓦斯抽采技术。

在本书完成过程中，得到了中国矿业大学（北京）资源与安全学院、郑州大学水利与环境学院的老师和同学们的关心与帮助。感谢李小明、蔡迎春博士，肖丽霞、李树凯、杨占进、孙龙、蒋博和胡铁成等硕士，他们在本书完成过程中，特别是在图纸清绘和文字校对过程中，给予了充分的帮助和支持！

河南省煤炭工业管理局安全处李震寰教授级高级工程师、综合处董风仪高级工程师以及河南省煤炭科学研究院有限公司地质建井室李铁强工程师，对作者给予了关心、支持、指导和热情解答问题；郑州大学水利与环境学院万长吉教授对初稿提出了若干有益的修改意见；河南省煤矿安全监察局黄体信教授级高级工程师、严振声高级工程师以及河南省煤田地质局刁良勋教授级高级工程师、范云霞高级工程师对作者给予了热情指导和帮助；河南省煤矿系统各级领导和工程技术人员，现场热情接待以及慷慨提供大量资料，在此一并致谢！

作 者

2010年12月

目　录

前　言
绪　论 ……………………………………………………………… (1)
第一章　煤层气勘查的工作方法与内容 ………………………………… (8)
　第一节　煤层气地质参数的基本概念及应用 ……………………………… (8)
　第二节　煤层气气田可行性的预测方法及应用 …………………………… (36)
第二章　煤层气气田钻井技术及工艺 ………………………………… (41)
　第一节　煤层气钻井技术 ………………………………………………… (41)
　第二节　煤层气地面抽采直井钻井工艺 …………………………………… (44)
　第三节　煤层气地面抽采定向井钻井工艺 ………………………………… (58)
　第四节　煤层气地面抽采其他钻井工艺 …………………………………… (66)
第三章　矿井瓦斯地质条件评价体系及应用 …………………………… (78)
　第一节　矿井瓦斯地质参数 ……………………………………………… (78)
　第二节　矿井瓦斯地质参数的测试方法 …………………………………… (91)
　第三节　矿井瓦斯等级鉴定与瓦斯地质分类 ……………………………… (118)
第四章　“三软”矿区瓦斯赋存及抽采技术 …………………………… (125)
　第一节　“三软”煤层的地质含义 ………………………………………… (125)
　第二节　复杂地质条件下矿井瓦斯抽采技术 ……………………………… (128)
　第三节　滑动构造区“三软”煤层含气性分析 ……………………………… (151)
　第四节　滑动构造区软煤瓦斯抽采技术 …………………………………… (159)
　第五节　滑动构造区软顶瓦斯抽采技术 …………………………………… (163)
　第六节　“三软”矿区瓦斯抽采的意义 ……………………………………… (170)
参考文献 ……………………………………………………………… (172)

绪　论

煤层气又称瓦斯,是煤化过程中的烃类产物,以甲烷为主要成分,一般占成烃总量的80%左右,其次为乙烷,占成烃总量的20%左右。甲烷是大气中主要的温室气体之一,对红外线的吸收能力极强,其温室效应是二氧化碳的20多倍。煤层瓦斯具有资源和灾害双重性,一方面煤层气作为非常规天然气,是一种发展潜力巨大的洁净能源,另一方面,世界上煤层瓦斯无论是在突出次数,还是在突出强度上都是非常严重的,因而被公认为当前煤矿五大地质灾害之首。

地球是目前已知唯一具有生命的星球,研究地球气候变暖的原因,预测其可能的变化趋势,探索其对生态系统的影响,就成为当今联合国和各国加强研究的最核心科学问题之一。毋庸置疑,当前的地球生态系统正面临大气二氧化碳浓度快速增加、温室效应日趋明显、海平面上升、异常气候渐趋频繁、生物多样性剧减等问题,这些问题已严重威胁到人类生存和自然资源的可持续发展。近年来,国际社会应对气候变化的共同意愿越来越强烈,未来低碳经济也必将成为社会发展的一个重要方向。从本质上说,所谓低碳经济,就是以低能耗低污染为基础的新型经济,其最显著的特征即寻找可再生能源与新能源,如煤的清洁高效利用、油气资源和煤层气的勘探开发。

一、煤层气开发的基本概念及其研究意义

(一)煤层气开发的基本概念

广义上讲,煤层气(coalbed gas)是指储存于煤层及其围岩中的天然气,是由气体化合物与气体元素组成的混合体。广义煤层气的组成一般以甲烷(包括少量重烃)为主,只在少数情况下以二氧化碳为主(如甘肃窑街矿区),氦、氡等稀有气体含量甚微。狭义上讲(从能源开发利用和煤矿瓦斯的角度),煤层气(又称煤层甲烷,coalbed methane)是一种储存于煤层及其邻近岩层之中的以自生自储式为主的非常规天然气。煤层气的成分以甲烷(CH_4)(包括重烃)为主,其次为二氧化碳(CO_2)、氮气(N_2)等。

煤层气资源是指以地下煤层为储集层且具有经济意义的煤层气富集体。其数量表述分为资源量和储量。煤层气资源勘查是指在充分分析地质资料的基础上,利用地震、遥感、钻井以及生产试验等手段,调查地下煤层气资源赋存条件和赋存数量的评价研究与工程实施过程。其可分为两个阶段:选区和勘探。

煤层气选区主要是指根据煤田(或其他矿产资源)勘查(或预测)和类比、野外地质调查、小煤矿揭露以及煤矿生产所获得的煤资源和气资源资料综合研究,以确定煤层气勘查目标为目的的资源评价阶段。根据选区评价的结果可以估算煤层气推测资源量。煤层气勘探则通过参数井或物探工程获得区内关于含煤性和含气性的认识,通过单井或小型井网开发试验获得开发技术条件下的煤层气井产能情况和井网优化参数。根据勘探结果可以计算煤层气储量。

煤层气开发指在勘探区按照一定的开发方案部署了一定井距的开发井网后进行的煤层

气资源的正式开采活动。煤层气通常适合进行滚动勘探开发。

煤层气开发应坚持以经济效益为中心的原则，先探明资源，落实煤层气用户，再进行开发利用，按照煤层气生产的科学程序进行工作部署，最大限度地合理利用煤层气。煤层气开发应采用先进有效的工艺技术，增加煤层气产量和稳产期限，争取高采收率和最佳的技术经济效益。煤层气开发应采用先进高效的施工技术，全面完成采气、输气、供气、净化和利用的工程建设。煤层气开发应当加强对煤层气的研究及监测，及时、准确地掌握煤层气动态，按开采阶段进行控制和调整，做好气井的产量接替，做到长期、稳定、均衡供气。

（二）煤层气开发的研究意义

煤层气是与煤伴生、共生的气体资源，其主要成分为甲烷，含量一般在90%～99%。煤层气属于易燃易爆有害气体，直接威胁着煤矿的生产安全；一旦抽放排入大气后即造成温室效应。大量研究成果表明，甲烷的温室效应是 CO_2 的 20 多倍，对臭氧层的破坏能力是 CO_2 的7倍。但它同时又是热值高、无污染的高效、洁净燃料气资源，每吨褐煤能生成38～50 m^3 煤层气，无烟煤可生成346～422 m^3 煤层气。按热值计算，1 m^3 煤层气的热值相当于1.13 L汽油和1.22 kg标准煤。若用1亿 m^3 煤层气代替煤作燃料，不仅可以大大减少大气中甲烷的含量，而且可以节省30万t煤，少排放0.36万t CO_2 和0.5万t煤烟尘。

煤层气勘探开发有以下三重意义：①煤层气是一种新型洁净能源，其开发利用可在一定程度上弥补常规油气资源的不足。在我国，无论是工业用气还是民用气都有广阔市场。丰富的煤层气资源量与广阔的市场是煤层气开发的前提。②减轻矿井灾害程度和降低矿井生产成本。长期以来，煤矿瓦斯一直是影响煤矿安全生产的主要灾害，瓦斯突出和瓦斯爆炸不仅造成重大人员伤亡事故，同时也给煤矿企业带来巨大经济损失。煤层气地面开发抽出赋存在煤层中的部分瓦斯后，可有效降低煤矿瓦斯灾害程度，减少矿井安全防治工程投入，降低矿井成本。③减少温室气体排放，保护大气环境。甲烷是大气中主要的温室气体之一，对红外线的吸收能力极强，其温室效应是二氧化碳的20多倍。

目前，我国煤层气产业化进程正在加速进行，我国局部煤层气资源的开发已经进入远距离运输和大规模利用的阶段。但若想形成开发利用比较完整的生产体系，还需加速煤层气的开发和利用，提高规模化、产业化水平。

煤层气开发技术一直是制约煤层气产业发展的重要因素。我国煤层气田普遍存在的“低渗、低压、低饱和、高地质变动程度”的“三低一高”等技术难题尚未很好地解决，目前煤层气地面井的产能十分低下，效率很低，是我国煤层气产业发展面临的主要难题。

目前，在煤层气开发中依然面临着其他问题：煤层气资源估算尚存在重大基础问题没有解决，资源探明程度需要进一步提高；煤层气开采中的环境问题；我国主要煤层气富集区煤阶偏高，渗透率很低，构造条件复杂，煤层气成藏保存条件较差，缺乏适合我国地质条件的成熟的煤层气地质理论；我国煤层气开发投资较大，输送费用高，价格偏低，使得煤层气开发投资回收期较长，经营风险较大。

我国煤层气开发研究工作应深入开展基础性研究，开创独具我国特色的煤层气地质理论和开发技术系列，并由此带动我国各地区煤层气产业的发展。其重点方向是开展煤储层非均质性研究，以及煤层气富集成藏机制、分布规律和高效勘探开发技术机理研究。地面羽状水平井开采煤层气技术应是今后的推广发展方向。

综上所述，煤层气的开采（先采气后采煤）利用，不仅可以从根本上防止瓦斯事故、保障煤矿安全,又可充分利用资源,而且可以使煤炭建井费用至少降低1/4,极大地提高煤矿经济效益。同时,开采并利用煤层气,可以有效地缓解某些由于煤炭经济衰退而带来的城市发展难题,并减轻大气污染。

二、煤层气开发与研究现状

(一)世界煤层气开发概况

世界煤层气蕴藏量丰富,目前埋深小于2 000 m的煤层气资源总量约为240万亿m^3,其储量约占世界天然气总储量的30%以上。世界上已经发现的26个最大的天然气田(大于2 830亿m^3)中,就有16个是煤层气田,居世界前五位的特大气田均为煤层气田。

全球已有29个国家开展了煤层气研究、勘探和开发活动,从事煤层气开发的各国公司有20多个。早在二三十年前,法国、德国等欧洲国家煤炭企业就已开始抽取煤层气,但由于投入较大,一直没有得到很好的发展。20世纪90年代以来,英国、德国、澳大利亚、波兰、印度等国都已经制定了相应的鼓励政策,积极推动本国煤层气的发展。如2000年4月生效的《可再生能源法》对德国的煤层气开发是个里程碑,它不仅使煤层气发电在经济上具有可行性,而且鼓励企业在相关设备上开展中长期投资。德国几家能源巨头企业随后联手在煤钢工业基地鲁尔区所在的北威州专门组建了两个煤层气开发公司,分别负责废弃煤矿煤层气的获取和利用以及运营中的煤矿的煤层气利用。

美国是目前世界上唯一实现大规模煤层气开发且商业化最成功的国家。20世纪80年代以来,为了发展煤层气产业,美国先后投入60多亿美元,进行了大规模的科研和试验,取得了总体勘探开发技术的突破。1984年,美国国会通过了煤层气享受税款补贴政策,在这项政策和大量科技成果的积极推动下,美国煤层气产业快速发展,从1983年到1995年的12年间,煤层气年产量从1.7亿m^3猛增至250亿m^3,2005年煤层气产量达到500亿m^3。预计2020年至2030年前后,燃气在世界能源结构中的比重将赶上和超过煤炭和石油。

(二)我国煤层气开发现状

我国煤层气资源潜力巨大,埋深2 000 m以浅的煤层气远景资源总量达36.8万亿m^3,与常规天然气资源基本相当,约占世界煤层气总资源量的15%。全国已探明含气面积777.78 km^2,储量1 343万亿m^3,可采资源总量约10万亿m^3。我国煤层气远景资源量比美国多15.6万亿m^3,而资源探明率很低,仅为0.36%,美国为6.4%。"十一五"期间,我国煤层气年产能为15亿m^3,而实际产量仅为7.5亿m^3,仅是美国的1.4%,可见中国煤层气产业发展潜能巨大。

我国煤层气井下抽放开始于20世纪50年代,主要是基于煤矿安全的井下瓦斯抽采,年抽采量约0.6亿m^3;最近几年,我国煤矿瓦斯抽采非常活跃,2008年,全国煤炭资源量为5.57万亿t,保有储量1.03万亿t,1.6万个煤矿采煤27.4亿t,煤层气抽采58亿m^3,利用率由前几年的19.7%提高到31%。2008年煤矿安全事故死亡人数为3 210人(瓦斯爆炸事故死亡人数为778人),百万吨煤死亡人数1.2人,由前几年是国外的100倍下降为68倍,主要是地面井发产量大幅度上升、井下抽放向抽采利用发展。地面开发煤层气产量2005年为0.3亿m^3,2006年为1.3亿m^3,2007年为3.2亿m^3,2008年突破5亿m^3。同时由以往井下抽放向井下抽采发展,每年抽采量约以10亿m^3的速度增长,如2005年为23亿m^3,2006年为32亿m^3,2007年为43亿m^3,2008年为58亿m^3。

改革开放以后，我国的煤层气开发利用才进入实质性阶段。截至2005年底，全国施工各类煤层气井615口；而2005年，全国共施工煤层气井328口，超过历史累计施工井数总和，全国煤矿瓦斯(煤层气)抽采量23亿 m^3，瓦斯抽放量已有较大幅度的增长，国有重点煤矿高瓦斯矿井初步建立了以钻孔和巷道抽采为主的瓦斯抽采系统(地面抽采系统308套、井下移动抽采系统272套)。如山西沁南煤层气开发利用高技术产业化示范工程——潘河煤层气项目，已完成钻井100口，年产能达到7 000万 m^3。黑龙江鸡西矿区大部分矿井属于高瓦斯矿井，2005年瓦斯抽采量约6 300万 m^3；在城子河矿筹建了黑龙江省第一座煤矿瓦斯发电厂，投资609万元，安装3台500 kW的发电机组，总装机容量1 500 kW，全年可利用瓦斯330万 m^3，年发电量可达1 000万 kWh，实现产值400万元，利润280万元。

2006年，中国将煤层气开发列入了“十一五”能源发展规划，并制定了具体的实施措施，煤层气产业化发展迎来了利好的发展契机。2007年以来，政府又相继出台了打破专营权、税收优惠、财政补贴等多项扶持政策，鼓励煤层气的开发利用，我国煤层气产业发展迅速，产业化雏形渐显，2007年煤层气产量即达3.2亿 m^3，比2006年增加1倍多。全国瓦斯抽采47.35亿 m^3，利用14.46亿 m^3。其中井下煤矿瓦斯抽采量44亿 m^3，完成规划目标的127%，形成地面煤层气产能10亿 m^3，是2006年的2倍。

截至2008年底，我国煤层气产量突破5亿 m^3，共钻探各类煤层气井约3 400口，形成地面煤层气产能约20亿 m^3。2008年中国煤矿瓦斯抽采量达到58亿 m^3，淮南、阳泉、水城、松藻、宁煤等10个重点煤矿企业瓦斯抽采量均超过1亿 m^3。

近年来，在新一轮大规模投资推动下，新能源产业借势崛起，中国煤层气产业迎来发展机遇。2009年国内19个产煤省市累计煤矿瓦斯抽采64.5亿 m^3，利用19.3亿 m^3，超额完成了全年煤矿瓦斯抽采利用目标。全年地面煤层气产量10.1亿 m^3，利用量5.8亿 m^3，同比分别增长102%和57%。

我国以煤炭为主要能源，不仅造成严重的环境污染，而且制约我国经济的高速发展。开发利用煤层气资源，不仅可以弥补煤炭供应缺口，而且可以改善能源质量。我国丰富的煤层气资源可作为后备战略资源，国家已将煤层气开发利用列入“十一五”能源发展规划，并为煤层气勘探开发利用提供财政支持和鼓励政策。国家《煤层气(煤矿瓦斯)开发利用“十一五”规划》提出，到2010年实现四个目标：全国煤层气(煤矿瓦斯)产量达100亿 m^3，其中地面抽采煤层气50亿 m^3，井下抽采瓦斯50亿 m^3；利用80亿 m^3，其中地面抽采煤层气利用50亿 m^3，井下抽采瓦斯利用30亿 m^3；新增煤层气探明地质储量3 000亿 m^3；逐步建立煤层气和煤矿瓦斯开发利用产业体系。

(三)我国煤层气开发展望

我国的煤层气资源量与我国的天然气总量相近，折标量为680亿 t 原煤或340亿 t 原油，是最现实、最重要的新型能源。煤层气的开发利用还具有一举多得的功效：提高瓦斯事故防范水平，具有安全效应；有效减排温室气体，产生良好的环保效应；作为一种高效、洁净能源，产生巨大的经济效益。

通过近20年来的勘探和研究工作，对我国煤层气资源状况、赋存规律、地质控制因素都有了较高认识，地面煤层气钻探、测试、排采等技术取得了长足进步，已经初步形成了符合我国地质特点的煤层气地质理论和较成熟的勘探开发技术，具备了勘探开发煤层气资源的基本条件。已经为我国煤层气产业的形成和发展壮大搭建了较好的平台。2009年中国煤层气产业化发展势头良好，目前全国煤层气钻井达到 5 000 多口，煤层气探明储量达到 1 700 亿 m^3，年产量达 7 亿 m^3，产能达 25 亿 m^3，已进入快速发展轨道。

目前，煤层气已被列入中国新能源发展范畴，而正在制订中的《新能源产业振兴发展规划》草案，也提出将圈出 15 个抽采利用煤层气的矿区、5 条煤层气长输管道路线，有关职能部门还将在财税政策上给予煤层气生产企业更多扶持，我国将进一步扩大对外合作开采……种种迹象都表明，中国煤层气将迎来大规模市场化开发。在国际发展煤层气新型能源的趋势引导下，近年来外国公司到我国寻求煤层气勘探开发机会的越来越多，他们带来了资金、技术、先进的管理经验，我国中石油、中石化等一些大企业纷纷准备了数十亿元资金，设立了非常规油气勘探开发专门机构，加快了介入煤层气勘探开发的步伐。

作为一种优质高效清洁能源，凭借良好的安全效益、环保效益和经济效益，煤层气的大规模开发利用前景诱人。煤层气可用于发电燃料、工业燃料和居民生活燃料；还可液化成汽车燃料，也可广泛用于生产合成氨、甲醛、甲醇、炭黑等方面，成为一种热值高的洁净能源和重要原料，开发利用的市场前景十分广阔。政府采取相关激励扶持政策，强力推进煤层气抽采利用。到 2015 年，国内将建成 36 个煤层气抽采利用亿方级矿区，充分利用煤层气资源，有效保护大气环境。

但是，我国煤层气开发也面临着巨大的挑战。具体表现为：①政策性问题。由于受我国能源政策的导向，目前煤层气探明程度不到 1%，与加快煤层气产业化发展的要求差距很大。②技术性问题。如煤层气气田高含气性、高渗透性和高产能区的有效预测、寻找以及控气地质因素的探索，也包括总体开发思路、获取有效参数的途径和研究评价的方法。③科学研究问题。如煤层气渗透性的机理研究及准确评价，特别是极低渗、高应力、无水或少水煤层以及厚煤层非均质性的评价问题。④工艺性问题。如新的或地质条件更复杂的地区煤层气井的完井及激化，包括工艺、技术、设备及激化机理等研究。

三、煤层气开发工作顺序及其方法

（一）煤层气开发工作顺序

煤层气开发工作宏观上一般分为资源评价、开发试验和规模开发三个阶段，具体工作可分为可行区评价、试验井施工、开采井施工以及管网布置四个步骤。

1. 可行区评价

可行区评价是指以煤层气地质理论为基础，运用地质分析的方法，在选区评价原则的指导下，完成煤层气地质研究的任务，整体评价有利区带的煤层气勘探开发潜力。其主要任务是确定勘探方向和有商业性开采价值的勘查目标。

2. 试验井施工

试验井是指对煤层气的可采性进行试验和研究，即在已证实有工业性的含油气构造、断块或圈闭上，在地震精查的基础上，以查明油气藏类型，探明油气层分布、厚度及物性变化，评价油气田规模、产能及经济价值，探明储量为目的而施工的钻井。通过对煤层气试验井的钻井、测井、试井、测试、固井、射孔、压裂、排采等，获取可靠的目标煤层煤层气评价参数和较为可信的产能参数，对煤层气层、煤层气藏的产能进行预测，提供控制储量（可能储量），提出评价钻探方案及地震精查地区。

3. 开采井施工

生产井是指为完成煤层气大规模开发而施工，即为形成石油和天然气生产能力而钻的开发井网井。科学开发井是在气藏情况已基本探明的地区，为充分有效利用已探明的储量，提高油气田的开发水平和经济效益而采用的配套的先进技术。

图 1 为煤层气开采井系统图。

图1 煤层气开采井系统图

4. 管网布置

管网布置取决于地质条件和开发规模，如进行早期的开发试验，可以采用三点法或五点法；若是进行大规模开发，可以采用方形网格法。网格类型确定后，再确定网格密度。管网布置方式有三点法、五点方形网格法、七点法和九点法等。最常见的是方形网格法（五点法）。

气田集输系统由井口至处理厂之间的气田内部集气管网、井场、集气站等组成，该系统通过集气管网将井口天然气收集起来，经过预处理后送给其后的气体处理厂，最后成为合格的产品气，外输至下游用户。

（二）煤层气开发工作方法

1. 地面垂直井开发

地面垂直井开发通常是在煤矿区外的区段进行的煤层气开发或未来 10 ~ 15 年才采煤的盘区用地面垂直井预抽。由于地面垂直井开发是采用先进的完井、压裂等技术处理的开发方式，能够形成工业化开采的规模和经济效益，因此它是煤层气开发的主要方式。

2. 井下抽放

井下抽放是指在井下利用机械设备和专用管道造成的负压，将煤层中的瓦斯抽采出来，输送到地面或其他安全地点。通过瓦斯抽采，可以降低矿井瓦斯涌出量和回采空间的瓦斯浓度，减少瓦斯隐患和各种瓦斯事故。井下抽放是一种很好的开发方式，尤其是对那些不易进行地面垂直井开发的矿区。

3. 采空区地面垂直井采气

采空区地面垂直井采气是通过采煤前施工地面垂直井，对非采气层和含水层进行套管固井及在采气层段采用筛管完井或裸眼完井技术，充分利用采煤后造成冒落带、裂缝带所构成的采空区实现造缝、降低液面和卸压过程，以达到任何水力压裂都无法达到的效果，使煤层气以工业性气流产出，从而获得采气收益和保证煤矿安全。

4. 组合开发方式

根据煤层气气田的地质特征和开采特征，需采用以下不同的组合开发方式：①原始条件煤层气地面开发；②地面开发（预先抽放）+采区井抽放（GOB）+井下抽放；③采区井抽放+井下抽放；④井下抽放（本煤层抽放、邻近层抽放、围岩抽放、井下采区抽放和采空区抽放等）；⑤废弃矿井抽放。

图2为煤层气开发组合方式示意图。

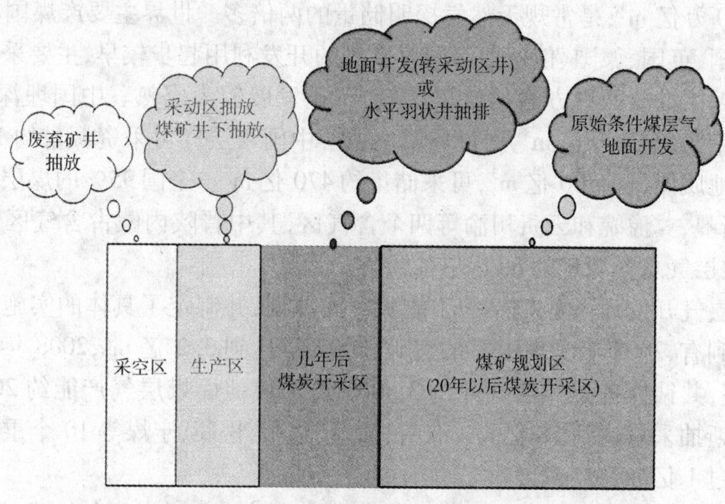

图2 煤层气开发组合方式示意图

第一章　煤层气勘查的工作方法与内容

煤层气是以煤层为源岩的自生自储式的非常规天然气。全球埋深小于2 000 m的煤层气资源约为240万亿 m^3，是常规天然气探明储量的两倍多。世界主要产煤国都十分重视开发煤层气。美国、英国、德国、俄罗斯等国煤层气的开发利用起步较早，主要采用煤炭开采前抽放和采空区封闭抽放两种方法抽放煤层气，产业发展较为成熟。中国埋深浅于2 000 m的煤层气资源量为36.8万亿 m^3，居世界第三位。中国煤层气可采资源量约10万亿 m^3，累计探明煤层气地质储量1 700亿 m^3，可采储量约470亿 m^3。全国95%的煤层气资源分布在晋陕内蒙古、新疆、冀豫皖和云贵川渝等四个含气区，其中晋陕内蒙古含气区煤层气资源量最大，占全国煤层气总资源量的50%左右。

中国将煤层气开发列入了“十一五”能源发展规划，并制定了具体的实施措施。地面煤层气开发从无到有，2005年实现了零的突破，2007年达到3.2亿 m^3，2008年突破5亿 m^3。截至2008年底，共钻探各类煤层气井约3 400口，形成地面煤层气产能约20亿 m^3。2008年中国煤矿瓦斯抽采量达到58亿 m^3，淮南、阳泉、水城、松藻、宁煤等10个重点煤矿企业瓦斯抽采量均超过1亿 m^3。

在新一轮大规模投资推动下，新能源产业借势崛起，中国煤层气产业迎来发展机遇。2009年国内19个产煤省市累计煤矿瓦斯抽采64.5亿 m^3，利用19.3亿 m^3，超额完成了全年煤矿瓦斯抽采利用目标。2009年地面煤层气产量10.1亿 m^3，利用量5.8亿 m^3，同比分别增长102%和57%。

作为一种优质高效清洁能源，凭借良好的安全效益、环保效益和经济效益，煤层气的大规模开发利用前景诱人。据《2010—2015年中国煤层气产业投资分析及前景预测报告》分析：我国煤层气可用于发电燃料、工业燃料和居民生活燃料，还可液化成汽车燃料，也可广泛用于生产合成氨、甲醛、甲醇、炭黑等方面，成为一种热值高的洁净能源和重要原料，开发利用的市场前景十分广阔。政府采取相关激励扶持政策，强力推进煤层气抽采利用。到2015年，国内将建成36个煤层气抽采利用亿方级矿区，充分利用煤层气资源，有效保护大气环境。

第一节　煤层气地质参数的基本概念及应用

一、煤层气地质参数的基本概念

煤层气田煤层气（瓦斯）地质参数主要包括资源量、资源保存条件和储层特征三个方面的内容。

（一）资源量

1. 煤层厚度

煤层顶至底的最小距离为煤层的真厚度；钻井地质录井中见煤深度与止煤深度之差为

煤层的视厚度，视厚度也可由测井曲线解释求得，视厚度与煤层倾角的余弦之积亦即真厚度。

$$H = h\cos\alpha \tag{1-1}$$

式中 H——煤层真厚度；

h——煤层视厚度；

α——煤层倾角。

2. 含气量

单位质量煤炭中煤层气的含有量为含气量，一般用 cm^3/g 和 m^3/t 来表示。

当前煤层气系统采用《煤层气含量测定方法》(GB/T 19559—2004)解吸法测定煤层气含量；煤炭系统多采用中国煤炭工业协会颁发的《地勘时期煤层瓦斯含量测定方法》(GB/T 23249—2009)测定。

3. 面积

该面积指各项用于估算煤层气资源量的指标都达到相关规范、规程要求区块的范围大小，一般用 m^2 或 km^2 来表示。

当前，一般在煤层气资源/储量计算图上，用计算机求算面积程序求得。

4. 资源量

煤层气资源量是指以一定的地质和工程为依据估算的赋存于煤中，当前可以开采或未来可以开采的，具有现实的或潜在经济意义的煤层气数量。

当前，煤层气资源量估算采用中华人民共和国国土资源部颁发的《煤层气资源/储量规范》(DZ/T 0216—2002)标准进行。其中对它的分类和估算方法都有详细论述。估算方法较多，在区块评价和勘查阶段多用体积法求得。

5. 资源丰度

单位面积含有煤层气资源量的多少为资源丰度，一般用亿 m^3/km^2 来表示。

一般用区块的总资源量与含气面积之比求得。

(二)资源保存条件

1. 埋藏深度

煤层中部至地表的垂直距离为储层的埋藏深度，一般以 m 表示。当前，埋藏深度主要由钻井地质录井或地球物理测井直接求得。

2. 直接盖层岩性及厚度

直接盖层岩性及厚度是指储层直接顶、底板的岩石构成及厚度大小。其一般由钻井取芯观察或地球物理测井解释取得，如顶、底板为密闭性好的泥岩、砂质泥岩构成，且厚度较大，有利于煤层气的保存。

3. 构造条件

构造条件是指泥炭、煤层被埋藏以后，经历的构造运动所造成的地质现象。构造条件当前主要靠地表观察、地球物理勘查和钻井验证来查明。其主要的表现形式有：地层倾角的大小，断层与褶曲的发育程度，煤体结构的破坏程度，等等。

4. 水文地质条件

水文地质条件是指地下水的存在类型、封闭条件、含水岩组的富水性及对煤层气的成藏、富集及排水降压的影响程度。良好的水文地质条件有利于煤层气的成藏、富集和排水降压，反之相反。水文地质条件可通过收集区域或区块的水文地质资料、在煤层气勘查中进行的水文地质条件调查、钻井水文观测、排采过程中相关资料总结等手段获得。

5. 地温

地温是指煤储层温度的高低及其对煤层气成藏、富集的影响程度。地温过高不利于煤层气的富集，如河南平顶山煤田当储层埋深 >900 m 时，储层温度高于 40 ℃，煤层气含量不是随储层温度的升高而增加的，而是随着储层温度的升高而降低的。

（三）储层特征

1. 煤体结构

各种煤岩成分的形态、大小及相互数量变化的统称，谓之煤体结构。这里主要指煤体原生结构的保存或破坏程度。可以划分：

（1）原生结构煤——煤的原生结构、构造等未发生破坏与变形。

（2）构造煤——在构造应力作用下煤的原生结构、构造等已发生了破坏与变形。构造煤又可进一步划分：①碎裂煤，即煤的原生结构基存在，但发生破裂，并有一定错动和位移，多为不规则棱角状角砾，粒级一般 >2 mm，煤岩成分可以识别；②碎粒煤，即受较强构造动力影响，煤已破碎成粒状，大部分颗粒已磨去棱角，粒级为 1 ~ 2 mm，构造镜面发育，煤岩成分基本可以识别；③糜棱煤，即受较强构造动力影响，煤已破碎成细粒状，并重新压紧，肉眼可见流动构造，构造揉皱镜面发育，主要粒级 <1 mm，煤岩成分不易识别。

煤层原生结构保存完好程度对煤层气的开发利用有重大影响。原生结构煤最为有利。构造煤透气性明显降低，且难改造。

2. 镜质组含量

镜质组指煤层中光亮、均一，常具内生裂隙、割理的煤岩组分。其在煤层中常呈厚几毫米至几厘米的透镜状或条带状。无论是肉眼或是镜下镜质组都易识别，并可估算其含量。

镜质组在煤化过程中产气（甲烷）量高，孔隙度相对也高，割理发育。一般认为，其含量 >70% 对煤层气的开发利用是有利的。

3. 煤的灰分含量

煤的灰分含量指在实验室条件下，煤完全燃烧后，剩余矿物残渣的百分比。在工业分析中测定煤的灰分含量，执行《煤的工业分析方法》（GB/T 212—2004）。煤的灰分含量高，煤化过程中产气量就低，煤的割理一般要差，孔隙度一般要低，这就降低了煤的渗透性和储气性，对煤层气的成藏和开发都是不利的。一般认为，煤的灰分低于 20%，对煤气的成藏和开发才是有利的。

4. 煤化作用阶段

煤化作用的实质是泥炭被埋藏以后，在不断增加的温度和压力作用下大量富氢（H）和氧（O）的挥发组分被脱除产生大量的甲烷（CH_4）使碳得到富集的过程。一般以镜质组反射率（R）将其分为低（$R<0.65\%$）、中（$0.65\%<R<1.9\%$）、高（$1.9\%<R<4\%$）三个阶段，这三个阶段通常又分别叫做低变质阶段、中变质阶段和高变质阶段（见图 1-1）。中变质阶段是煤层甲烷的产气高峰。

我国煤炭分类是工业分类，主要依据挥发分含量（V_{daf}）、黏结性指数（G）、胶质层厚度（Y）、奥亚膨胀度（b）和透光率（P_m）等指标进行，如表 1-1 所示。主要煤类大致可与图 1-1 相比较。

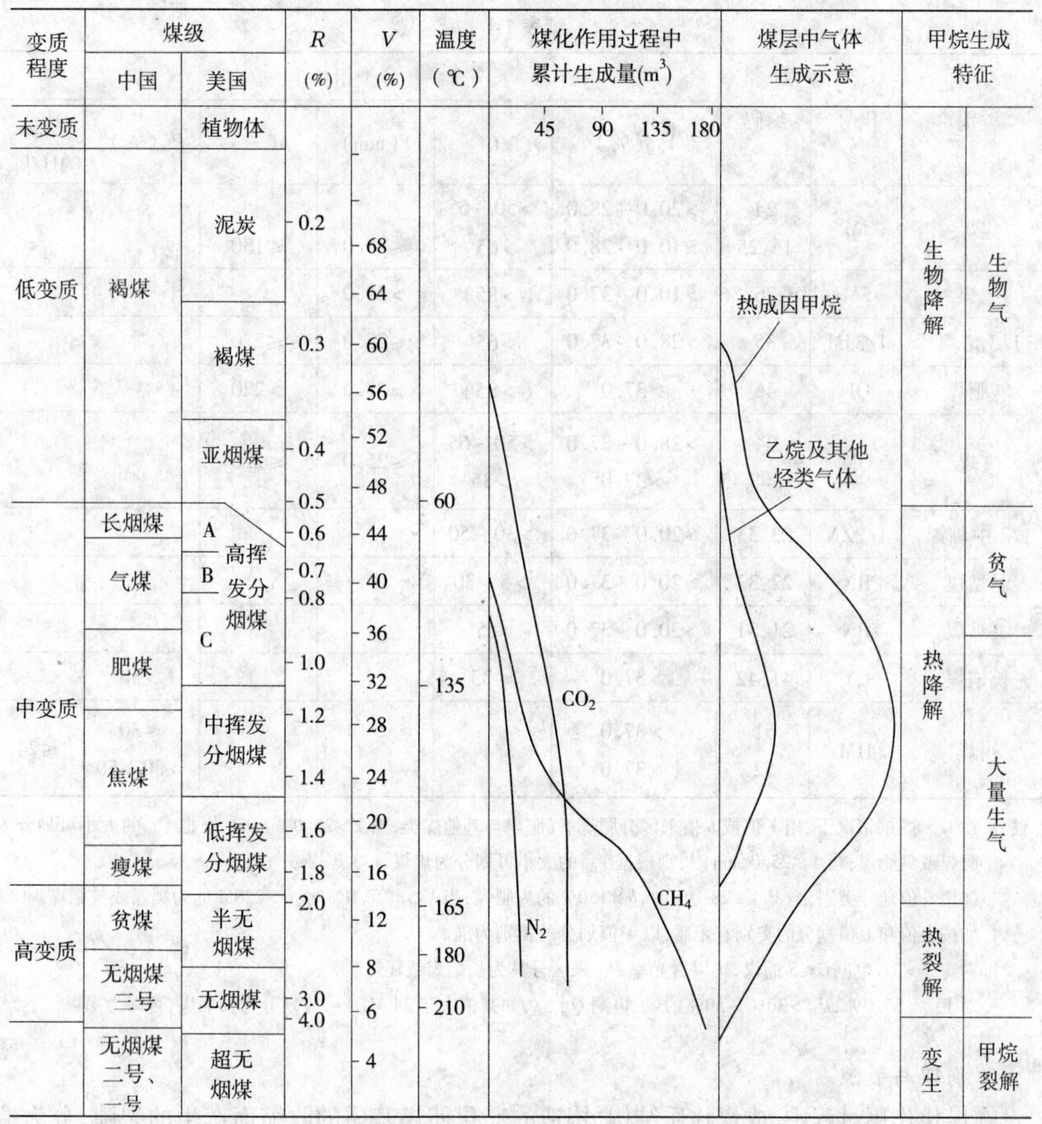

图 1-1　煤化作用阶段与瓦斯生成关系图

表 1-1　中国煤炭分类简表

类别	代号	编码	分类指标					
			V_{daf}(%)	G	Y(mm)	b(%)	P_M(%)[b]	$Q_{gr,maf}$[c] (MJ/kg)
无烟煤	WY	01,02,03	≤10.0					
贫煤	PM	11	>10.0～20.0	≤5				
贫瘦煤	PS	12	>10.0～20.0	>5～20				
瘦煤	SM	13,14	>10.0～20.0	>20～65				

续表 1-1

类别	代号	编码	分类指标					
			V_{daf}(%)	G	Y(mm)	b(%)	P_M(%)[b]	$Q_{gr,maf}$[c] (MJ/kg)
焦煤	JM	24 15,25	>20.0 ~ 28.0 >10.0 ~ 28.0	>50 ~ 65 >65[a]	≤25.0	≤150		
肥煤	FM	16,26,36	>10.0 ~ 37.0	(>85)[a]	>25.0			
1/3 焦煤	1/3JM	35	>28.0 ~ 37.0	>65[a]	≤25.0	≤220		
气肥煤	QF	46	>37.0	(>85)[a]	>25.0	>220		
气煤	QM	34 43,44,45	>28.0 ~ 37.0 >37.0	>50 ~ 65 >35	≤25.0	≤220		
1/2 中黏煤	1/2ZN	23,33	>20.0 ~ 37.0	>30 ~ 50				
弱黏煤	RN	22,32	>20.0 ~ 37.0	>5 ~ 30				
不黏煤	BN	21,31	>20.0 ~ 37.0	≤5				
长焰煤	CY	41,42	>37.0	≤35			>50	
褐煤	HM	51 52	>37.0 >37.0				≤30 >30 ~ 50	≤24

注：a. 在 $G>85$ 的情况下，用 Y 值或 b 值来区分肥煤、气肥煤与其他煤类，当 $Y>25.0$ mm 时，根据 V_{daf} 的大小可划分为肥煤或气肥煤；当 $Y\leqslant25.0$ mm 时，则根据 V_{daf} 的大小可划分为焦煤、1/3 焦煤或气煤。

如按 b 值划分类别，当 $V_{daf}\leqslant28.0\%$ 时，$b>150\%$ 的为肥煤；当 $V_{daf}>28.0\%$ 时，$b>220\%$ 的为肥煤或气肥煤。

如按 b 值和 Y 值划分的类别有矛盾，以 Y 值划分的类别为准。

b. 对 $V_{daf}>37.0\%$，$G\leqslant5$ 的煤，再以透光率 P_M 来区分其为长焰煤或褐煤。

c. 对 $V_{daf}>37.0\%$，$P_M>30\%\sim50\%$ 的煤，再测 $Q_{gr,maf}$，如其值大于 24 MJ/kg，应划分为长焰煤，否则为褐煤。

5. 割理与裂隙

在煤化作用过程中，成煤物质结构、构造的变化使煤基质的收缩面产生的裂隙，分为端割理和面割理，即我们通常所说的内生裂隙（见图 1-2）。

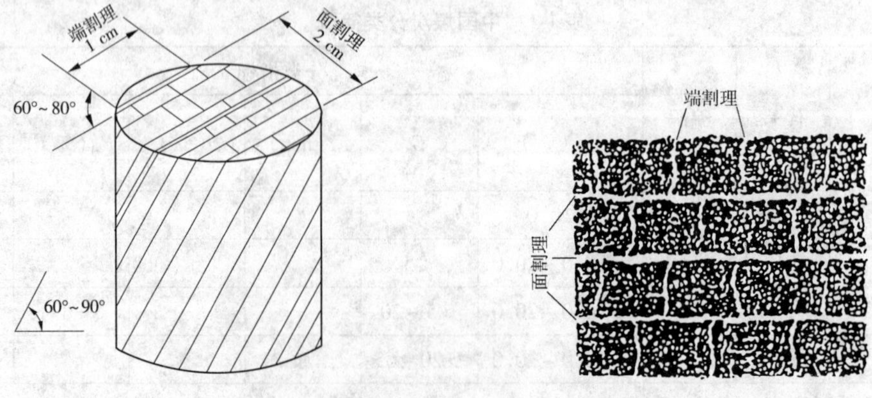

图 1-2　煤体的内生裂隙

因区域构造运动，煤层在构造应力的作用下而产生的裂隙，叫构造裂隙，即我们通常所说的外生裂隙。

以上两种裂隙主要靠钻井煤芯观测和矿井下煤层观测获取宏观裂隙的类型、密度和连通性，实验室镜下可观测微观裂隙的发育特征。

6. 煤的孔隙类型和孔隙度

煤的孔隙可按成因和孔径分为两种类型。

(1)原生孔隙：在煤层沉积时就存在的孔隙。如原生粒间孔和植物组织孔。

(2)次生孔隙：在煤化作用过程中形成的孔隙。如铸模孔、次生粒间孔、气孔等。

煤孔隙的孔径分类标准不尽相同，我国多采用如表 1-2 所示分类方案。

表 1-2　煤孔隙分类

类型	孔径(nm)
微孔	10
小孔	10 ~ 100
中孔	100 ~ 1 000
大孔	>1 000

单位体积煤中孔隙所占体积的百分比，叫孔隙度。孔隙度 ϕ 可用下式来表示：

$$\phi = \frac{V_p}{V_b} \times 100\%$$

式中　ϕ——孔隙度(%)；

V_p——孔隙体积，cm^3；

V_b——煤体体积，cm^3。

7. 煤层渗透率

在一定压力差下，煤层气储层允许流体通过它的连通孔隙的能力，叫煤的渗透率。在煤层气储层评价中一般用 10^{-3} cm^2 或 mD 来表示(1×10^{-3} cm^2 = 0.981 mD)。

探测渗透率主要有如下三种方法：①实验室测试；②地球物理测井解释；③注入－压降试井测定。

8. 储层压力及压力梯度

作用于煤储层裂隙、孔隙内壁等固体及其地下水、煤层气等流体的静水压力，叫储层压力。压力梯度是指同等水文地质条件下，储层压力随埋藏深度的增加而增加时，单位深度的增加量。通常用 kPa/m 或 MPa/100 m 来表示。我国目前采用的煤层气储层压力梯度分类如图 1-3 所示。

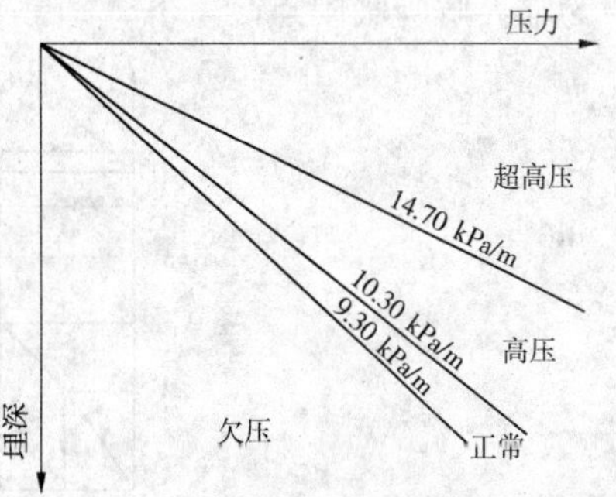

图 1-3　煤层气储层压力梯度分类

储层压力主要是通过注入－压降试井获取的，也可用观测的静止水位来换算。

压力梯度等于实测储层与储层中部埋藏深度之比。

9. 储层的解吸、吸附特征

大量的试验表明,煤对气体的解吸是可逆的(见图1-4)。其吸附量与多种因素有关,一般用三种方法来确定:①在恒压条件下测定不同温度时的吸附线(等压线);②吸附物质的量或体积一定时,比较不同温度下的压力变化(等容线);③在恒温条件下测定不同压力时被吸附物质的总量(等温线)。目前常用的是等温线法。

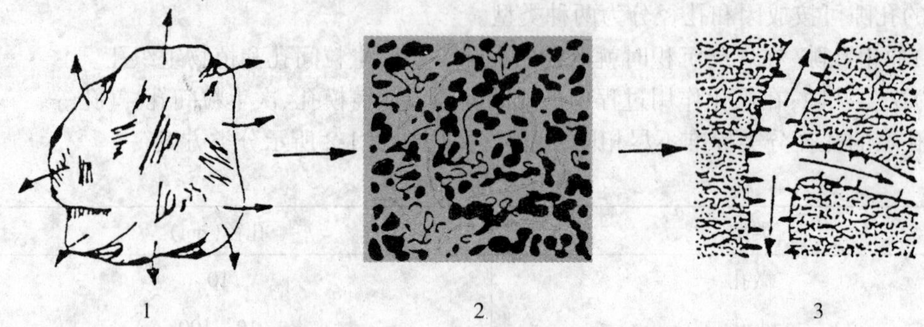

1—从煤的内表面解吸;2—从围岩的微空隙中扩散;3—从围岩结构面中流动

图1-4 煤层气储层运移模型

描述等温吸附的模型有三种,即吉布斯模型、势差理论和郎格缪尔模型。一般用郎格缪尔模型来表示:

$$V = V_L \frac{bP}{1 + bP} \tag{1-2}$$

式中 V——吸附量,m^3/t;

V_L——郎格缪尔吸附常数,m^3/t;

b——郎格缪尔压力常数,1/MPa。

在应用过程中,郎格缪尔模型通常改为如下形式:

$$V = V_L \frac{P}{P_L + P} \tag{1-3}$$

其中,$P_L = 1/b$,是吸附量达到极限吸附量50%时的压力,即当$P = P_L$时,$V = 0.5V_L$。

图1-5为郎格缪尔吸附等温线图,图中$A(P_L, V_L)$为最大吸附点;$B(P_1, V_1)$为理论吸附点;$C(P_1, V_2)$为实际吸附点;$D(P_i, V_i)$为采收过程吸附点;$E(P_n, V_n)$为枯竭吸附点;$C'(P_2, V_2)$为临界解吸吸附点。

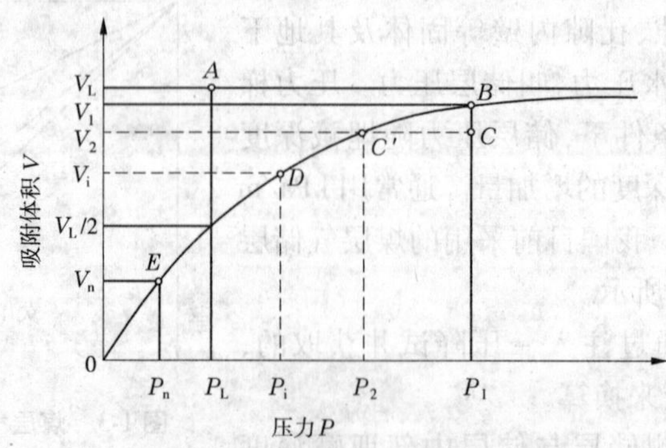

图1-5 郎格缪尔吸附等温线图

说明：

V_L：煤岩的最大吸附能力（这时 $P\to\infty$），简称兰氏体积。

P_L：吸附量 V 达到 $V_L/2$ 时所对应的压力值，简称兰氏压力。兰氏压力通常影响吸附等温线的形态参数，反映了煤层气解吸的难易，该指标值越低，脱附越容易，而开发越有利。

V_1：当前地层压力下的煤岩理论含气量。

P_1：储层压力，即当前煤储层压力。

V_2：当前地层压力下的实际含气量。

P_2：临界解吸压力，甲烷开始解吸的压力点。

V_i：排采过程中含气量。

P_i：排采过程中的储层压力。

V_n：煤层残留含气量。

P_n：煤层气井的枯竭压力。

V_2/V_1：含气饱和度。

$(V_2-V_n)/V_2$：理论最大采收率。

$(V_2-V_i)/V_2$：生产过程中动态采收率。

根据临界解吸压力和储层压力可以了解煤层气的早期排采动态。若煤层欠饱和（$V_2<V_1$），气体的解吸和流动受到抑制，煤储层压力 P_1 须降低至临界解吸压力 P_2 时才开始解吸。当 $V_2\geqslant V_1$ 时，为过饱和状态，这时 C 点位于 B 点的正上方，当煤层压力降到接近 P_1 点时就有气体产出。随着枯竭压力 P_n 的降低，最大采收率增加。因此，排采过程中要尽可能地降低枯竭压力，以获得更高的采收率。但枯竭压力的确定要受到工艺技术和经济条件等因素的制约。另外，可通过注气增加储层能量，驱替置换煤层气来提高采收率。

二、煤层气地质参数的探测方法

（一）资源量计算方法

1. 煤层厚度

在煤层气资源量计算中采用的煤层有效厚度是指扣除夹矸层的煤层厚度，又称为净厚度。探明有效厚度按如下原则确定：

（1）应是经过煤层气井试采证实已达到储量起算标准，未进行试采的煤层应与邻井达到起算标准的煤层是连续和相似的。

（2）井（孔）控程度应达到《煤层气资源/储量规范》（DZ/T 0216—2002）附录 B 井距要求，一般采用面积权衡法取值。

（3）有效厚度应主要根据钻井取芯或测井划定，当煤层倾角 >15°，井斜过大时，应进行井位和厚度校正。

（4）单井有效厚度下限值为 0.5 ~0.8 m（视含气量大小可作调整），夹矸层起扣厚度为 0.05 ~0.10 m。

2. 含气量

当前煤层气系统采用《煤层气含量测定方法》（GB/T 19559—2004）解吸法测定煤层气含量；煤炭系统多采用中国煤炭工业协会颁发的《地勘时期煤层瓦斯含量测定方法》（GB/T 23249—2009）测定。

上述方法均可采用干燥无灰基(dry,ash-free basis)或空气干燥基(air-dry basis)两种基准含气量近似计算煤层气储量,其换算关系可根据下式计算:

$$C_{ad} = 100C_{daf}(100 - M_{ad} - A_d) \tag{1-4}$$

式中　C_{ad}——煤的空气干燥基含气量,m^3/t;

C_{daf}——煤的干燥无灰基含气量,m^3/t;

M_{ad}——煤中原煤基水分(%);

A_d——煤中灰分(%)。

但是,为了保证计算结果的准确性,最好采用原煤基(in-situ basis)含气量计算煤层气储量。原煤基含气量需要在空气干燥基含气量的基础上进行平衡水分和平均灰分校正,校正公式为

$$C_c = C_{ad} - \beta[(A_d - A_{av}) + (M_{ad} - M_{eq})] \tag{1-5}$$

式中　C_c——煤的原煤基含气量,m^3/t;

A_{av}——煤的平均灰分(%);

M_{eq}——煤的平衡水分(%);

β——空气干燥基含气量与(灰分+水分)相关关系曲线斜率。

各种基准煤层气含量及平衡水分测定参照美国矿务局USBM煤层气含量测定和ASTM平衡水分测定方法。

煤层气含量测定原则如下:

(1)计算探明地质储量时,应采用现场煤芯直接解吸法(美国矿业局USBM法)实测的含气量,煤田勘查煤芯分析法(MT/T 77—94中的方法)测定的含气量也可参考应用,但宜进行必要的校正。采样间隔:煤层厚度10 m以内,每0.5~1.0 m 1个样;煤层厚度10 m以上,均匀分布10个样以上(可每2 m或更大间隔1个样)。井(孔)控程度达到《煤层气资源/储量规范》(DZ/T 0216—2002)附录B规定井距的1.5~2.0倍,一般采用面积权衡法取值,用校正井圈出大于邻近煤层气井的等值线,所高于的含气量值不参与权衡。

(2)计算未探明地质储量时,可采用现场煤芯直接解吸法和煤田勘查煤芯分析法测定的含气量。与邻近的、地质条件和煤层煤质相似的地区类比求得的含气量,可用于预测地质储量计算。必要时,也可根据煤质和埋深估算含气量,估算的含气量可用于预测地质储量的计算。

(3)矿井相对瓦斯涌出量在综合分析煤层顶、底板和邻近层以及采空区的有关地质环境与构造条件后可作为计算推测资源量时含气量的参考值。用于瓦斯突出防治的等温吸附曲线虽然也能提供煤层气容量值,但在参考引用时必须进行水分和温度等方面的校正,校正后可用于推测资源量计算。

(4)气成分测定参见GB/T 13610—92中的气体组分分析方法。煤层气储量应根据气体成分的不同分类计算。一般情况下,参与储量计算的煤层气含量测定值中应剔除浓度超过10%的非烃气体成分。

3. 面积

该面积指各项用于估算煤层气资源量的指标都达到相关规范、规程要求区块的范围大小。当前,一般在煤层气资源/储量计算图上,用计算机求算面积程序求得。

含气面积是指单井煤层气产量达到工业气流下限值的煤层分布面积。应充分利用地

质、钻井、测井、地震和煤样测试等资料综合分析煤层分布的地质规律与几何形态，在钻井控制和地震解释综合编制的煤层顶、底板构造图上圈定，储层的井（孔）控程度应达到《煤层气资源/储量规范》（DZ/T 0216—2002）中表3所规定的井距要求。含气面积边界圈定原则如下：

（1）钻井和地震综合确定的煤层气藏边界，即断层、尖灭、剥蚀等地质边界；达不到产量下限的煤层净厚度下限边界；含气量下限边界和瓦斯风化带边界。

（2）煤层气藏边界未查明或煤层气井离边界太远时，主要以煤层气井外推圈定。探明面积边界外推距离不大于《煤层气资源/储量规范》（DZ/T 0216—2002）规定井距的0.5～1.0倍，可分以下几种情况（假定规范规定距离为1个井距）：

①仅有1口井达到产气下限值时，以此井为中心外推1/2井距。

②在有多口相邻井达到产气下限值时，若其中有两口相邻井井间距离超过3个井距，可分别以这两口井为中心外推1/2井距。

（3）在有多口相邻井达到产气下限值时，若其中有两口相邻井井间距离超过2个井距，但小于3个井距，井间所有面积都计为探明面积，同时可以这两口井为中心外推1个井距作为探明面积边界。

（4）在有多口相邻井达到产气下限值，且井间距离都不超过2个井距时，探明面积边界可以边缘井为中心外推1个井距。

由于各种原因，也可由矿权区边界、自然地理边界或人为储量计算线等圈定。作为探明面积边界距离煤层气井不大于《煤层气资源/储量规范》（DZ/T 0216—2002）所规定井距的0.5～1.0倍。

4. 资源量

当前，煤层气资源量估算采用中华人民共和国国土资源部颁发的《煤层气资源/储量规范》（DZ/T 0216—2002）进行。其中对它的分类和估算方法都有详细论述。估算方法较多，在区块评价和勘查阶段多用体积法求得。

1）地质储量计算

（1）类比法。

类比法主要利用已开发煤层气田（或相似储层）的相关关系计算储量。计算时要绘制出已开发区关于生产特性和储量相关关系的典型曲线，求得计算区可类比的储量参数，再配合其他方法进行储量计算。类比法可用于预测地质储量的计算。

（2）体积法。

体积法是煤层气地质储量计算的基本方法，适用于各个级别煤层气地质储量的计算，其精度取决于对气藏地质条件和储层条件的认识，也取决于有关参数的精度和数量。

体积法的计算公式为

$$G_i = 0.01AhDC_{ad} \quad 或 \quad G_i = 0.01AhD_{daf}C_{daf} \tag{1-6}$$
$$C_{ad} = 100C_{daf}(100 - M_{ad} - A_d)$$

式中　G_i——煤层气地质储量，亿 m^3；

A——煤层含气面积，km^2；

h——煤层净厚度，m；

D——煤的空气干燥基质量密度（煤的容重），t/m^3；

C_{ad}——煤的空气干燥基含气量，m^3/t；

D_{daf}——煤的干燥无灰基质量密度,t/m^3;

C_{daf}——煤的干燥无灰基含气量,m^3/t;

M_{ad}——煤中原煤基水分(%);

A_d——煤中灰分(%)。

2)可采储量计算

(1)数值模拟法。

数值模拟法是煤层气可采储量计算的一个重要方法,这种方法是在计算机中利用专用软件(称为数值模拟器)对已获得的储层参数和早期的生产数据(或试采数据)进行拟合匹配,最后获取气井的预计生产曲线和可采储量。

①数据模拟器选择:选用的数值模拟器必须能够模拟煤储层的独特双孔隙特征和气、水两相流体的3种流动方式(解吸、扩散和渗流)及其相互作用过程,以及煤体岩石力学性质和力学表现等。

②储层描述:是对储层参数的空间分布和平面展布特征的研究,是对煤层气藏进行定量评价的基础,描述应该包括基础地质、储层物性、储层流体及生产动态等4个方面的参数,通过这些参数的描述建立储层地质模型,用于产能预测。

③历史拟合与产能预测:利用储层模拟工具对所获得的储层地质参数和工程参数进行计算,将计算所得气、水产量及压力值与气井实际产量值和实测压力值进行历史拟合。当模拟的气、水产量动态与气井实际生产动态相匹配时,即可建立气藏模型和获得产气量曲线,预测未来的气体产量并获得最终的煤层气累计总产量,即煤层气可采储量。

根据资料的掌握程度和计算精度,储层模拟法的计算结果可作为控制可采储量和探明可采储量。

(2)产量递减法。

产量递减法是通过研究煤层气井的产气规律、分析气井的生产特性和历史资料来预测储量,一般是在煤层气井经历了产气高峰并开始稳产或出现递减后,利用产量递减曲线的斜率对未来产量进行计算。产量递减法实际上是煤层气井生产特性外推法,运用产量递减法必须满足以下几个条件:

①有理由相信所选用的生产曲线具有气藏产气潜能的典型代表意义;

②可以明确界定气井的产气面积;

③产量—时间曲线上在产气高峰后至少有半年以上稳定的气产量递减曲线斜率值;

④必须有效排除由于市场减缩、修井或地表水处理等非地质原因造成的产量变化对递减曲线斜率值判定的影响。

产量递减法可以用于探明可采储量的计算,特别是在气井投入生产开发阶段,产量递减法可以配合体积法和储层模拟法一起提高储量计算精度。

(3)采收率计算法。

可采储量也可以通过计算气藏采收率来计算,计算公式为

$$G_r = G_i R_f \tag{1-7}$$

式中 G_r——煤层气可采储量,亿m^3;

G_i——煤层气地质储量,亿m^3;

R_f——采收率(%)。

煤层气采收率 R_f 可以通过以下几种方法计算：

①类比法：根据与已开发气田或邻近气田的地质参数和工程参数进行类比得出，只能用于预测可采储量的计算。

②储层模拟法：在储层模拟产能曲线上直接计算，可用于控制可采储量和探明可采储量的计算。

$$R_f = G_{PL}/G_{iw} \tag{1-8}$$

式中　G_{PL}——气井累计气体产量，亿 m^3；

G_{iw}——井控范围内的地质储量，亿 m^3。

③等温吸附曲线法：在等温吸附曲线上通过废弃压力计算，只能用于预测可采储量的计算，也可以作为控制可采储量计算的参考。

$$R_f = (C_{gi} - C_{ga})/C_{gi} \tag{1-9}$$

式中　C_{gi}——原始储层条件下的煤层气含量，m^3/t；

C_{ga}——废弃压力条件下的煤层气含量，m^3/t。

④产量递减法：在已获得稳定递减斜率的产量递减曲线上直接计算，可用于探明可采储量的计算。

$$R_f = G_{PL}/G_{iw} \tag{1-10}$$

式中　G_{PL}——气井累计气体产量，亿 m^3；

G_{iw}——井控范围内的地质储量，亿 m^3。

5. 资源丰度

资源丰度一般用预测区块的总资源量与含气面积之比求得。

$$F = \frac{G}{A} \tag{1-11}$$

式中　F——资源丰度，亿 m^3/km^2；

G——评价区块资源量，亿 m^3；

A——区块面积，km^2。

按煤层气田的储量丰度大小，将煤层气田的地质储量丰度分为4类，见表1-3。

表1-3　煤层气田的地质储量丰度分类

分类	地质储量丰度（亿 m^3/km^2）
高	>3.0
中	1.0~3.0
低	0.5~1.0
特低	<0.5

（二）资源保存条件计算方法

1. 埋藏深度

当前，埋藏深度主要由钻井地质录井或地球物理测井直接求得。根据煤层埋藏深度分为深、中、浅三类（见表1-4）。

表 1-4　煤层埋藏深度分类

分类	产层中部埋深(m)
深	>1 000
中	500 ~ 1 000
浅	<500

2. 直接盖层岩性及厚度

直接盖层岩性及厚度一般由钻井取芯观察即地质编录或地球物理测井解释取得。

3. 构造条件

当前,构造条件主要靠地表观察、地球物理勘查和钻井验证来查明。其主要的表现形式有:地层倾角的大小,断层与褶曲的发育程度,煤体结构的破坏程度等(见表 1-5)。

表 1-5　气田构造复杂程度分类

构造复杂程度		储层稳定程度		基本井距(km)
类	特点	型	特点	
第Ⅰ类 构造简单	1. 煤系产状平缓 2. 简单的单斜构造 3. 宽缓的褶皱构造	第一型	煤层稳定,煤厚变化很小,或沿一定方向逐渐发生变化	3.0 ~ 4.0
		第二型	煤层厚度有一定变化,但仅局部地段出现少量的减薄,没有尖灭	2.0 ~ 3.0
		第三型	煤层不稳定,煤层厚度变化很大,且具有明显的变薄、尖灭或分叉现象	1.5 ~ 2.0
第Ⅱ类 构造较复杂	1. 煤系地层产状平缓,但具有波状起伏 2. 煤系地层呈简单的褶皱构造,两翼倾角较陡,并有稀疏断层 3. 煤系地层呈简单褶皱构造,但具有较多断层,对煤层有相当大的破坏作用	第一型	煤层稳定,煤厚变化很小,或沿一定方向逐步发生变化	2.0 ~ 3.0
		第二型	煤层厚度有一定变化,但仅局部地段出现少量的减薄,没有尖灭	1.0 ~ 2.0
		第三型	煤层不稳定,煤层厚度变化很大,具有明显的变薄、尖灭或分叉现象	0.5 ~ 1.0
第Ⅲ类 构造复杂	1. 煤系地层呈紧密复杂褶皱,并伴有较多断层,产状变化剧烈 2. 褶皱虽不剧烈,但具有密集的断层,煤层遭受较大破坏 3. 煤层受到火成岩体侵入,使煤层受到严重的破坏	第一型	煤层稳定,煤厚变化很小,或沿一定方向逐步发生变化	1.0 ~ 2.0
		第二型	煤层厚度有一定变化,仅局部地段出现少量的减薄,没有尖灭	0.5 ~ 1.0
		第三型	煤层不稳定,煤层厚度变化很大,具有明显的变薄、尖灭或分叉现象	0.5

4. 水文地质条件

水文地质条件可通过收集区域或区块的水文地质资料、在煤层气勘查中进行水文地质条件调查、钻井水文观测、对排采过程中相关资料进行总结等手段获得。

5. 地温

一般储层温度由钻井、测井取得。

(三)储层特征测试方法

1. 煤体结构测试方法

煤体结构是煤的物质组成和构造作用的产物,其空间分布规律可通过煤岩学、构造地质学、测井等描述。以往煤层气勘探开发的实践表明,原生结构和碎裂煤的渗透性较好,是最有利的储层。因此,煤体结构的研究为储层渗透性的中尺度预测提供了一种可行的方法。煤体结构区域上强烈的非均质性,预示着煤层气储层的非均质性,不仅影响煤层气的赋存,更重要的是影响其勘探开发。瓦斯地质学依据煤层遭受构造破坏的强弱程度,将煤体结构划分为原生结构煤、碎裂煤、碎粒煤和糜棱煤四类。

煤体按其变形由弱到强依次经历脆性变形、脆 - 韧性变形和韧性变形三个阶段,相应地,存在着脆性变形标志、脆 - 韧性变形标志和韧性变形标志。按尺度分,有宏观标志、细观标志和微观标志。

2. 镜质组含量测试方法

镜质组指煤层中光亮、均一,常具内生裂隙、割理的煤岩组分。其在煤层中常呈厚几毫米至几厘米的透镜状或条带状。无论是肉眼或是镜下镜质组都易识别,并可估算其含量。

3. 煤的灰分含量测试方法

在工业分析中测定煤的灰分含量,执行《煤的工业分析方法》(GB/T 212—2001)。

4. 煤化作用阶段

我国煤炭分类是工业分类,主要依据挥发分含量(V_{daf})、黏结性指数(G)、胶质层厚度(Y)等指标进行。分类方案见表1-1。

5. 割理与裂隙测试方法

内生裂隙与外生裂隙主要靠钻井煤芯观测和矿井下煤层观测获取宏观裂隙的类型、密度和连通性,实验室镜下可观测微观裂隙的发育特征。

煤中裂隙的研究以采集裂隙参数为途径,以识别裂隙的类型、切割关系、空间分布规律和形成机制为内容,以查明裂隙对煤层气勘探开发的影响为目的。裂隙参数包括张开度、长度、高度、产状、充填特征、裂隙密度及空间组合特征等。这些参数的获得主要通过矿井下煤壁或钻孔岩芯观测查明裂隙的宏观特征,通过室内光学显微镜、电子显微镜和原子显微镜等的观测查明裂隙的微观特征。

6. 煤的孔隙类型和孔隙度测试方法

煤的孔隙类型和孔隙度的主要探测方法有:

(1)在光学显微镜、电子显微镜和原子显微镜下观测,不仅可以确定孔隙形态、大小和连通性,还可以确定它的成因类型。

(2)主要用压汞法直接测定。

(3)测定真密度和视密度后进行换算,间接获取。

7. 煤层渗透率测试方法

探测渗透率主要有如下三种方法:实验室测试、地球物理测井解释、注入 - 压降试井测定。

1）实验室测试

储层的绝对渗透率、相对渗透率的试验测试，是在渗透率仪上进行的。常规油气储层所采用的渗透率仪，对煤层而言适用性较差。为此，许多研究者对原有的渗透仪进行了不同程度的改进，但基本原理无本质上的变化。

用这些改进了的装置可有效测定煤的绝对渗透率和相对渗透率，但测定时所用气体必须是氮气或氦气，而不能是甲烷，因甲烷易被煤体吸附，同时吸附后造成煤体膨胀，影响渗透率的准确测定。相对渗透率的测定有两种方法：一种是非稳态法，该方法首先用盐水将煤芯饱和，而后注入气体排出盐水，记录随时间排出的水和气量及压力等数据，计算出气、水相对渗透率；另一种是稳态法，该方法是同时将水和气体在一定压力下恒速注入煤芯，记录水、气的排出量随时间的变化情况，求出相对渗透率。非稳态法更适合于孔隙度低的煤芯。

2）地球物理测井解释

（1）裂缝孔隙度的计算。

根据双侧向测井资料和煤的体积模型可计算裂缝孔隙度。煤层体积模型认为煤是由碳、灰和孔隙三部分组成的。对于电阻率测井，可把所测的电阻率看成是由碳、灰、基质孔隙和裂缝孔隙四部分电阻率并联的结果，即

$$\frac{1}{R}=\frac{v_c}{R_c}+\frac{v_a}{R_a}+\frac{v_b}{R_b}+\frac{v_f}{R_f} \tag{1-12}$$

式中 R——煤层电阻率测量值；

R_c——碳的电阻率；

R_a——灰的电阻率；

R_b——基质孔隙的电阻率；

R_f——裂缝孔隙的电阻率；

v_c——碳的相对体积；

v_a——灰的相对体积；

v_b——基质孔隙度；

v_f——裂缝孔隙度。

若采用双侧向测井，则

$$\frac{1}{R_t}=\frac{v_c}{R_c}+\frac{v_a}{R_a}+\frac{v_b}{R_b}+\frac{v_f}{R_f} \tag{1-13}$$

$$\frac{1}{R_a}=\frac{v_c}{R_c}+\frac{v_a}{R_a}+\frac{v_b}{R_b}+\frac{v_f}{R_f} \tag{1-14}$$

式中 R_t——深侧向电阻率值；

R_a——浅侧向电阻率值。

由于煤储层原始状态下孔隙中水的饱和度为100%，深侧向探测的是地层的电阻率，可认为裂缝电阻率等效于地层水电阻率；而浅侧向探测的主要是侵入带的电阻率，可认为裂缝电阻率等效于泥浆滤液的电阻率；基质孔隙不含可动水，不受泥浆侵入影响。因此，上述式(1-13)、式(1-14)可变换为

$$\frac{1}{R_t}=\frac{v_c}{R_c}+\frac{v_a}{R_a}+\frac{\phi_f^{mf}}{R_w}+\frac{v_b}{R_b} \tag{1-15}$$

$$\frac{1}{R_a} = \frac{v_c}{R_c} + \frac{v_a}{R_a} + \frac{\phi_f^{mf}}{R_{mf}} + \frac{v_b}{R_b} \tag{1-16}$$

式中　ϕ_f——裂缝孔隙度；

R_w——地层水的电阻率值；

R_{mf}——泥浆的电阻率值；

mf——裂缝孔隙度的胶结指数。

将上述两式相减得

$$\frac{1}{R_t} - \frac{1}{R_a} = \frac{\phi_f^{mf}}{R_w} - \frac{\phi_f^{mf}}{R_{mf}} \tag{1-17}$$

整理得

$$\phi_f = \left(\frac{1/R_t - 1/R_a}{1/R_w - 1/R_{mf}}\right)^{1/mf} = \left(\frac{C_t - C_a}{C_w - C_{mf}}\right)^{1/mf} \tag{1-18}$$

式中　C_t、C_a——深、浅侧向电导率；

C_w、C_{mf}——地层水和泥浆滤液的电导率。

当地层水电阻率与泥浆滤液电阻率相比较大时，式(1-18)可改写为

$$\phi_f = [R_{mf}(1/R_a - 1/R_t)]^{1/mf} \tag{1-19}$$

当地层水电阻率与泥浆滤液电阻率相比较小时，式(1-18)可改写为

$$\phi_f = [R_w(1/R_t - 1/R_a)]^{1/mf} \tag{1-20}$$

这样，利用式(1-18)、式(1-19)、式(1-20)就可计算裂缝孔隙度。

(2)渗透率的计算。

Faivre 和 Sibbit 提出了一种利用双侧向测井计算渗透率的方法，即 F－S 计算方法：

$$k_f = \frac{8.33 \times 10^6 h_f c_f}{h_m} \tag{1-21}$$

$$h_m = \frac{h_f}{\phi_f}, \quad \phi_f = \left(\frac{\rho_{LLS} - \rho_{LLD}}{\rho_{mf} - \rho_w}\right)^{1/mf} \tag{1-22}$$

$$h_f = \frac{\rho_{LLS} - \rho_{LLD}}{\rho_{mf}} \tag{1-23}$$

式中　k_f——储层裂缝渗透率；

c_f——比例因子，由各地区统计数据求取，或由地区经验取值，也可由试验测定；

h_f——垂直裂缝宽度；

ρ_{LLS}、ρ_{LLD}——浅侧向和双侧向电导率。

式(1-21)可改写为

$$k_f = 8.33 \times 10^6 c_f \phi_f \tag{1-24}$$

3)注入－压降试井测定

众多的储层参数可通过试井获取，如储层压力、压力梯度、渗透率、流动系数、表皮系数、调查半径、储层温度、破裂压力、破裂压力梯度、闭合压力、闭合压力梯度等。油气领域试井方法较多，但对煤层气而言，目前被人们公认的是注入－压降试井。这是由于采用注入－压降试井，可保证在煤储层内形成单相水流，从而获取单相水流的渗透率。如果采用压力恢复试井，则容易形成气水两相流。

注入－压降试井是压力不稳定试井的一种，是通过向测试段（煤储层）以恒定排量注入一段时间水后关井，分别记录注入期和关井期的井底压力数据，据此进行储层参数计算。从理论上分析，注入期和关井期的井底压力数据均可用于求取储层参数，但由于注入期时间较短、注入流量常有波动等因素干扰，分析结果常常失真，故多采用关井期的压力衰减数据进行参数计算。

储层中煤层气赋存的特殊性，决定了试井方法的局限性。试井时要求单相水流条件的存在，即不发生煤层气解吸，而注入－压降试井是形成这一现象的最有效方法，尤其适用于水饱和储层，所以目前煤层气勘探活动中将此方法作为首选方法。注入－压降试井以快速、探测半径大和可用于压裂后的分析为特点，但费用高，对低渗储层操作难度大。

8. 储层压力及压力梯度测试方法

储层压力主要是通过注入－压降试井获取的，也可用观测的静止水位来换算。压力梯度等于实测储层与储层中部埋藏深度之比。

$$K = \frac{P}{H} \tag{1-25}$$

式中 K——储层压力梯度，MPa/100 m；

P——储层压力，MPa；

H——储层中部埋深，100 m。

9. 储层的解吸、吸附特征测试方法

1）解吸特征测试方法

储层的解吸特征是用《煤的高压等温吸附试验方法 容量法》（GB/T 19560—2004）获得相关参数来表征的。如兰氏体积和兰氏压力、理论最大含气量、临界解吸压力、临储压力比、吸附（含气）饱和度等。

获得以上参数的方法主要有两种：

（1）利用兰氏方程计算。

$$V = \frac{V_L P}{P_L + P} \tag{1-26}$$

式中 V_L——兰氏体积，反映为近似最大吸附量；

P_L——兰氏压力，当达到最大吸附量的 1/2 时的压力；

V——所求的含气量（P 用储层压力时，求得理论最大含气量）；

P——所求的储层压力（V 用实测含气时，求得临界解吸压力）。

（2）利用吸附等温线求得。

图 1-6 为煤层吸附等温线图，近似反映了在等温（储层温度）煤层气吸附量与压力的关系。可利用实测储层压力求得理论最大含气量，利用实测含气量求得临界解吸压力，若推定废弃（枯竭）压力，可求得废弃含气量，进而求出采出量。煤层气的含气饱和度是指临界解吸压力下的实测含气量与理论最大含气量比值的百分数，而临储压力比则指临界解吸压力与储层压力比值的百分数，具体算式如下：

$$\text{吸附(含气)饱和度} = \frac{\text{实测含气量}}{\text{理论最大含气量}} \times 100\%$$

$$\text{临储压力比} = \frac{\text{临界解吸压力}}{\text{储层压力}} \times 100\%$$

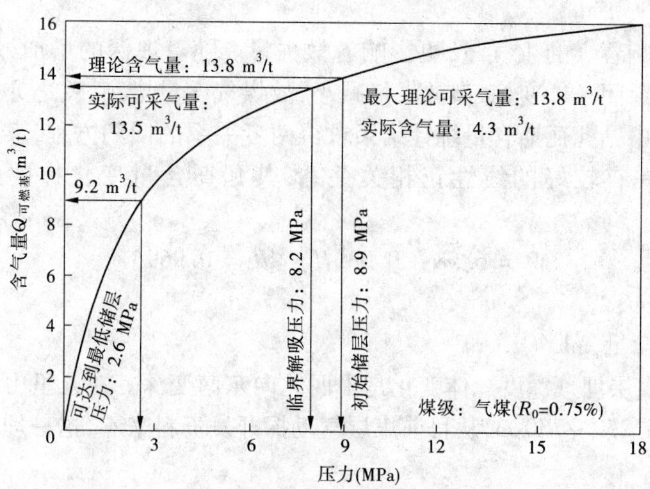

图 1-6 煤层吸附等温线图

2)吸附特征测试方法

煤的吸附特征的测试方法有三种:体积法、重量法和色谱法。

体积法以 Boyle 定律为依据,即测量同一温度不同压力下煤样的吸附、解吸气体体积,然后换算为标准状态下单位重量无水无灰基煤样的吸附、解吸量,按前述的方法求取兰氏常数,得到吸附方程,绘制吸附等温线。

重量法是通过测量吸附、解吸气体的重量随压力的变化而实现的。目前常用的是灵敏恒定载荷天平和高压微量天平。后者的测试结果要进行浮力校正,即实测重量排除浮力影响后就是吸附、解吸气体重量。这种方法适合研究微量样品,如显微组分的吸附能力。

色谱法是根据不同气体在吸附剂中的流动速度不同来测试的。对纯气体而言,简单的物质平衡就可计算吸附量。对混合气体而言,必须测定各种气体的成分和吸附量。

我国目前采用的是《煤的高压等温吸附试验方法 容量法》(GB/T 19560—2004)标准。

三、煤层气地质参数的应用

焦作煤田是河南省重要的产煤基地,煤炭资源丰富,煤层赋存稳定,煤炭勘探开发程度高。根据以往煤田勘探和煤矿生产补充资料,焦作煤田煤层气(瓦斯)含量高,具有较好的煤层气开发前景。

由于人口、资源环境及经济、科技等因素的制约,河南省能源供应与经济迅速增长存在着长期的矛盾。开发和利用煤层气,既能充分安全地利用现有能源——煤炭和煤层气,又能保护环境,保持经济与社会的协调发展,所以开发和利用煤层气是大势所趋。

该区的主要煤层有两层,分别是太原组的$一_2$煤层和山西组的$二_1$煤层。其中太原组的$一_2$煤层普遍发育,层位较稳定,结构简单,为大部分可采煤层,但煤层勘探程度较低,无含气性等资料。首选区九里山矿又开采$二_1$煤层,补勘及矿井生产有关$一_2$煤层的资料很少;而山西组$二_1$煤层厚度大,普遍发育,层位稳定,结构简单,煤层气含量高,是九里山矿唯一的开采煤层,也为该区煤层气勘探开发的目的层。现在根据已经获得的资料对$二_1$煤层进行分析评价。

(一)埋藏深度

煤层的埋深影响着煤的生气量,更影响着散失量。随着埋深的增加,煤层的生气量增加,而透气性下降,封闭条件变好,而散失量减小,故煤气含量增高,反之亦然。据成恒棠对焦作矿区地勘报告中钻孔瓦斯含量统计结果求得两者关系的回归方程,煤层瓦斯含量与埋藏深度两者之间具有较好的线性正相关关系,其瓦斯含量变化梯度为每 100 m 3.8 mL/(g·r)。

$$W = 6.58 + 0.033H \quad (R = 0.969)$$

式中　H——埋深,m;

W——瓦斯含量,mL/(g·r)。

九里山矿二$_1$ 煤层埋藏深度总体变化是由西北向东南变深。在九里山矿现保存煤储量中,煤层埋深一般在 250 ~750 m,从目前煤层气勘探开发资料来看,这一埋深是煤层气开采的较佳深度。

(二)煤层厚度

开采区揭露二$_1$ 煤层厚 0 ~12.93 m,平均厚 5.44 m,以半亮型煤为主。钻孔资料和生产补充资料显示二$_1$ 煤层厚度多集中在 3.00 ~7.00 m。

本区二$_1$ 煤层厚度变化规律明显,主要由下列因素引起:煤层底板的 NW 向隆起,是引起煤厚变化的主要原因,使煤厚、薄条带相间排列,呈 NW 向展布;其次,伪顶及煤层顶部揉皱及小断层引起局部煤厚变化。二$_1$ 煤层厚度变化的因素,主要是构造对其的影响。

(1)底板 NW 向隆起引起的煤厚变化:二$_1$ 煤层厚度的变化在平面上表现为等值线呈 NW 向展布,厚煤带与薄煤带相间排列;在剖面上表现为煤层底板起伏不平,而顶板相对平整。煤层底板起伏不平的展布方向为 NW 向,与煤厚等值线展布方向一致,底板隆起的地区与薄煤带范围相一致。

(2)伪顶揉皱引起的煤厚变化:在 16 勘探线以西具有伪顶的地区,煤层顶部与伪顶一起揉皱,煤层在局部范围内频繁增厚变薄。由于强烈挤压,煤层顶部及伪顶发生极不协调的形变,煤层挤入伪顶或伪顶挤入煤层,在剖面上表现为煤层发生分层或上部具有夹矸,煤厚变化较大。

(3)小断层引起的煤厚变化:井田内落差小于 2 m 的断层比较发育,由于断层落差小,往往仅断开煤层顶板或煤层顶板而不切穿整个煤层,这样就会引起一定范围内的煤厚变化,即断层上盘煤层变薄而下盘煤厚无大的变化。

从煤厚变化特征可以看出,煤层底板呈 NW 向隆起以及伪顶揉皱引起的煤厚变化,是在后期构造应力作用下,煤层在其顶底板之间发生塑性形变的结果。

构造运动是煤体发生塑性形变的动力来源。燕山中早期的 NW 向挤压和燕山期早喜山期的 NE 向挤压,尤其是后者控煤作用显著。煤层直接与砂岩顶板接触,砂岩顶板上发育有两组方向不同的擦痕,其方向为 121°,砂岩顶板在地质历史上曾发生过两次不同方向的相对滑动。

顶底板岩石力学性质的不同是底板隆起的重要原因之一。二$_1$ 煤层顶板一般为粉砂岩、砂岩,部分为砂质泥岩,其上 5 m 左右即为厚层砂岩(大占砂岩),底板为厚层泥岩偶夹细砂岩薄层。顶底板岩性不同,二者力学性质差别较大。当煤层在构造应力作用下,顶、底板之间发生塑性形变时,靠近顶板的煤层,当有伪顶时则与伪顶一起揉皱,而顶板正常;当没有伪顶时,煤层顶部则形成破碎的构造煤,并在顶板上留下擦痕。靠近底板的煤层,底板产生与煤层迁移方向垂直的 NW 向隆起,导致了煤层厚薄条带相间排列,呈 NW 向展布。

$二_1$ 煤层的原生结构受到各期断层的破坏,垂向上一般可分为 3 个自然分层,即顶部 0.3 ~ 1.0 m 为糜棱煤和碎粒煤,中部为原生结构煤和碎裂煤,底部 0.25 ~ 0.34 m 为糜棱煤和碎粒煤,且分布较稳定;在平面上受区内断层构造控制有一定的差异性,甚至全部为糜棱煤或碎粒煤。

按目前煤层气储量规范,九里山矿煤系地层产状平缓,具有波状起伏,煤层厚度变化较小,$二_1$ 煤层倾角平均 13°。煤层及其原生结构遭受了一定破坏,构造类型应属Ⅱ类 2 型。

(三)煤岩与煤质

$二_1$ 煤层顶部及底部为碎裂 - 碎粒煤,中部为原生结构煤,似金属光泽,条痕灰黑色,贝壳状,锯齿状断口,条带状结构,层状构造,真密度(TRD)1.58 g/cm^3,视密度(ARD)1.48 g/cm^3。煤的总体光泽较强,颜色刚灰色,宏观煤岩类型以半亮煤为主。$二_1$ 煤层煤尘无爆炸性,属不易自燃发火煤层。

$二_1$ 煤层原煤、浮煤水分平均值分别为 1.20%、1.24%;$二_1$ 煤层原煤灰分平均值为 14.31%,属低灰煤;$二_1$ 煤层原煤挥发分平均值为 6.43%;$二_1$ 煤层原煤发热量平均值为 27.52 MJ/kg。

据镜鉴结果,由于煤的变质程度高,显微有机成分已不易辨别,有机质中大部分为基质镜质体、可胶结黏土矿物等,部分为无结构镜质体,少见碎屑镜质体;团块状镜质体多显示不均匀反光性,正交偏光下显示强非均质性,结构体多已形变或至破碎状,少见未受形变的结构体,偶见微粒体;镜质组反射率为 3.92%,变质阶段为Ⅷ。

作为本区煤层气开发目的层,在这点上具有和山西晋城 3# 煤岩煤质相似的条件。

(四)储层物性

1. 煤的演化程度

燕山运动之前,$二_1$ 煤层以深成变质作用为主,煤变质程度处于低变质肥气煤阶段,然而,燕山运动的强烈褶皱、断裂及大规模的岩浆活动使该区受到区域岩浆热液作用的影响,区域岩浆产生的气水热液,对煤及围岩产生了极大的影响,$二_1$ 煤层附近围岩形成了叶蜡石化、绢云母化和热液形成的石英脉,镜下观察煤有机组分大多具明显的各向异性,发育有在正交偏光下显示黑十字小球体,片状镶嵌结构,流动状结构。因此,煤的变质作用是在浅成变质作用的基础上叠加了区域岩浆热液变质作用的结果。按 GB/T 5751—2009 中国煤炭分类国家标准:$二_1$ 煤层为无烟煤Ⅲ号,属于最高变质阶段。

根据已收集的九里山矿$二_1$ 煤层煤岩鉴定资料,可以判定镜质组占有机显微煤岩组分的绝大多数,煤层镜质组含量越高,生气潜力越大。因此,九里山矿的$二_1$ 煤层具有较强的生气能力。煤的热演化程度普遍较高,煤阶为无烟煤Ⅲ号。由此可见,九里山矿的$二_1$ 煤层具有镜质组含量高、热演化程度高、生气量高的“三高”特点。

2. 储层渗透性

本区的以往勘探资料中渗透性资料较少。而相邻中马村井田以往测得$二_1$ 煤层渗透率为 $0.001\times10^{-3}\mu m^2$,经水力压裂处理后,渗透率可达 $0.7616\times10^{-3}\mu m^2$。恩村井田 CQ6 参数井测试获得$二_1$ 煤层的渗透率为 $0.002\times10^{-3}\mu m^2$。古汉山井田 4 口试验井用钻杆地层测试法（DST 法），测得二$_1$ 煤层的渗透率见表 1-6。

表 1-6 古汉山井田 4 口试验井渗透率（DST 法）

井号	古 1	古 2	古 3	古 4
煤层原始渗透率（$\times 10^{-3}\mu m^2$）	1.56	3.12 ~ 3.87	75.79 ~ 82.62	21.60

但上述资料来源于 1995 ~ 1996 年，目前认为 DST 法不适宜对煤层进行测试，该资料对目前的煤层气勘探开发具有一定参考价值。

但据九里山矿宏观煤岩资料：二$_1$ 煤层在垂向上一般可分为 3 个自然分层，且分布较稳定；可以肯定煤层受到该区构造的影响，推断煤层中受构造控制的裂隙系统应是比较发育的，但可能为煤粉等细粒物所充填。

根据恩村井田 EC 试 －1 井注入 － 压降法测试结果，其二$_1$ 煤层渗透率为 0.02 mD（1 mD 约为 $1.00\times 10^{-3}\mu m^2$），煤层上部为 5.40 m 的块状煤，下部 2.15 m 为碎裂煤＋碎粒煤，推断九里山矿二$_1$ 煤层的渗透率与 0.02 mD 接近，煤的渗透性差。

3. 割理与裂隙

煤样鉴定资料表明，本区煤岩变质程度较高，为无烟煤Ⅲ号。目前未见到关于该区煤层割理发育程度的资料，因属于无烟煤Ⅲ号，加之构造中等复杂，煤层有瓦斯突出危险，推断小断层及外生裂隙比较发育。煤矿开采资料表明，中小断层西多东少，西部断层以北西向为主方向，东部以北东向为主方向。

（五）煤层气保存条件

二$_1$ 煤层顶板一般为粉砂岩、砂岩，部分为砂质泥岩，其上 5 m 左右即为厚层砂岩（大占砂岩），底板为厚层泥岩偶夹细砂岩薄层。封盖能力较强。顶、底板岩性的差异对瓦斯封闭作用有所不同，二$_1$ 煤层顶、底板以泥岩、砂质泥岩为主，透气性较差，对瓦斯的扩散起封闭、阻隔作用，为煤层中瓦斯的保存创造了有利的条件。

其浅部的煤层露头成为本区的瓦斯逸散边界，中部马坊泉断层、深部西苍上断层受其力学性质的影响瓦斯含量有所减少，而其东西边界虽有小断裂破坏了煤层联系性，但不利于瓦斯逸散。

矿区煤层甲烷含量为 7.48 ~ 39.69 mL/（g · r），平均 18.36 mL/（g · r），通过对本区构造分析及煤层瓦斯赋存特征可以看出：－100 m 以浅为瓦斯风化带。马坊泉断层以北煤层埋深 200 ~ 500 m，甲烷含量为 10 ~ 30 mL/（g · r），该断层以南，随着煤层埋藏深度的增加甲烷含量为 20 ~ 40 mL/（g · r）。在断层附近的钻孔受断层对瓦斯逸散作用的影响，气含量变小。

矿井开采前各岩溶裂隙地下水系统水位相差无几。矿井开采后，各含水层水位发生了明显变化。有资料显示，随着近十几年矿井向西南开拓，L_8 灰岩水降落漏斗可能与演马庄排水所形成的降落漏斗已重合。从多年观测资料看，开采初期，L_2、O_2 灰岩水与 L_8 灰岩水水位变化基本一致，后期水位变化明显不同，表明其中水力联系差。

（六）储层温度与储层压力特征

本区地温梯度 1.1 ~ 1.5 ℃/hm，属于地温梯度偏低区。恒温带温度 17.1 ℃，二$_1$ 煤层最大埋深位于矿井东南部，约 750 m，据此测算，$二_1$ 煤层最高地温为 25.35～28.35 ℃。

而恩村井田现完成的 EC 试 -1 井$二_1$ 煤层埋深 777.64 m，实测储层温度 20.4 ℃，储层压力 7.69 MPa，压力梯度 10.12×10^{-3} MPa/m。以此资料判断，前者温度可能偏高。结合矿井生产资料，九里山矿$二_1$ 煤层储层温度在 17～25 ℃，压力梯度约为 10.00×10^{-3} MPa/m，储层压力处于正常状态。

1. 吸附曲线

由于没有九里山吸附曲线资料，参考相邻古汉山井田古 2 井、古 3 井等温吸附曲线资料。古 2 井临界解吸压力为 2.58 MPa，地解差为 1.37 MPa，V_m 约为 35.92 m^3/t，P_L 约为 2.07 MPa；古 3 井临界解吸压力为 1.87 MPa，地解差为 1.02 MPa，V_m 约为 35.03 m^3/t，P_L 约为 2.26 MPa。

根据以上资料，推测九里山矿临界解吸压力约为 1.90 MPa 及 P_L 约为 2.20 MPa，加之$二_1$ 煤层含水性弱，有利于形成排水降压条件。

2. 含气饱和度

煤层气的含气饱和度是指临界解吸压力下的含气量与理论含气量比值的百分数。根据已收集的古汉山井田的等温吸附曲线判断$二_1$ 煤含气饱和度古 2 井为 84.85%、古 3 井为 81.34%，含气饱和度高于 80%，推测九里山井田含气饱和度为 75%，处于欠饱和状态，属中饱和煤层气田。

3. 解吸特征

解吸是吸附的逆过程，从以上两口井的资料吸附曲线的形态来看，$二_1$ 煤层在降压早期斜率比较小，可能对早期解吸不利，但两口井的地解差差异不大，早期排水降压应不成问题，而古 3 井较古 2 井要好。两井的 P_L 不算太低（分别约为 2.07 MPa 和 2.26 MPa），说明煤层气的解吸难度不算太大。

（七）煤层气资源量预测

1. 资源量计算边界

根据九里山矿目前的煤炭开采、规划发展以及煤层气勘探开发的实际情况，九里山矿未采区煤层气资源量计算西以 11 勘探线为边界，东以北碑村断层为界，北以马坊泉断层为界，南以西仓上断层为界，主要集中在二水平未采区。

2. 储量分类及块段划分

九里山矿范围内以往煤炭的勘查程度高，矿井生产中又进行了多次补充勘探和评价，全矿范围内的煤炭储量以探明的经济基础储量为主，煤炭勘探和投产后生产补充勘探中积累了一些煤层气资料，但无单井试验或井网试验数据，依照《煤层气资源/储量规范》（DZ/T 0216—2002），九里山矿煤层气储量为推测的煤层气地质储量。

根据煤层气资源的分布特点，结合煤矿规化发展、煤层气勘探开发的阶段性以及煤层气开采难易程度划分块段，为方便计算，块段主要参考煤炭储量计算单元划分：根据马坊泉断层以南煤炭储量级别分别计算地质储量，即基本上以$二_1$ 煤层 -500 m 底板等高线为界划分为 -300 ～ -500 m 和 -500 ～ -900 m 两类；断层多为开放性断层，断层两侧 50 m 范围内低含气量计算资源量；平均瓦斯含量按照前人研究成果以及九里山主要控制因素埋深、煤厚、构造、水动力影响赋值，得出较为合理的干燥无灰基含气量，换算为原煤基煤层气资源量；各个块段煤层气资源量总计为未采区煤层气资源量。

3. 煤层气资源量计算

本次采用体积法计算煤层气资源量，即在已划分块段的煤层底板等高线图上利用 MAPGIS 直接计算块段面积，结合块段内及其周围的可靠钻孔煤厚点计算煤厚平均值，首先计算出煤炭储量，再根据煤炭储量、综合瓦斯参数以及地质条件给定合适煤层气含量计算煤层气资源量。

煤炭储量计算采用下式：

$$Q = S \times H \times D$$

式中 Q——煤炭储量，$\times 10^6$ t；

S——计算范围面积，km^2，倾角大于 15°时采用斜面积；

H——平均煤厚，m，倾角大于 15°时采用真厚度；

D——煤的容重，t/m^3。

九里山井田进行煤炭储量计算时煤的容重采用 1.50 t/m^3。

煤层气资源量计算采用下式：

$$G_i = Q \times C_{ad}$$

式中 G_i——煤层气资源量，$\times 10^6\ m^3$；

Q——煤炭储量，$\times 10^6$ t；

C_{ad}——原煤空气干燥基气含量，m^3/t。

$$C_{ad} = 0.01 C_{daf}(100 - M_{ad} - A_d)$$

式中 C_{daf}——煤的干燥无灰基含气量，m^3/t；

M_{ad}——原煤基水分百分数(%)；

A_d——原煤基灰分百分数(%)。

本次煤层气含量采用原煤基煤层气资源量，可以由干燥无灰基含气量换算得来，原煤基水分采用矿井生产数据(1.20%)，原煤基灰分采用矿井生产数据(14.31%)，两个数据校正换算为原煤基煤层气资源量。依据每个块段面积计算煤层气资源量，然后加以汇总，最终得到推测的九里山井田二水平煤层气资源量。经计算，各块段资源量见表 1-7。

表 1-7　九里山矿未采区煤层气资源量

块段号	煤炭储量块段号		资源级别	煤炭资源类别	面积 (km^2)	煤炭储量 ($\times 10^6$ t)	平均气含量 (C_{ad})	煤层气资源量 ($\times 10^6\ m^3$)	资源丰度 (亿 m^3/km^2)
1	31	32	推测的	122b	0.16	1.21	11.31	13.68	0.86
2.1	48	49	推测的	122b	0.63	5.40	15.89	85.78	1.36
2.2	50		推测的	122b	1.01	9.98	16.22	161.92	1.60
2.3	51		推测的	122b	0.91	7.43	16.73	124.31	1.37
3.1	69	71	推测的	122b	0.61	5.33	18.93	100.89	1.65
3.2	70		推测的	122b	0.13	0.67	17.41	11.66	0.90
小计					3.45	30.02	16.60	498.24	1.44

续表 1-7

块段号	煤炭储量块段号		资源级别	煤炭资源类别	面积 (km^2)	煤炭储量 ($\times10^6$ t)	平均气含量 (C_{ad})	煤层气资源量 ($\times10^6$ m^3)	资源丰度 (亿 m^3/km^2)
4.1	68		推测的	333	0.07	0.57	13.09	7.46	1.07
4.2	60	61	推测的	333	0.27	2.56	15.88	40.65	1.51
5.1	82	83	推测的	333	0.23	1.84	18.90	34.78	1.51
5.2	80	81	推测的	333	0.86	7.28	21.45	156.16	1.82
5.3	77	79	推测的	333	1.10	6.72	22.29	149.79	1.36
5.4	75	76	推测的	333	1.22	10.00	23.13	231.30	1.90
小计					3.75	28.97	21.41	620.14	1.65
合计					7.20	58.99	18.96	1 118.38	1.55

本次计算煤层气资源面积 7.20 km^2，其探明和控制的煤炭基础储量 58.99 $\times10^6$ t，煤层气资源量 11.18 亿 m^3，煤层气资源丰度 1.55 亿 m^3/km^2，属中等丰度的小型煤层气田。

（八）煤层气可采资源量预测

煤层气的采收率大小不仅取决于煤层的含气性、煤的吸附－解吸特征和煤层所处的原始地层压力系统，而且在相当程度上取决于煤层气的钻井、完井和开采工艺，即煤层被打开以后储层压力所能降低的程度和压降大小。采用直井射孔压裂方式开采和定向羽状水平井开采所获得的采收率有很大的差距。下面主要预测直井压裂开采方式的采收率。采收率评价采取以下几种方法。

1. 经验类比法

据统计，美国现已投入开发的 6 个煤层盆地，煤层气的采收率一般在 50%～80%（见表 1-8）。与美国的煤层气田相比，九里山矿二$_1$ 煤层变质程度高，煤层气含量高，煤层渗透率较低，渗透率一般小于 1 mD，预计采收率低于 50%。

表 1-8　美国煤层气田采收率统计

盆地	面积 (km^2)	含气量 (m^3/t)	开采深度 (m)	井数 (口)	渗透率 (mD)	煤层厚度 (m)	采收率 (%)
圣胡安	4 144	12.7～20	500～1 200	4 000	1～50	9～30	80
阿巴拉契亚	518	11.3～22	400～853	1 000	1～15	2～6.1	50
拉顿	1 554	9～15	300～1 220	200	1～20	5～15	55
尤因塔	5 810	9.9～12.5	400～1 370	175	5～20	8～9.1	50
粉河	5 180	3～5	70～760	1 200	35～500	12.2～30	60
黑勇士	5 180	10～17	500～1 200	3 300	1～25	4.6～7.6	65

2. 等温吸附曲线计算法

据美国经验，废弃时的地层压力可以降低到1.4 MPa。依据前述古2、古3井二$_1$煤层吸附曲线计算采收率。

(1)古2井二$_1$煤层可燃质的郎格缪尔方程为

$$V = 23.57\frac{P}{0.705 + P} \quad (\text{可燃质})$$

原始地层压力为3.95 MPa，实测含气量20.00 m^3/t，废弃压力1.4 MPa时含气量为15.68 m^3/t。据此计算，该煤层气田的采收率为

$$E_{R} = \frac{20.00 - 15.68}{20.00} \times 100\% = 21.60\%$$

(2)古3井二$_1$煤层可燃质的郎格缪尔方程为

$$V = 19.67\frac{P}{0.663 + P} \quad (\text{可燃质})$$

原始地层压力为2.89 MPa，实测含气量16.00 m^3/t，废弃(废弃压力1.4 MPa)时含气量为13.35 m^3/t。据此计算，该煤层气田的采收率为

$$E_{R} = \frac{16.00 - 13.35}{16.00} \times 100\% = 16.56\%$$

按上述计算结果，古汉山井田二$_1$煤层煤层气采收率在16.56%～21.60%。这种计算方法存在的问题是：①上述原始资料的可信度还不确定；②即便是原始资料可信，但结果只代表个别煤样，尤其在分析测试样品数量少的情况下代表性不强，并且没有考虑不同的开采方式对采收率的影响；③上述计算结果与理论含气量和含气饱和度有较大关系；④上述废弃压力是在总结美国煤层气井的开采经验的基础上确定的，而对古汉山井田的两口井来说，在储层压力较小的情况下，上述废弃压力值显得高了些。表1-9列出了可能的废弃压力下的相应采收率值。

表1-9　等温吸附曲线预测二$_1$煤层煤层气采收率

废弃压力(MPa)	古2井			古3井		
	储层压力(MPa)	实测含气量(m^3/t)	采收率(%)	储层压力(MPa)	实测含气量(m^3/t)	采收率(%)
1.4	3.95	20.00	21.60	2.89	16.00	16.56
1.2	3.95	20.00	25.76	2.89	16.00	20.81
1.0	3.95	20.00	30.88	2.89	16.00	26.07
0.8	3.95	20.00	37.36	2.89	16.00	32.78
0.6	3.95	20.00	45.82	2.89	16.00	41.60

结合两井储层压力的实际情况，采用0.6 MPa的废弃压力值在本区是比较可行的，即采收率在41.60%～45.82%。

但上述的校正方法并没有解决该预测方法存在的所有问题，因此需通过多种方法来综

合评价采收率。

3. 数值模拟法

1)经济废弃产量计算

根据有关经济学的预测理论,当某项目的运营成本大于或等于其销售收入时,即意味着该项目已无利可图。结合煤层气井生产经营的实际情况:煤层气井的产气量一般表现为先由低到高再到低的趋势,在煤层气井的生命期内,其大部分的时间为产气高峰后的产量递减过程,煤层气井项目的收入主要是煤层气的销售收入。因此,在煤层气井的产气高峰过后,当项目的运营成本大于或等于销售收入时,即意味着项目已无利可图,继续经营下去即意味着亏损增加。

以上述理论为基础,参考石油天然气行业常规天然气开采采气成本水平,结合煤层气开采的成本和税收的特殊性,利用表1-10经济参数计算废弃产量。同时概括出经济废弃产量计算方程;根据式(1-27)进行计算,得结果见表1-11。

$$X \leqslant \frac{177\ 000}{346.75Y - 12.755} \tag{1-27}$$

式中　X——煤层气开采的经济废弃产量,m^3/d;

Y——煤层气的销售价格,元/m^3。

表1-10　煤层气开采经济参数

经济参数	单位	数值
工资	万元/(井·a)	2
作业费	万元/(井·a)	9.4
维护修理	万元/(井·a)	5
管理	万元/(井·a)	1.3
水处理费	元/10^3m^3	4
材料费	元/10^3m^3	5
燃料费	元/10^3m^3	6
动力费	元/10^3m^3	10
税金及附加	元/10^3m^3	10
商品率	%	95

表1-11　煤层气开采经济废弃产量计算结果

气价(元/m^3)	1.4	1.2	1.0	0.8
经济废弃产量(m^3/(井·d))	347	439	530	669

因为国内天然气缺口较大，价格存在较大上涨空间，计算煤层气价采用 1.2 元/m^3，则经济废弃产量为 439 m^3/d，即在煤层气销售价格为 1.2 元/m^3 时，单井日产气量小于 439 m^3/d 时，进一步经营煤层气井则进入亏损过程。

2）采收率预测

采收率预测采用数值模拟进行，但目前在焦作煤田范围内未收集到相关的数值模拟资料，用此种方法预测采收率只能参考相关区的其他资料。

九里山矿整体构造比较复杂，水文条件较复杂，现保有的二$_1$ 煤层处储量埋深多在 150 ~ 750 m，煤厚 5.44 m，煤变质程度为无烟煤Ⅲ号，原煤水分 1.52%，原煤灰分 14.53%。

山西晋城属沁水煤田，与焦作煤田一山之隔，晋煤集团蓝焰煤层气有限公司是国内唯一在煤层气商业开发中获得突破的，历经十余年的煤层气勘探开发，有国内较为成熟的煤层气开发技术。沁水煤田东南部的晋城地区是一简单的向南西倾的单斜构造，水文地质条件简单。主力煤层为山西组 3 号煤层和太原组 15 号煤层。3 号煤层平均厚 6.00 m，横向基本连续，厚度变化不大，埋深一般在 300 ~ 800 m。其中的晋试 −1 井 3 号煤层埋深为 521.6 ~ 527.4 m，含气量为 27.00 m^3/t，煤变质程度为无烟煤Ⅲ号；3 号煤层压前渗透率为 $0.51 \times 10^{-3}\ \mu m^2$，压后渗透率为 $29.8 \times 10^{-3}\ \mu m^2$。

由以上可以看出，两者除渗透率的差异外，其他基本相似，其资料与九里山矿具有可比性。晋试 −1 井的日产气量数值模拟曲线见图 1-7。

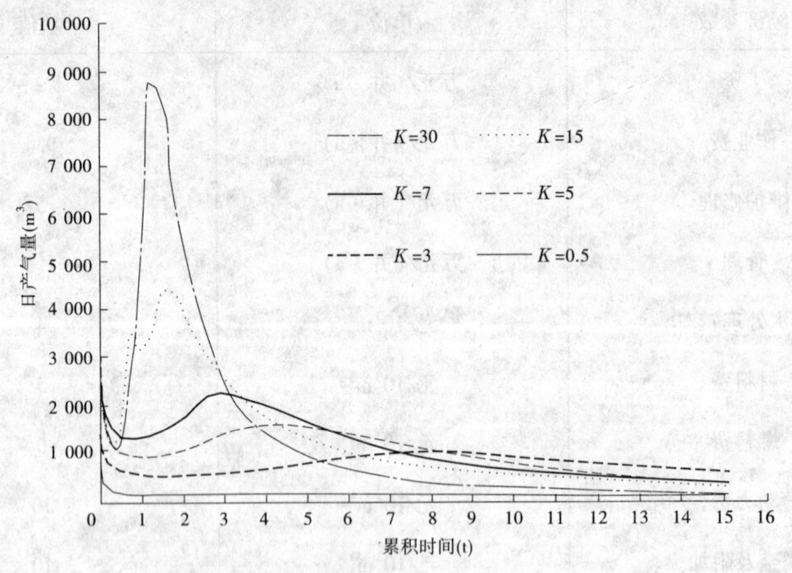

图 1-7　晋试 −1 井不同渗透率的日产气量对比曲线

由于煤层渗透率对煤层气产量具有较大影响，图 1-7 中给出了在不同渗透率的日产气量。九里山矿没有较可靠的煤层渗透率资料，但相邻恩村 EC 试 −1 井测得的煤层渗透率为 0.02 mD，古汉山以往煤层气井提供的煤层渗透率值在 $(1.56 \sim 82.62) \times 10^{-3}\ \mu m^2$。根据九里山矿与上述两者的实际关系推断九里山矿的二$_1$ 煤层渗透率应在前两者之间，一般水力压裂后可使煤层渗透率增加到原始渗透率的 50 ~ 100 倍，与晋试 −1 井的煤层渗透率值具有可比性。谨慎起见，可取图 1-7 中 $K = 3$ 的曲线值，则九里山矿的产气峰值与图中 $K = 3$ 曲线的峰值具有可比性，在 1 100 m^3/d 左右。

但晋试－1 的高峰产气量有两个，无法以此来确定九里山矿煤层气井后期产气量下降趋势，可借助古汉山矿的数值模拟资料(见图 1-8)。

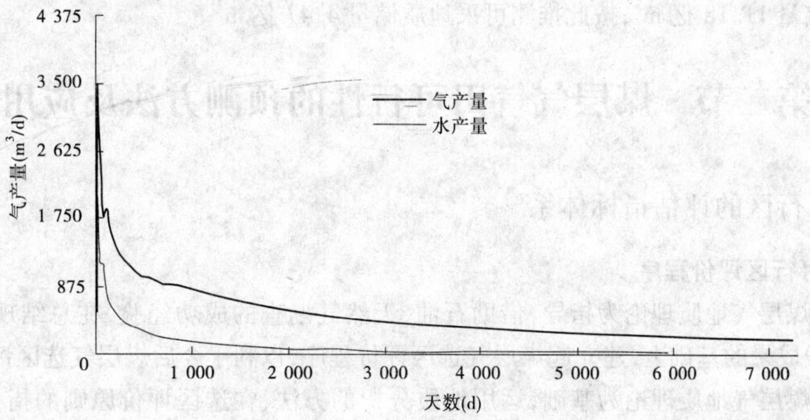

图 1-8　古汉山矿煤层气产量数值模拟曲线

图 1-8 数值模拟曲线反映了古汉山井田煤层气日产量总的变化趋势，按此曲线估算九里山矿煤层气采收率数值模拟曲线(见图 1-9)。

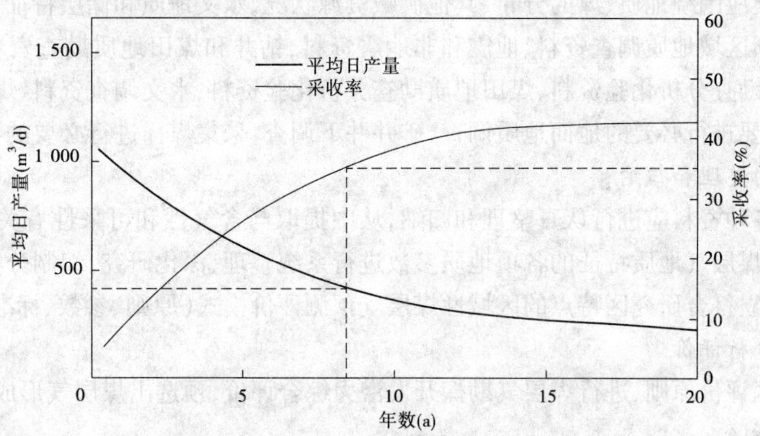

图 1-9　九里山矿煤层气采收率数值模拟曲线

当产气量为 439 m^3/d 时，其相对应的采收率为 36% 左右，大约在采气后第 7.2 年。由于没有九里山矿的实际煤层渗透率等参数，上述预测仅具有参考价值。

3) 动态分析法预测采收率

为了更为准确地预计采收率，应该在该区较大面积的井组试气，取得确切的稳定产量，待产量峰值出现后，才能进行预测。煤层气田试采时间越长，动态法预测采收率将越准确。由于焦作煤田没有进行井组试气，不具备动态法预测的条件。

综合上述几种采收率预测方法，类比美国现已投入开发的 6 个煤层气盆地，预计九里山二$_1$ 煤层采收率低于 50%，通过相关资料所取的煤样的吸附曲线预测采收率在 41.60% ~

45.82%，模拟数据提供的采收率为30%。由于该区目前所获得的煤层气相关资料有限，特别是没有进行井组试气，采收率也仅能依靠目前的方法来预测。

综合分析，预计该区二$_1$煤层采收率为40%，本次对煤层气资源量进行采收率预测，煤层气地质储量11.18亿m^3，按此推测可采地质储量4.47亿m^3。

第二节　煤层气气田可行性的预测方法及应用

一、可行区的评估指标体系

（一）可行区评价程序

（1）以煤层气地质理论为指导，借助石油、天然气勘查的成功经验，在总结现阶段煤层气勘探实践成果的基础上，建立起煤层气选区评价程序，以利于今后煤层气选区评价工作。

（2）以煤层气地质理论为基础，运用地质分析的方法，在选区评价原则的指导下，完成煤层气地质研究的任务，整体评价有利区带的煤层气勘探开发潜力，对勘查前景进行评估。其主要任务是确定勘探方向和有商业性开采价值的勘查目标。

具体程序和内容如下。

1. 资料收集、采集

资料收集应围绕地质、煤的分布、其他矿藏资源状况、水文地质和储层特征等方面进行。资料来源包括区域地质调查资料、地震和非地震资料、钻井和煤田地质勘查资料、遥感和航磁资料、油气勘查分析化验资料、煤田地质勘查分析化验资料、水文调查资料、煤矿采矿资料等。此外，还要进行必要的地面地质调查、矿井井下调查，采集煤样进行必要的试验分析。

2. 资料的整理和归纳

获得的各种资料应进行认真整理和归纳，从中提取与含气性和可采性有关的地质评价参数，对反映煤层气地质特征的各项地质参数进行系统整理、深化研究，编制分析图件，建立系统剖面，建立符合研究区特点的区域性煤层气预测评价模式（原则、参数、标准）。

3. 初步分析评价

根据选区评价原则，进行煤层气勘探开发潜力综合评价，预选出煤层气形成地质条件较好的有利目标区。

一般综合评价内容包括以下几点：

（1）确定煤层、主力煤层气、可采煤层的分布、厚度、埋深、煤级。

（2）确定煤层气含量，做等温吸附特征及其他分析化验资料分析。

（3）圈定煤层气甲烷风化带、生物降解带、饱和吸附带和低解吸带范围。

（4）预测煤层渗透率。其手段包括矿井及岩芯割理观察测量，裂隙充填程度及充填物分析，测井曲线分析，构造曲率分析，构造应力分析，孔隙结构分析等。

（5）进行成藏条件分析，确定煤层气藏类型。

（6）进行顶、底板及煤层含气性分析、物性分析。

（7）进行封盖条件分析，研究煤层气保存条件。

（8）进行水文地质条件分析，包括含煤地层水化学特征、水动力状况分析，与上、下地层的水文地质关系。

(9)圈定可能的气藏范围并计算远景资源量。

(10)综合评价、优选有利勘查目标。经有利选区内各勘查目标排队,优选出最有利目标。

(二)可行选区评价技术指标体系

影响煤层气富集稳定性优劣的因素较多,而且关系错综复杂。通过详细分析将煤层气富集区要素分为3大类21项指标(见图1-10),包括资源因素、保存因素、储层因素。其中资源因素包括煤层厚度、含气量、资源丰度、资源量、面积;保存因素包括直接盖层岩性厚度、构造条件、水文地质条件;储层因素包括煤体结构、镜质组含量、兰氏体积、兰氏压力、临储压力比、灰分、煤阶、吸附饱和度、储层渗透率、压力梯度、有效地应力以及割理、裂隙、孔隙和埋深。

在煤层气勘探开发选区的诸多因素中,并非所有因素均具有同等重要的作用,某些因素是必须具备的充分条件,某些因素则仅是一种必要条件。换言之,在众多因素中还存在着对煤层气勘探开发前景具有决定作用的关键因素或关键要素。同时,有些因素之间存在着较为密切的关系,如资源量与煤层厚度、含气量、面积、资源丰度密切相关,在考虑前者的情况下,资源量可以放在次要位置;在含气量、资源丰度高的条件下,直接盖层岩性厚度、水文地质条件可以适当考虑。通过分析将影响煤层气富集区的21项关键技术指标优选为14项(见图1-10)。

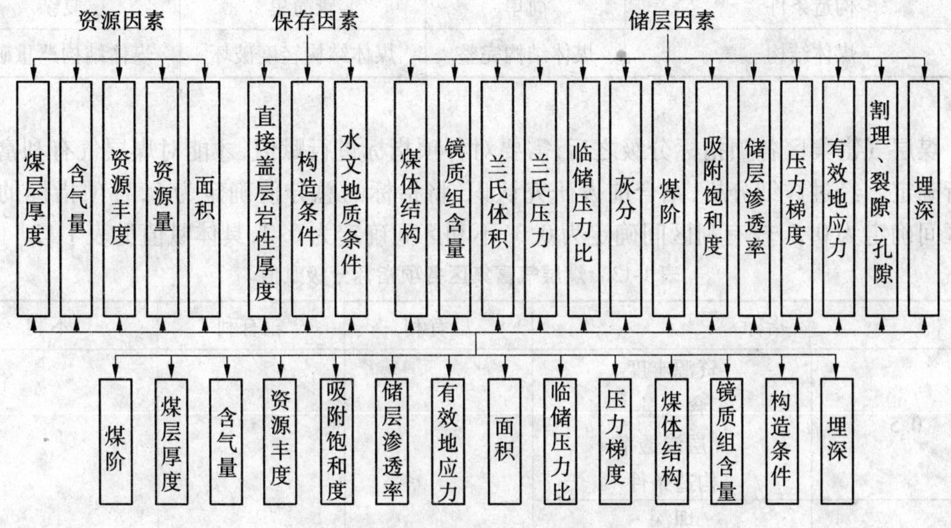

图1-10　可行选区评价技术指标体系

(三)煤层气富集区优选指标分级及赋值

不同煤阶、不同煤层气富集区各项指标不尽相同,煤层气富集区优选指标体系建立后,需对各项指标进行分级。根据目前我国煤层气富集区各项指标的分布情况,结合目前对目标区的研究认识程度,将关键因素分为三级,分别为最有利、较有利和不利(见表1-12),其中煤层单层厚度及含气量分不同的煤阶进行了分级。

表 1-12 煤层气富集区各项指标分级参数

指标		最有利	较有利	不利
资源丰度(亿 m^3/km^2)		>1.5	0.5~1.5	<0.5
煤层单层厚度(m)	中高煤阶	>8	3~8	<3
	低煤阶	>30	20~30	<20
含气量(m^3/t)	高煤阶	>15	8~15	<8
	中煤阶	>12	6~12	<6
	低煤阶	>6	3~6	<3
面积(km^2)		>800	200~800	<200
临储压力比(%)		>0.8	0.5~0.8	<0.5
压力梯度(kPa/m)		>10.3	9.3~10.3	<9.3
镜质组含量(%)		>75	50~75	<50
吸附饱和度(%)		>80	60~80	<60
埋深(m)		风化带至800	800~1 200	>1 200
储层渗透率($\times 10^{-3}\mu m^2$)		>1.0	0.5~1.0	<0.5
有效地应力(MPa)		<10	10~20	>20
构造条件		简单	较简单	复杂
煤体结构		煤体结构完整	煤体结构轻度破坏	煤体结构严重破坏

煤层气富集区各项指标分级之后,需要对各项指标进行赋值,才能对煤层气有利富集区进行确定。经过详细分析,结合前人研究认识,将指标的总分值确定为1,各项指标的最有利区间确定为0.5,较有利区间确定为0.3,不利区间确定为0.2,具体赋值见表1-13。

表 1-13 煤层气富集区各项指标分级赋值

指标		最有利	较有利	不利
0.5	资源丰度 含气量 储层渗透率 构造条件	0.5	0.3	0.2
0.3	埋深 吸附饱和度 煤体结构 煤层单层厚度 面积			
0.2	有效地应力 镜质组含量 临储压力比 压力梯度			

二、可行区预测应用实例

焦作煤田地处焦作市东北部，东西长 60 km，南北宽 15 km，含煤面积为 970 km^2，是我国优质无烟煤的产出基地之一，累计探明煤炭资源储量为 44.7 亿 t，保有煤炭资源储量为 26.38 亿 t。焦作煤田煤层气资源蕴藏丰富，据最新的河南省焦作煤田煤层气资源潜力调查报告，研究区在 2 000 m 以浅、风化带以深、含气量在 8 m^3/t 以上的可采煤层的煤层气资源量为 1 583.82 亿 m^3，资源丰度为 1.27 亿 m^3/km^2，具有良好的开发前景。

（一）地质背景

焦作煤田位于河南太行山麓含煤区南部，为倾向南东、倾角 8°～15°的单斜构造。区内广泛发育自燕山运动以来所生成的各种构造形迹，构造相对复杂。矿区以断裂构造为主，褶皱构造表现微弱。断裂构造主要为高角度的正断层，整个煤田以近 EW 向的凤凰岭断层为界分为 2 个构造带：以南为纬向构造带，构造形迹以轴向近 EW 的褶曲和走向近 EW 的断裂为主；以北为新华夏系构造带，构造形迹以走向 NE 的断裂为主，另有 NW 向断裂和罕见的 NNE 向断裂。矿区西北部基岩裸露，石灰岩大面积分布，受矿区构造控制，由大气降水补给的地下水向下渗透、运移。总体流向为 NW—SE，断裂附近岩溶裂隙发育，常形成强富水和导水带，使矿区水文地质条件较为复杂，煤储层与围岩、含水层的组合关系及地下水的运动强度对煤层气赋存和开采有一定影响。

（二）煤层气生储盖条件

$二_1$ 煤层全区稳定可采，煤层厚 0.71～11.32 m，平均为 5.13 m。含气量平均为 18.33 m^3/t，煤层顶底板多为砂岩和泥岩。该区煤层厚，气含量高，煤构造裂隙发育，储层物性好。

（三）煤层含气性特征

该气田煤的渗透率为 0.002～0.1mD，兰氏压力为 2.67～3.1 MPa，含气饱和度 72.80%，所有样品临界解吸压力在 3.5 MPa 左右，地解差在 3.37 MPa 左右。临储压力比为 0.51%，$二_1$ 煤层有机显微组分以镜质组为主，含量为 71.0%～92.8%，平均值 82.7%。焦西停采区储层压力为 0.24～3.09 MPa，焦东采区北部储层压力为 0.05～5.55 MPa，焦东采区南部储层压力为 0.28～5.33 MPa，加权平均为 6.23 kPa/m。含气饱和度为 72%。

（四）评价结果

若按照全是最有利选择，则评级值为

$$0.5\times(0.5+0.5+0.5+0.5)+0.3\times(0.5+0.5+0.5+0.5+0.5)+0.2\times(0.5+0.5+0.5+0.5)=2.15$$

若按照全是较有利选择，则评级值为

$$0.5\times(0.3+0.3+0.3+0.3)+0.3\times(0.3+0.3+0.3+0.3+0.3)+0.2\times(0.3+0.3+0.3+0.3)=1.29$$

若按照全是不利选择，则评级值为

$$0.5\times(0.2+0.2+0.2+0.2)+0.3\times(0.2+0.2+0.2+0.2+0.2)+0.2\times(0.2+0.2+0.2+0.2)=0.86$$

完成评价区间：赋于 2.15 为 100 分，则 90 分以上，最有利（1.935～2.15）；60 分以上，较有利（1.29～1.935）；60 分以下，不利（0～1.29）。

评价值为

$$0.5\times(0.3+0.5+0.2+0.2)+0.3\times(0.3+0.2+0.2+0.3+0.5)+$$
$$0.2\times(0.3+0.5+0.3+0.2)=0.6+0.45+0.26=1.31$$

根据焦作矿区可行区各项评价指标的计算结果(见表1-14),综合评定结论为:焦作气田属于可行性较有利区。

表1-14　焦作矿区可行区评价指标体系计算表

指标	最有利	较有利	不利
资源丰度(亿 m^3/km^2)		1.27	
煤层单层厚度(中高煤阶)(m)		5.13	
含气量(高煤阶)(m^3/t)	16.7		
面积(m^2)	970		
临储压力比(%)		0.51	
压力梯度(kPa/m)			6.23
镜质组含量(%)	90		
吸附饱和度(%)			50
埋深(m)		1 100	
储层渗透率($\times10^{-3}\mu m^2$)			0.004
有效地应力(MPa)		13	
构造条件			复杂
煤体结构			碎裂煤、糜棱煤

第二章　煤层气气田钻井技术及工艺

众所周知,钻探与钻井是煤层气勘探开发过程中最重要的工作程序与工作手段。经过"六五"到"九五"的生产实践,特别是"十五"国家科技攻关项目的实施,同时借鉴国外煤层气勘探开发的成功经验,结合我国煤田地质特点,我国煤层气开发事业从选区评价到勘探开发技术都取得了长足发展,形成了一系列具有自主知识产权的煤层气勘探开发技术体系,基本掌握了煤层气勘探开发的常规技术。这些技术主要包括:

(1)煤层气开发有利地区选区评价技术。

(2)清水钻开煤层技术。

(3)氮气泡沫压裂技术。

(4)多分支水平井钻井和排采技术。

(5)煤矿井下定向多分支长钻孔抽采技术。

第一节　煤层气钻井技术

一、煤层气钻井分类

煤层气钻井常用三种钻井方式,即采空区钻井、水平井及垂直井。

(一)采空区钻井

采空区钻井是从采空区上方由地面钻井到煤层上方或穿过煤层,也可在采煤之前钻井。采空区顶板因巷道支柱前移而坍塌,产生新的裂缝使瓦斯从井中涌出。如果采空区附近还有煤层井和采空区连通,瓦斯涌出量更大。不利因素是产出气体中往往混有空气,热值降低,一般为0.026 5～0.03 J/km³,由于产出气中含氧高,不宜管道输送,产量下降较快的井易于就地利用,采空区井对煤层脱气可达50%以上。

(二)水平井

水平井有两种,一种是从巷道打的水平轴放瓦斯井,另一种是从地面先打直井再造斜,沿煤层钻水平井(排泄井)。多分支水平井集钻井、完井与增产措施于一体,适合于低渗透煤层气开发,能够更大限度地沟通煤层中的天然裂缝系统,扩大煤层降压范围,降低煤层水排出时的摩阻,大幅度提高单井产量和采收率,应用前景广阔。多分支水平井尚处于试验阶段,用高密度钻井液钻井,水平钻井的方向与端割理发育方向一致,适于厚度大于1.5 m的厚煤层,成本较高。

(三)垂直井

垂直井从地面打直井穿过煤层进行采气,是目前主要的钻井方式。对于垂直井又可按以下原则进行分类:

(1)根据钻开煤层的层数分为单煤层井和多煤层井。

(2)根据钻井类别分为资料井、试验井(组)、生产井(组)及监测井。

资料井主要通过钻区域探井，取准煤芯作含气量、地应力等参数测试，并用单项注入－压降法求取煤层渗透率，然后通过试气获得稳定的产能。试验井组是通过井组排水降压试采，评价工业性开采价值。开发过程中以采气为目的的井称生产井。监测井主要用于生产过程中的压力监测。

(3)根据埋深分为浅煤层井和深煤层井。

通常浅煤层井井深大于300 m，深煤层井煤层埋深大于1 500 m。一般井深控制在300～1 500 m属浅煤层井，目前国内煤层气井井深一般小于2 000 m。浅煤层井由于地层压力一般很低(等于或小于正常压力)，可依据储层压力采用旋转或冲击钻钻进，用清水、空气、水雾或泡沫作为介质。深煤层井一般采用常规旋转钻机，由于地层压力高，不能采用空气钻井技术。在大多数情况下，采用泥浆系列，利用泥浆密度控制可能发生的水涌和气涌。

二、煤层气完井分类

煤层气完井分为五种类型，即裸眼完井、套管完井、混合完井、裸眼洞穴完井及水平排孔衬管完井。

裸眼完井是钻到煤层上方地层下套管固井，再钻开生产层段的煤层，产气煤层保持裸眼或用砾石充填，这种完井方式是煤层气井中费用最低的一种完井方式。但强化作业时，井控条件降低，煤层坍塌会导致事故。此种完井方式一般用于单煤层井。

套管完井即对产气煤层下套管的一种完井方式。其优点是对地层入口可实施特殊控制，维持井身稳定，固井时尽量使用低密度水泥，分级注水泥固井和采用特殊的固井工艺克服水泥对地层的损害。在进行套管完井时，套管尺寸的选择须适应生产井气、水产量的需要，即首先预测气、水产出量，选用抽水设备，再决定套管尺寸。这种完井方式是美国西部含煤盆地中主要的完井方式，亦是我国目前煤层气勘探开发试验中最常用最主要的完井方式。

混合完井即裸眼完井与套管完井方式在同一口井中使用。依地层条件而定，一般用于多煤层井。

裸眼洞穴完井是人为地在裸眼段煤层段洞穴完井。此种方式适用于高压高渗透率煤层，缺点是井眼稳定性差，风险比套管完井大。根据我国洞穴完井试验效果，借鉴国外经验获得以下认识：

(1)低渗透煤层不能洞穴完井。

(2)煤层封盖条件差，顶、底板泥页岩盖层薄，对水层封盖条件差，不能洞穴完井。

(3)薄煤层不能洞穴完井。

由此可见，洞穴完井仅适合于封盖条件好、煤储层物性好、含气量大、含气饱和度高的高压高渗透率地区，如美国圣胡安地区。而我国大部分地区煤层渗透率低，这种完井方法目前尚未取得成功。

水平排孔衬管完井适用于深层低渗透率煤层，一般适用于厚1.5 m以上的煤层。其优点是能够提供与煤层的最大接触面积，尤其是各向异性煤层，有利于提高产量，促进煤层气解吸采出，提高总脱附气量和采收率。缺点是在钻井完井过程中易发生割理系统堵塞、闭合等现象，降低煤层渗透率。

三、煤层气钻井完井一般程序

根据煤层气井的特点和所需的特殊工艺技术，可建立煤层气井钻井与完井的一般程序。

(一)确定井类

在勘探新区,为建立地质剖面、掌握煤层及围岩的地质资料(煤层厚度、埋藏深度、煤层层数、煤质、含气量、割理或裂隙发育程度与方向、顶底板岩性、强度、孔隙度及渗透率等)、估算资源量,就必须布置取芯井。为了满足煤芯含气量测试要求,通常采用绳索半合式取芯。其优点是煤芯提升速度和煤芯出筒装罐速度快。

在试验区内,为了解煤层和围岩的地应力与渗透性,掌握煤层的延伸压力(岩石扩张裂隙的最小应力)、闭合压力(岩石的最小水平应力)和最小压裂压力,选择压裂方向,进行压裂设计,就需要设置试验井。由于地应力的测试是在裸眼条件下进行的,所以试验井的钻井必须保证井壁的稳定,防止煤层有较大的扩径。为此,应采用近平衡钻井工艺。

要开发煤层甲烷,就需要打生产井。生产井的主要问题是稳定产层,保护产层免遭污染。它需要采用平衡钻井工艺和低密度或分级注水泥固井技术。

在生产开发区,为了解油藏工程参数,掌握煤层气井的生产动态,还需要设置观测井。为了保护储层的渗透性,需要采用平衡钻井工艺和稳定裸眼完井技术。

(二)设计钻井方式

确定钻井方式的主要依据有目的煤层最大埋深、地层压力、地层组合和井壁稳定条件。钻井方式可以分成浅煤层钻井和深煤层钻井。

浅煤层钻井地层压力一般很低(等于或小于正常压力),需要依储层压力选择清水、泡沫泥浆或空气介质,进行旋转空气或清水冲击钻井、潜孔锤空气钻井或局部反循环空气或清水钻井。

深煤层钻井有的压力较高(大于正常压力),煤层段井壁稳定性差,因此使用泥浆液可以达到平衡压力的目的。常规旋转泥浆钻井是一种最有效、最经济的方式。

(三)设计完井方式

确定完井方式的主要依据有目的煤层的埋深、井壁稳定性、地层水文性质、地层压力、开采方式以及可采气量与总投资对比的经济性。不同的开采方式有着不同的完井方式。依地质条件的不同,单煤层井可以是裸眼稳定砾石充填完井和泡沫砾石充填完井、裸眼筛管砾石充填完井和套管完井。

由于需要对煤层进行分层压裂,多煤层井一般采用套管完井和套管－裸眼完井。套管－裸眼完井实质上是油气工业界常用的后期裸眼完井方式,它是用套管封住底煤层以上所有地层,仅对最深的一个目的煤层采用裸眼完井或筛管完井。其优点一是便于煤层分层压裂,二是避免了底煤层的水泥污染,三是减少了一次射孔或掏槽作业。

(四)确定固井方式

确定固井方式的主要依据有煤储层压力和开采方式。从保护煤储层固井角度讲,针对煤层甲烷井采用三种固井方式,即低密度水泥浆固井、分级注水泥固井及绕煤层固井。

(五)钻井中期作业

在资料井中应考虑取芯作业和在裸眼井段进行注入－压降试井以及渗透率测试和产能测试作业。

(六)确定煤层入口方式

前面就射孔和掏槽入口方式做了评述。而在裸眼完井中,为消除钻井液对产层的影响和增大压裂效果,常使用水力切割。

（七）经济与成本的可行性评价

依上述几方面（包括钻机）的选择，对钻井设备、工具和钻具作业费、材料及油料消耗费、技术服务费、人员雇用费、搬迁安装费及各项税收等做出估算，结合单井可控甲烷采出量、现行保护政策和长远目标做出经济与成本可行性评价。

（八）作钻井和完井设计

煤层甲烷井的钻井与完井同常规油气井在程序和工艺技术上有着许多相似之处。除采用常规钻井和完井设计外，主要还考虑其特殊性。

四、煤层钻井技术介绍

在煤层或煤系地层上部地层的钻进中，普通工艺钻进采用防塌泥浆可以有效使牙轮钻头发挥水力作用。即使是煤系地层，也可以提高钻头的碎岩效率，减轻对煤层的伤害程度。随着煤层气开采技术不断发展，应减少外来流体中的固体颗粒对煤储层的损害；减少煤储层内部颗粒运移造成的损害；尽量减少泥浆中黏土颗粒的水化膨胀堵塞孔隙；避免流体的不配伍性对煤储层的损害；避免水锁效应。而引进欠平衡钻井技术，可以大大减少或避免对煤储层的损害。

煤层气钻井欠平衡钻进技术有其自身的使用范围和优点。实践表明，欠平衡钻井技术适用于以下情况：高渗弱胶结地层，含有对水基钻井滤液敏感成分的地层，可能与滤液极不相容的地层，接近束缚水饱和度的脱水地层。不适合于进行欠平衡钻井的情况为：①孔壁不稳定；②地层孔隙压力不清楚；③地层压力高、裂隙发育；④同一孔内压力系数差别大的井。

欠平衡钻井技术与常规钻井技术相比，具有以下优点：①减轻地层伤害，提高煤层气产量；②提高钻井效率，降低钻井成本；③及时识别煤层气产层；④可实现边钻边生产；⑤避免井漏，防止或减少压差卡钻；⑥可进行随钻煤层气评价。

目前，实现欠平衡钻井的主要方法有自然法和人工诱导法两种。自然法就是当地层压力系数大于 1.10 时，可采用降低泥浆比重来实现欠平衡钻井；人工诱导法就是当地层压力小于 1.10，采用常规钻井液无法实现欠平衡钻井施工时，可采用可压缩钻井液实现欠平衡钻井。

煤层气欠平衡钻井技术是一项复杂技术，涉及多项不确定因素，因此应从工程具体情况分析，确保获得最大经济利益。其关键技术包括：①欠平衡钻井设计；②根据地层压力确定采用自然法还是人工诱导法；③应实时监测作业参数和瓦斯产出量；④欠平衡钻井作业的控制技术；⑤产出流体的地面处理；⑥测量技术。

第二节　煤层气地面抽采直井钻井工艺

根据煤层特点及国内钻井装备水平和钻井技术水平，目前国内煤层气开发以直井为主，但考虑到后期排采的要求，对直井的垂直度要求较高（一般小于 3°），经过近年来煤层气直井的施工，总结选配出一套适合煤层气地面抽采直径的钻井设备，并研究出相应的钻井工艺及防斜保直和纠斜技术。

一、设备的选型

由目前所探测的煤层深度以及目前开发区块的煤层气开发情况可知,煤层气开发井钻井深度在 1 500 m 以浅,一般开孔直径 311 mm,终孔直径 215.9 mm,钻压 30 ~ 150 kN,转速 30 ~ 80 r/min。转盘扭矩经验公式如下:

$$M = k_1 k_2 p R \tag{2-1}$$

式中　M——扭矩,kN·m;

k_1——钻头旋转阻力系数(对于新钻头一般可取 0.1 ~ 0.2);

k_2——考虑波动和损失系数(一般取 1.2 ~ 1.3);

p——钻压,kN;

R——阻力作用点半径,m,$R = 2D/3$。

根据转盘扭矩经验公式算得所需要的最大扭矩:$M = 8.1$ kN·m。

流量计算公式如下:

$$Q_{\max} = \frac{1.834(D^2 - d^2)}{\rho_m D} \tag{2-2}$$

$$Q_{\min} = \frac{1.433(D^2 - d^2)}{\rho_m D} \tag{2-3}$$

式中　$Q_{\max}$、$Q_{\min}$——最大、最小流量,L/s;

D、d——钻头直径和钻杆外径,cm;

ρ_m——冲洗液密度,g/cm^3。

一般采用的钻杆直径为 89 mm、127 mm,冲洗液密度为 1.0 ~ 1.1 g/cm^3,经计算:$Q_{\max} = 47.74$ L/s,$Q_{\min} = 18.41$ L/s。鉴于此,所选钻机、泥浆泵满足钻进所需要的扭矩、泵量即可。

(一)钻机

适用的钻机以水源钻机及类似设备为最好,不宜采用其他类型的钻机。水源系列钻机可施工 3 000 m 以内的钻孔,采用 TSJ - 2000E 型钻机(见图 2-1),其技术性能参数见表 2-1,或采用类似能力钻机。该设备轻便,占用场地较小,拆装方便,搬迁和使用费用较低,钻井成本也较低。煤田勘探等以取芯为主钻机,没有施工类似井径和井深钻孔的能力,油田用钻机施工能力强,设备宠大,占用场地多,拆装烦琐,搬迁和使用费用较高,钻井成本高。钻机的配套设备如钻塔、游车、大钩、动力等应与钻机能力相适应。

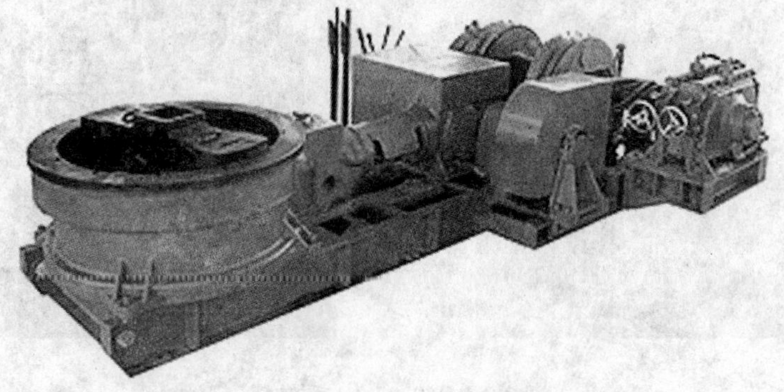

图 2-1　TSJ - 2000E 型钻机

表 2-1　TSJ－2000E 型钻机主要技术性能参数

项目		参数
钻进深度(m)	ϕ73API 钻杆	钻深 2 000 m
	ϕ89API 钻杆	钻深 1 500 m
转盘通径(mm)		660
转盘转速(正、反)(r/min)		37　52　84　145
转盘输出扭矩(kN · m)		21　14.9　9.2　5.4
转盘最大搓扣扭矩(kN · m)		86
卷扬机单绳最大提升力(kN)		80　35　20
卷扬机二层绳速(m/s)		0.84　1.90　3.30
使用动力	型号	6135AN　Y315S－4
	功率	150 PS(1PS＝0.735 kW)　110 kW
输入转速(r/min)		730
外形尺寸(mm)		3 880×1 965×1 290
绞车提升能力(kN)		80
主机重量(不含动力)(kg)		7 820

(二)钻塔

选用宝鸡伟力石油设备有限公司生产的 JJ60/27－A 型钻塔(见图 2-2),其主要技术参数如表 2-2 所示。

图 2-2　JJ60/27－A 型钻塔

表 2-2　JJ60/27 - A 型钻塔主要技术参数

井架有效高度(m)	27
二层台高度(m)	17.5
最大钩载(kN)	700
天车型号	TC - 60

该钻塔性能优越,有如下特点:

(1)井架设置了可以排放 2 km API 标准 ϕ127 mm 钻杆的平台和悬挂吊钳的平衡机构。

(2)井架底座采用槽钢焊接,设计成三块结构,便于快速安装、拆卸和运输。

(3)井架能够依靠钻机整体拉起,整体落下,整体安装,整体拆卸,方便、快捷、安全。

(三)泥浆泵

根据具体的工程选用 TBW - 850 型(见图 2-3)或 TBW - 1200 型(见图 2-4)或 F - 800 型泥浆泵(见图 2-5),其主要技术参数分别如表 2-3 ~ 表 2-5 所示。

图 2-3　TBW - 850 型泥浆泵

表 2-3　TBW - 850 型泥浆泵主要技术参数

型式		卧式、双缸双作用活塞式往复泵
缸套内径(mm)		140　130　95
活塞行程(mm)		260
理论排量(L/min)		850　600　350
额定压力(MPa)		5　6　8
往复次数(次/min)		66
吸水管直径(mm)		152
排水管直径(mm)		64
输入功率	电动机	YB280M - 4　90 kW
	柴油机	6135T 型
外形尺寸(mm)		3 015 × 1 120 × 2 050
重量(t)		3.1

图 2-4　TBW－1200 型泥浆泵

表 2-4　TBW－1200 型泥浆泵主要技术参数

型式		卧式、双缸双作用活塞式往复泵
缸套内径(mm)		160
活塞行程(mm)		260
理论排量(L/min)		1 200
额定压力(MPa)		7
往复次数(次/min)		76
输入功率	电动机	185 kW
	柴油机	240 PS
外形尺寸(mm)		3 045 × 1 400 × 2 420
重量(t)		7.2

图 2-5　F－800 型泥浆泵

表 2-5　F－800 型泥浆泵主要技术参数

型式		卧式三缸单作用活塞泵
活塞行程(mm)		229
缸套直径(mm)		170　150　130
额定压力(MPa)		13.643　17.52　23.3
冲数(次/min)	额定功率(kW)	理论排量(L/s)
160	636	41.51　32.32　24.28
150	596	38.92　30.30　22.76
140	557	36.33　28.28　21.24
130	517	33.73　26.26　19.73
120	477	31.14　24.24　18.21
100	437	25.28　22.22　16.69
吸入管径(mm)		300
排出管径(mm)		102
重量(t)		14.6

以上各类型泥浆泵性能特点如下：

(1)泥浆泵公称压力较大，能够满足 1 500 m 深孔无岩芯钻进和绳索取芯钻进的需要。

(2)泥浆泵公称流量较大，能够满足外径 127 mm 以下液动冲击器和螺杆钻具的动力需要。

(3)泥浆泵工况适应性强，易损件少，检修维护方便。

(四)动力机

动力机应与钻机、泥浆泵能力相适应，一般采用 135 系列柴油机，有条件的地区可采用电动机，以降低成本。钻机的动力一般采用 6 V135 柴油机，施工定向井时多采用 12 V135 柴油机；泥浆泵动力一般采用 12 V135 柴油机，施工定向井时由于泥浆泵能力较大，可采 190 系列柴油机。

(五)绳索取芯绞车

选用 SJ－1 型绳索取芯绞车。规格型号：外形尺寸(长×宽×高)为 1 260 mm×660 mm×860 mm(不包括动力)；重量为 234 kg(不包括动力)。该绞车有离合器、变速机构，可以根据孔深和地层条件选用适当的提升速度，操作灵活可靠，驱动分别可以用柴油机或电动机，功率为 5.5 kW，钢丝绳容量为 1 500 m，卷筒直径 170 mm，配功率为 5.5 kW 电动机。主要技术参数如表 2-6～表 2-8 所示。

表 2-6 钢丝绳容量

钢丝绳直径(mm)	绳绕层数(层)	钢丝绳长度(m)
4.8	24	1 902
5.3	21	1 491
5.7	20	1 325
6.0	19	1 159

表 2-7 提升速度

速别	卷筒转速(r/min)	提升速度(m/s)		
		空卷筒	满绳时	平均速度
Ⅰ	59	0.56	1.21	0.89
Ⅱ	95	0.89	1.95	1.42
Ⅲ	152	1.43	3.12	2.28

表 2-8 提升能力

速别	提升能力(kg)	
	空卷筒	满绳时
Ⅰ	883	408
Ⅱ	554	255
Ⅲ	346	159

(六)泥浆固控设备

有条件时可采用振动筛、旋流除泥器,无此设备时要设计好泥浆槽、沉淀池,使其便于充分清除钻井液中的岩粉、砂及有害固相物。

(七)钻杆

由式(2-1)计算得出的目前所需要的最大扭矩 8.1 kN·m,所选用的钻机转盘最大扭矩 21 kN·m,而 API 标准的 E 级钢钻杆和接头抗扭屈服强度如表 2-9 所示。

表 2-9 API－E 级钢钻杆和接头抗扭屈服强度

钻杆尺寸(mm)	最小抗扭屈服强度(kN·m)
ϕ89	16.090
ϕ114	24.874
ϕ127	51.082

所以，E 级钢钻杆即可满足钻进需要。可采用 ϕ89 mm、ϕ114 mm、ϕ127 mm API 标准的 E 级钻杆，既安全又节约成本。方钻杆可采用 ϕ118 mm、ϕ133 mm 两种规格。钻杆要保证完好、无内伤。

(八)钻铤

钻铤的选择根据以下公式计算：

$$允许最小钻铤外径 = 2倍套管接箍外径 - 钻头直径 \quad (2\text{-}4)$$

$$钻铤重量 = \frac{设计的最大钻压 \times 安全系数(1.15 \sim 1.25)}{钻井液浮力系数} \quad (2\text{-}5)$$

在用 ϕ311. 1 mm、ϕ215. 9 mm 钻头时，下入的套管尺寸分别是 ϕ177. 8 mm、ϕ140 mm，经计算，在钻进中可采用 ϕ159 mm、ϕ120 mm 钻铤，ϕ159 mm 钻铤的长度不能少于 100 m，ϕ120 mm 钻铤的长度不能少于 120 m，钻铤要保证完好、无内伤。为了保证测斜准确，需 ϕ159 mm 或 ϕ165 mm 无磁钻铤一根，长度不能小于 6 m。

(九)钻头

对煤层气井而言，虽然参数井需取芯钻进，但占主导地位的是无岩芯的全面钻进。虽然传统以破岩方式划分的各种钻进方法都能实现全面钻进，但最适宜的地层范围是不同的，由破岩方式所引起的钻头成本和钻进效率显著不同。其中以组合了冲击、切削两种方法的破岩方式适应最广，单纯以冲击或切削方式为主的破岩方式都有其限制。当今所采用的全面钻进方法主要有牙轮钻头(见图 2-6(a))钻进、冲击回转钻进、PDC 钻头(见图 2-6(b))钻进三种。牙轮钻头齿形较多，类球形、楔形、锐齿形都有，它们都具有较高的硬度和韧性，其中以楔形、类球形齿更加适用于以中硬为主的沉积岩，锐齿更加适用于弱固结表土层和软岩层，牙轮自转产生的冲击和公转产生的切削是破碎岩石的主要方法，有效地组合压入、冲击和切削破岩方式，是适应最广的全面钻进方法。冲击回转钻进即常说的潜空锤钻进，是以冲击为主要破岩方式，对硬岩层的效果更好，不适宜软岩或多孔隙松散层钻进。PDC 钻头钻进以高硬度的聚晶金刚石复合片为切削具，主要以切削方式破碎岩石，也可以用这种材料制作 PDC 牙轮钻头，具有耐磨、强度大等特点，回次进尺长，可减少因钻头的磨损而带来的大提钻。因此，牙轮钻头钻进是较好的、广泛被使用的全面钻进方法，冲击回转和 PDC 钻头钻进在有条件的情况下使用可以提高钻进效率，也值得推广应用。

(a)牙轮钻头

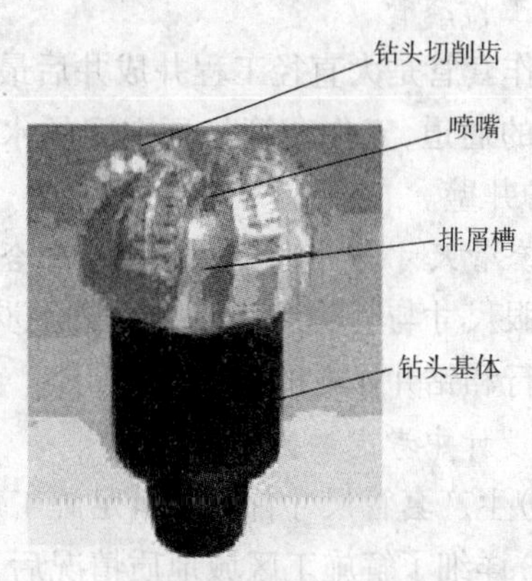

(b)PDC钻头

图 2-6　钻头类型

二、钻井工艺

（一）钻井结构设计

结构设计，首先按照施工大直径工程井的目的要求来确定成井直径，然后根据施工区域地质条件以及井身质量要求进行井眼设计。

1. 井眼结构设计原则

(1)避免井口坍塌垮孔，预防冲洗液浸泡钻台基础。

(2)详细了解施工区域地质条件，确定护壁套管层次，避免地层漏水、涌水、坍塌、掉块、卡埋钻等复杂情况发生，为工程顺利施工创造条件，缩短施工周期。

(3)科学合理设计井眼尺寸和套管尺寸，满足固井对环孔尺寸的要求，提高固井后钢管、水泥环的抗挤强度，增加与地层的结合力。

(4)设计的井眼尺寸和套管尺寸之间的环孔间隙必须满足下管作业需要。

(5)井眼结构的设计本着“安全、简单、经济”的原则，同时兼顾钻井机具的实际情况。

2. 套管柱类型及作用

套管类型比较多。在煤层气抽采钻井设计时，根据区域地质条件和地层稳定情形通常选择 2 ~ 3 层套管，即井口管、工作套管或者井口管、表层护壁管、工作套管；地质条件差的地层在不稳定的施工区域需要增加设计一层技术套管。

1)井口护筒(井口管)

井口管的作用主要是预防井口松散的砂、黏土在冲洗液的冲刷浸泡下失稳坍塌，一般要求穿过填土下入到原生地层上。

2)表层护壁管

表层护壁管下入深度一般要求进入完整基岩 10 m，其主要作用是预防钻进基岩段时，第三、四系松散层发生坍塌、掉块，造成卡埋钻事故。

3)技术套管

技术套管是根据地层情况，在极有可能钻遇到涌水、漏水、断层破碎带及其他异常地层，采取常规方法无法解决时，不得已而设计的一层套管。

4)工作套管

工作套管是大直径工程井成井后最后下入井内的套管，工作套管的内径就是连接地面至井下的通道，工作套管与环空间的水泥环形成钢管水泥环井壁，隔离地层中的水进入通道，保护井壁。

3. 套管尺寸与井眼尺寸选择及配合

井眼尺寸与套管尺寸选择及配合涉及成井后的井身质量、施工中井的安全、钻井工程的顺利进行和钻井作业的成本。

1)设计中考虑的因素

(1)生产套管尺寸首先要满足施工煤层气抽采钻井的目的要求。

(2)详细了解施工区域地质情况后，如钻遇比较复杂的地层，常规钻探技术方法能够解决如漏水、涌水或破碎带护壁等施工难题，尽量不设计技术套管，简化井身结构。确需增加技术套管时，可考虑留有一定余量满足增加技术套管的空间。

2) 套管尺寸与井眼尺寸的选择和确定方法

(1) 确定井身结构尺寸的原则是由内向外进行，首先生产套管的尺寸按施工煤层气抽采井的最终目的和要求来确定，再确定下入生产套管的井眼尺寸，然后确定中间套管尺寸等，以此类推，直到表层护壁套管尺寸和相配合的井眼尺寸，最后确定井口管的尺寸。

(2) 套管与井眼之间有一定的间隙，间隙过大不经济，过小则会导致下管作业困难以及固井注水泥后水泥过早脱水形成水泥桥，同时严重影响固井质量，降低钢管水泥环的强度。煤层气抽采钻井套管与井眼间隙选择时一般间隙≥60 mm。

4. 井身结构设计所需基础数据

(1) 施工区域地层岩性剖面。

(2) 各岩层段水文地质条件，如漏水、涌水情况，水敏性地层提示，破碎带情况等。

5. 一般选用的井身结构

煤层气生产井大部分都是在没有开采的煤矿进行开发的，由于煤炭资源成矿均在沉积岩中，上覆一般都有厚薄不等的松散新地层，而且下部还有一些漏失、易坍塌的地层，所以井身结构一般都选用三层管井身结构（见图 2-7）。

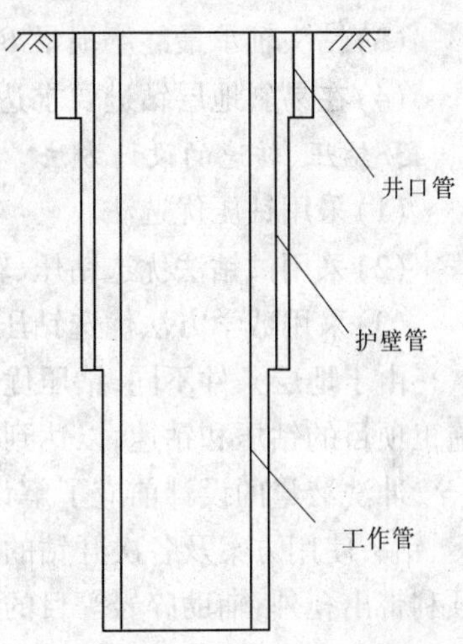

图 2-7　三层管井身结构示意图

(二) 钻具组合

钻具的组合要根据钻孔结构及钻孔质量要求确定，并能满足钻压要求，实现最大钻速。其中钻铤和稳定器的设计最为重要。

根据钻井设计的钻压来确定钻柱中钻铤的数量。一般情况下，以钻压不超过钻铤重量的 80% 为原则。可用下列公式计算所需钻铤长度：

$$L = W_b/(f/W_c) \tag{2-6}$$

$$f = (\rho_c - \rho_m)/\rho_c \tag{2-7}$$

式中　L——钻铤长度，m；

W_b——设计的钻压，kg；

W_c——空气中每米钻铤的重量，kg/m；

f——浮力系数；

ρ_c——钻铤的密度，g/cm^3；

ρ_m——钻井液的密度，g/cm^3。

注意：考虑实际钻井摩擦力、反弹力、井斜等影响，实际设计钻铤长度计算值应加大 10% 左右。

在钻铤柱的适当位置安装一定数量的稳定器，组成各种类型的下部钻具组合，可以满足钻直井时防止井斜的要求，钻定向井时可起到控制井眼轨迹的作用。此外，稳定器的使用还可以提高钻头工作的稳定性，从而延长使用寿命。稳定器具体位置的安装在下面防斜纠斜中详细说明。

(三) 钻井参数选择

除设备、机具影响钻进效率外，还有钻井参数，主要包括钻压、转速和冲洗液量。

1. 钻压、转速的选用原则

(1)优选的钻压、转速值使整个钻井直接成本最低。

(2)软地层中,采用低钻压、高转速。

(3)硬地层、深部地层,采用高钻压、低转速。

2. 钻压、转速的约束条件

(1)最大钻压或最高转速应不超过钻头厂家推荐值。

(2)最优钻压与最优转速乘积应小于钻头钻压与转速乘积的允许值。

(3)钻头轴承最终磨损量 $B_f \leqslant 1$ mm,牙齿最终磨损量 $h_f \leqslant 1$ mm。

(4)在易斜地层钻进要求达到规定的井身质量指标。

3. 钻压、转速的设计方法

(1)采用钻压优选法。

(2)采用试钻法优选钻压、转速。

(3)采用数学方法优选钻压、转速。

由于地层条件不同,钻压优选法和数学方法只能作为参考,然后通过试钻法确定适合该施工项目的钻压和钻速,以达到最大钻速。

冲洗液量的设计前应了解设计井的地质及分层情况、井深及井身结构、全井钻井液方案、钻头使用方案及各次开钻的钻具组合方案等。同时,冲洗液量要达到清洗孔底,将岩屑顺利带出孔外,辅助碎岩等目的。

一般情况下,松散土层应选择小钻压、低转速、大泵量;岩石层应选择大钻压、高转速和相应泵量。

(四)防斜及纠斜技术

井斜就是指实钻井眼轨迹偏离设计铅垂线的情况。井斜在地质勘探和油气井开发过程中危害较大,为了解决井斜问题,20 世纪 50 年代首次提出钟摆钻具防斜,60 年代首次提出满眼钻具防斜等。这些技术的应用全面提高了地质勘探和石油开发钻孔的井身质量。煤层气生产井垂直度要求高,如何做好防斜与纠斜工作是需要重点研究的问题之一,首先要弄清造成井斜的原因,然后有针对性地采取相应的纠斜方法。

1. 井斜的原因分析

1)地质因素

(1)地层可钻性的各向异性。

沉积岩特性:垂直层面方向可钻性高,易钻;平行层面方向可钻性低,难钻。井斜趋势:钻头总是有向钻井阻力小的方向前进的趋势。地层倾角 <45°,钻头偏向垂直地层层面的方向;地层倾角 >60°,钻头沿平行地层层面方向下滑;地层倾角在 45° ~60°,井斜方向不稳定。

(2)地层软硬交错钻头两侧。

地层软硬不同,切削速度不同,钻头向地层上倾方向偏斜。钻头钻至交界面时,压垮硬薄层,留下小台肩,把钻头推向地层上倾方向。

(3)地层可钻性的横向变化。

在井眼的一侧钻遇溶洞或较疏松的地层,而在另一侧钻遇较致密的地层,则导致钻头在井眼两侧切削速度不同,从而造成井斜。

2）钻具因素

导致钻具倾斜和弯曲的原因如下：

(1)钻具和井眼之间有一定间隙。

(2)钻压的作用，钻柱受压靠近井壁或发生弯曲。

(3)钻具本身弯曲。

(4)转盘安装不平，井架安装不正，下部钻具的倾斜和弯曲。

钻具的倾斜和弯曲将导致两种后果：引起钻头倾斜，在井底形成不对称切削；使钻头受侧向力的作用，产生侧向切削。

3）井眼因素

(1)钻头在井眼内左右移动，靠向一侧，导致井斜，钻柱的挠度加大，钻头偏斜加剧。

(2)受压弯曲。

2. 满眼钻具防斜

如上所述，发生井斜的原因中地层（工作对象）是不可变更的，只能用新工艺和新工具适应地层。满眼组合钻具是当前常规防斜技术的典型组合，这种钻具组合有满眼、刚性的结构特点。即其稳定器外径接近井眼尺寸，钻铤外径较大，具有较强的抗弯能力，故能承受较高钻压而变形较小，使钻具组合在井眼内基本居中。

1）满眼组合钻具的结构特征

满眼组合钻具一般装三个稳定器，近钻头扶正器（近扶）靠近钻头，多为螺旋稳定器，向上依次是短钻铤(3 m左右)、第二扶正器（中扶）、钻铤（1根）和第三扶正器（上扶）。不同扶正器的作用是：

(1)近扶：支撑井壁，抵抗侧向力，限制钻头偏斜。

(2)中扶：保证中扶与钻头之间的钻柱不发生弯曲。

(3)上扶：增大下部钻柱刚度，协助中扶防止钻柱弯曲。

如果是特别易斜的地层，还要装第四扶正器，安装位置在上扶之上一个钻铤单根处，直径与上扶相同，以增大下部钻柱的刚度，协助中扶防止下部钻柱轴线发生倾斜（见图2-8）。

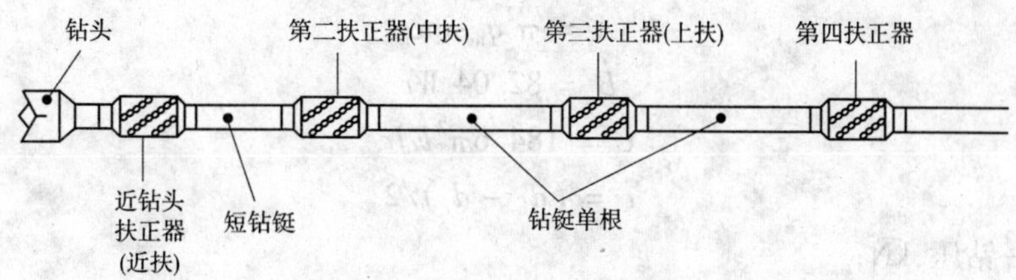

图2-8　满眼组合钻具的结构特征

2）满眼钻具组合的使用

(1)可有效地控制井眼曲率，不能控制井斜角的大小。

(2)只能用于防斜和稳斜，不能纠斜。

(3)“以快保满，以满保直”。使用满眼钻具的关键在于一个“满”字，间隙对满眼钻具组合性能影响显著。

(4)在井眼曲率大的井段使用,容易卡钻。

(5)在钻进软硬交错,或倾角较大的地层时,要注意适当减小钻压,勤划眼,以便消除可能出现的“狗腿”。

常用满眼组合钻具结构示意图见图2-9。

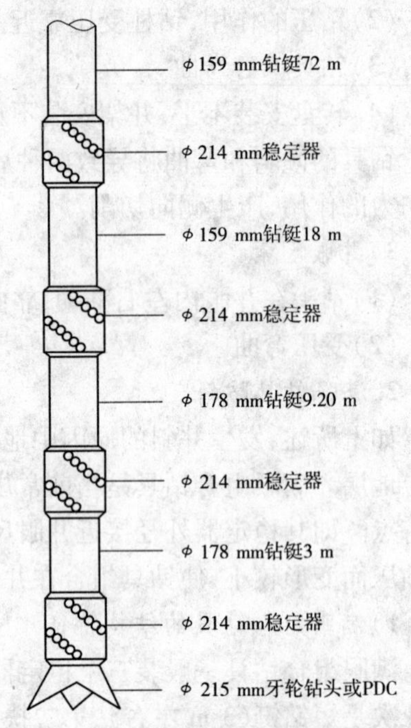

图2-9 常用满眼组合钻具结构示意图

3. 钟摆钻具控制井斜

1)钟摆钻具组合原理

在下部钻柱的适当位置安装一个扶正器。当发生井斜时,该扶正器支撑在井壁上形成支点,并保证以下钻柱不再与井壁接触。该扶正器以下的钻柱就好像一个钟摆,在钻头上产生一个最大的钟摆力。钻头在此钟摆力的作用下切削下井壁,从而使新钻的井眼不断降斜。

2)钟摆钻具增大钟摆力的途径

(1)加大钻铤尺寸,增加重力。

(2)减小钻压,提高切点高度。

(3)安装扶正器,提高切点高度。

3)钟摆钻具扶正器位置确定原则

扶正器位置对钟摆力的影响非常大,位置选择不当会适得其反,最优位置应该是:扶正器以下钻柱弯曲后刚要接触井壁,但尚未形成新切点,此时钟摆力达到最大。如位置偏高,扶正器以下钻铤将与井壁接触形成新切点,钟摆力减小;如位置偏低,钟摆力小。所以,钟摆钻具的关键在于扶正器至钻头的距离 L_z,也称为最优距离,L_z 的计算公式如下:

$$L_z = \sqrt{\frac{\sqrt{B^2 + 4AC} - B}{2A}} \tag{2-8}$$

$$A = \pi^2 q_m \sin\alpha$$

$$B = 82.04\ Wr$$

$$C = 184.6\pi^2 EJr$$

$$r = (d_h - d_c)/2$$

式中 W——钻压,kN;

d_h——井径,m;

d_c——钻铤直径,m。

考虑到扶正器的磨损和井径的扩大,在实际使用中,扶正器至钻头的距离可比计算的 L_z 降低5% ~10%。

4)钟摆钻具组合的使用

(1)主要用于纠斜或降斜,在直井内无防斜作用。

(2)其性能对钻压特别敏感,钻压增大,则增斜力增大,钟摆力减小,使用时必须严格控制钻压。

(3)在直井内无防斜作用,要防斜,只能使用小钻压"吊打"。

(4)不能有效控制井眼曲率,易形成"狗腿"。

(5)间隙对钟摆钻具组合性能的影响比较明显,因此扶正器直径磨损时要及时更换。

常用钟摆钻具组合及结构示意图分别见图 2-10 和图 2-11。

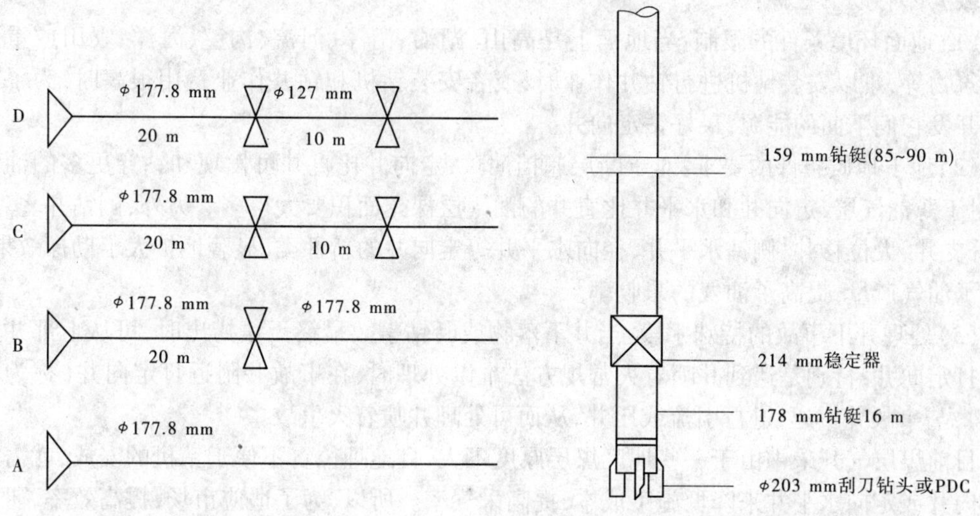

图 2-10　常用钟摆钻具组合图
(降斜能力排序 D>C>B>A)

图 2-11　钟摆钻具结构示意图

4. 钻孔防斜和纠斜技术措施

(1)安装:钻机安装要水平、周正。安装时要使天轮、大钩、转盘和井口位置(中心)在同一条直线上,需要时要用铅垂线吊直。

(2)操作:要认真仔细,操作平稳,开孔压力要小,一般立轴要 6~8 h 打完,正常钻进时,压力一般不大于钻铤全重的 1/3,班长必须了解钻孔结构、地层柱状图及地层变化规律并灵活运用。交接班时须开会将各种情况交代清楚,三班给压要基本保持一致。

(3)防斜:要树立"以防为主,以纠为辅"的观念。防斜必须控制压力,给压一定要均匀,不得忽大忽小,变层时一定要轻压进轻压出,防止地层倾角大而造成孔斜。一旦发现孔斜,可利用沙层较软空钻吊打的方法降低孔斜;基岩段钻进时,一定要轻压钻进,打完先导孔再正常给压。

(4)注意事项:开钻时,求稳不求快,放钻要慢,打好打直,只有这样才能保证下一步工作的顺利开展;钻进时,方钻杆要垂直于转盘和地面,不能歪斜、摇摆,可利用吊垂线校对方钻是否歪斜;发现孔斜时应去掉大直径钻铤(或扶正器),甩一段也能降低斜度;每根打完拉孔 2~3 次,孔斜时多拉数次;加完尺后压力要逐渐增加。

(5)导向孔要及时测斜,随钻进掌握钻孔的偏移量,测点段距一般要求 30~50 m,易斜地层段应加密测斜。一旦发现有超偏迹象要及时采取纠斜措施,如采用钟摆钻具或甩掉大直径钻铤(扶正器)的方法均能在一定程度上纠正孔斜,一般不需要采用螺杆纠斜,常规方法无效时再选用随钻螺杆定向钻进技术,须尽可能最大限度地降低全角变化率。

第三节　煤层气地面抽采定向井钻井工艺

定向井就是按照一定的目的要求,沿着设计轨道钻达预定目的层位的井。定向井的应用领域大体有以下三种:

(1)地面环境条件的限制:当地面上是高山、湖泊、沼泽、河流、沟壑、海洋、农田或重要的建筑物等,难以安装钻机进行钻井作业时,或者安装钻机和钻井作业费用很高时,为了勘探和开发它们下面的能源,最好钻定向井。

(2)地下地质条件的要求:对于断层遮挡油藏,定向井比直井可发现和钻穿更多的油气层;对于薄油气层,定向井和水平井比直井的油气层裸露面积要大得多。另外,侧钻井、多底井、分支井、大位移井、侧钻水平井、径向水平井等定向井的新种类,显著地扩大了勘探效果,增加了油气产量,提高了油气的采收率。

(3)处理井下事故的特殊手段:当井下落物或断钻事故最终无法捞出时,可从上部井段侧钻打定向井;特别是遇到井喷着火常规方法难以处理时,在事故井附近打定向井(称为救援井),与事故井贯通,进行引流或压井,从而可处理井喷着火事故。

目前煤层气开采中由于一些地区煤层厚度不大,且地理位置不便于钻机的安放,就需要打定向井或定向水平井来降低施工成本,提高采气率。所以,为了适应市场,提高效率,研究了定向井钻井工艺。

一、定向井的主要设备及机具

定向井的三要素是井斜、方位、井深,由于定向井有一定的斜度,若用常规的钻井方法很难进行加压钻进,而且井斜不容易控制,容易损坏钻具。

(一)测斜仪

常用的测斜仪器有单点测斜仪、多点测斜仪和随钻测斜仪。使用单点测斜仪、多点测斜仪时,需要停钻测量,停钻时,钻具需提离孔底一段距离,使得测量不准确,增加了危险系数,增加了辅助钻进时间,降低了钻进效率。随钻测斜仪能够在地面随时监测井深、井斜、方位、工具面和井温等,反馈地下信息,随时调整钻进参数,使钻孔轨迹沿设计轨迹钻进,提高井身质量,提高经济效益。

所以,从安全及经济效益角度考虑,无线随钻测量仪(MWD)是定向井钻进中的首选测量仪。

1. MWD 工作原理

MWD 工作原理是:井下探管测量井下数据,转换成电压脉冲码给功率驱动器,功率驱动器驱动旋转阀脉冲器产生泥浆压力脉冲,泥浆压力脉冲通过压力传感器转换成 0 ~ 20 mA 电流传到数据采集仪,数据采集仪降噪、解码,还原成井斜、方位、工具面等具体数据。MWD 工作原理示意图如图 2-12 所示。

2. 组成部分及性能

该仪器可以在严酷的环境中,为定向井、水平井施工提供操作简单、可靠性高的服务。其地面系统和井下系统组成及技术参数分别如表 2-10 和表 2-11 所示。MWD 仪器总成如图 2-13 所示。

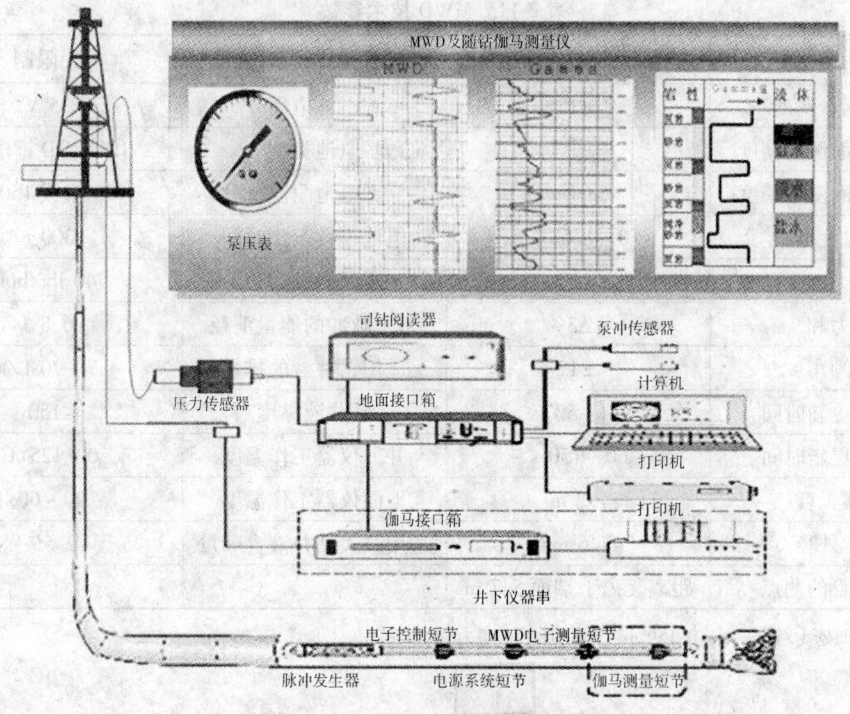

图 2-12　MWD 工作原理示意图

表 2-10　MWD 系统组成

井下系统		地面系统	
名称	功能简介	名称	功能简介
脉冲发生器	产生泥浆压力脉冲	MWD 专用数据处理仪（通用计算机）	译码，转换为具体数据
驱动器	驱动脉冲器产生泥浆压力脉冲	司钻显示器	显示测斜数据
电池组	提供电源	泵压传感器	将来自井下的钻井液压力信号转换为电信号，并传输到数据处理仪
探管	井下仪器的“心脏”，和有线随钻测斜仪探管的作用相同	司显/压力传感器/泵冲传感器圆盘电缆	连接司显和数据采集仪，连接压力传感器和数据采集仪
抗压管	保护仪器		
转接扶正器	连接、扶正		
振动开关	泵开泵关状态监测		
转接电缆	连接各配件		
密封尾锥	保护探管		

表 2-11 MWD 技术参数

井斜测量精度	±0.1°	泥浆类型	无限制
方位测量精度	±1°	电池电压	35 V
重力工具面测量精度	±1°	电池类型	10 芯 DD 锂电池
磁性工具面测量精度	±1°	电池耐温	125 ℃或 150 ℃
工作温度范围	0 ~ 125 ℃	电池连续工作时间	300 h
重力和	±Δ5‰	堵漏剂(LCM)	40 lbf/bbl
磁力和	±Δ3%	每个脉冲的能量消耗	6.8 J
磁倾角	±1°	适用钻井液的排量	7 ~ 70 L/s
工具面更新时间	14 ~ 50 s	钻井液黏度	≤150 s
全测量更新时间	60 ~ 150 s	井下仪器工作温度	0 ~ 125 ℃
仪器长度	7.2 m	地面仪器工作温度	-20 ~ 60 ℃
仪器外径	47.6 mm	适用最大钻井液含砂量	2.5%
定向探管的测点	距离无磁上端面 5.7 m		

注:lbf/bbl 即磅力/桶,1 桶 = 0.159 m^3,1 N = 0.225 磅力。

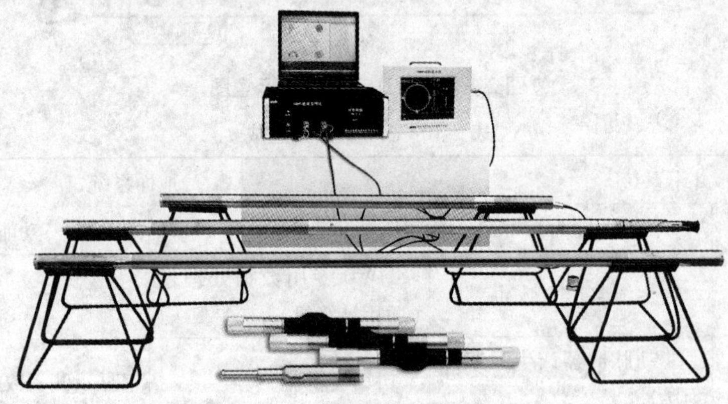

图 2-13 MWD 仪器总成

(二)螺杆

由于定向井钻井轨迹存在一定的角度,所以对钻头加压和地表扭矩的传递都带来一定的麻烦,且不能按设计轨道改变钻孔倾角和方位角,所以需要用孔底动力机来实现钻孔轨迹的改变。

1. 螺杆的工作原理

螺杆钻具是一种把液体的压力能转换为机械能的能量转换装置。当高压液体进入钻具时,迫使转子在定子中滚动,马达产生的扭矩和转速通过万向轴和传动轴传递到钻头上,达到钻井的目的。

2. 螺杆钻具结构及作用

一般螺杆钻具主要由以下几部分组成:

(1)旁通阀总成:旁通阀的闭合与开启控制马达的启动与停止。结构原理示意图如图 2-14 所示。

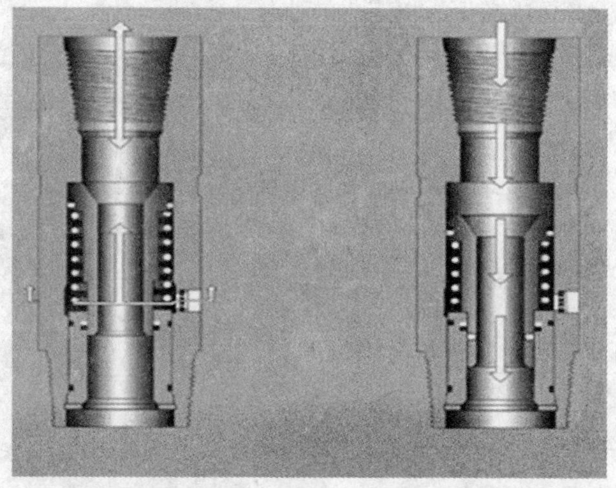

图 2-14　旁通阀总成结构原理示意图

（2）马达总成：转子在压力泥浆的驱动下，绕定子轴线旋转，完成液体压力能向机械能的转化，为钻头提供动力。结构原理示意图如图 2-15 所示。

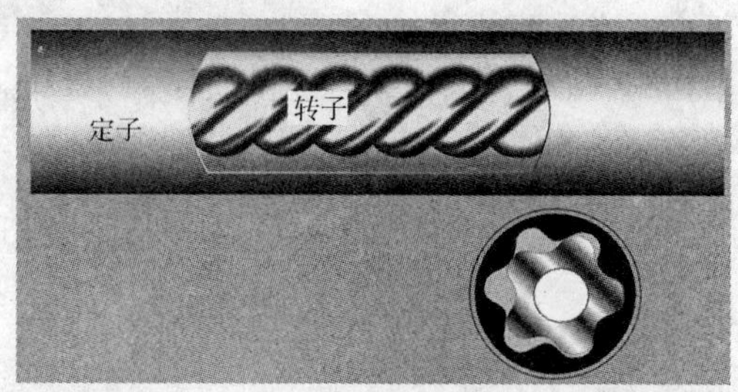

图 2-15　马达总成结构原理示意图

（3）万向轴总成：将转子的偏心运动转化成传动轴的定轴运动。结构原理如图 2-16 所示。

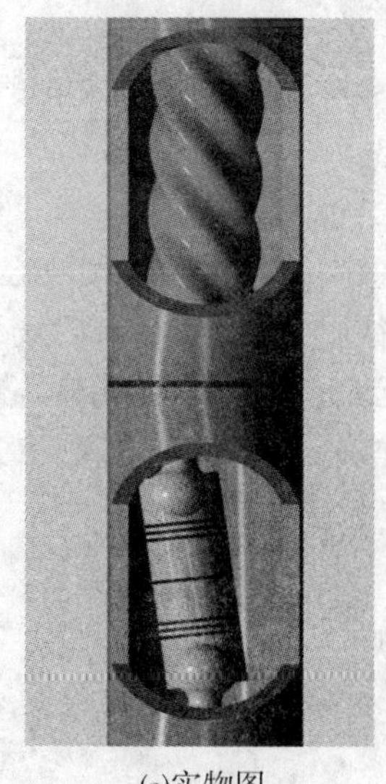

(a)实物图

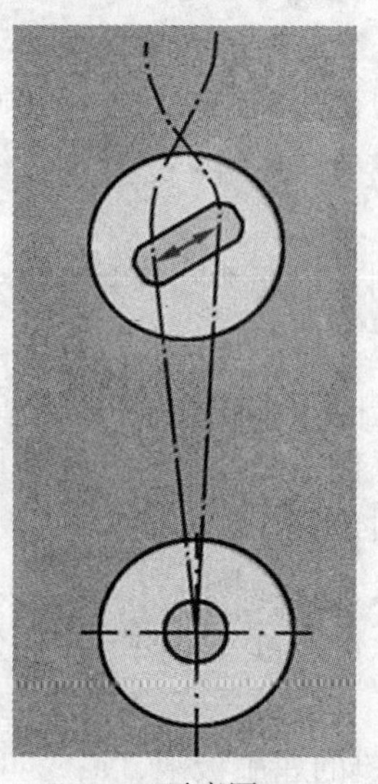

(b)示意图

图 2-16　万向轴总成结构原理图

(4)传动轴总成:将马达产生的扭矩与转速传递给钻头。传动轴总成结构原理示意图如图 2-17 所示。

3. 螺杆钻具的优点

螺杆钻具作为井底动力钻具,有许多突出的优点:

(1)增加了钻头扭矩和功率,因而提高了进尺率。

(2)减少了钻杆和套管的磨损与损坏。

(3)可准确地进行定向、造斜、纠偏。

(4)在水平井、丛式井及修井作业中,可显著提高钻井经济效益。

(5)由于结构的先进,提高了钻具的寿命,可用于延深钻井或直井钻进。

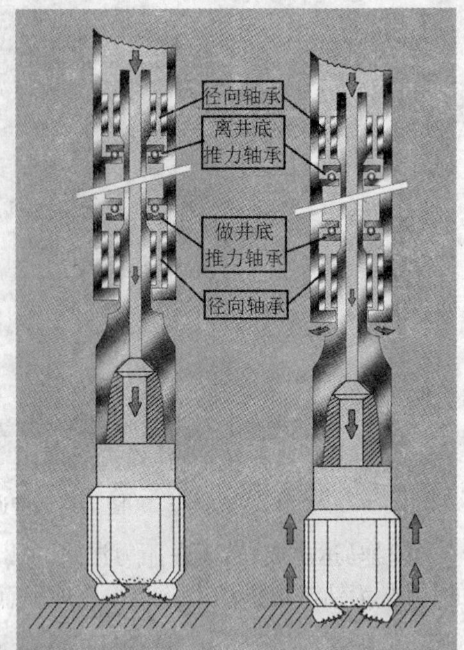

图 2-17　传动轴总成结构原理示意图

4. 螺杆的造斜率

单弯、双弯螺杆造斜率的理论计算公式如下:

(1)三点几何法计算单弯、双弯螺杆的造斜率

$$K = 200\gamma/(L_1 + L_2) \tag{2-9}$$

(2)理想的双弯螺杆造斜率

$$K = 11\,459.2\sin(\varphi - \gamma)/L_2 \tag{2-10}$$

式中　K——造斜率,°/100 m;

γ——动力钻具上弯角(°);

φ——动力钻具下弯角(°);

L_1——螺杆上弯点到下弯点的长度,m;

L_2——螺杆下弯点到钻头的长度,m。

螺杆的选择要根据螺杆钻具的型号、预计造斜率及万向轴弯壳体角度、扶正器尺寸大小及形状、输出扭矩、输出转速、排量、井温等综合确定。

(三)无磁钻铤

由于所有磁性测量仪器在测量井眼的方向时,感应的是井眼的大地磁场,因而测量仪器必须是一个无磁环境。然而在钻井过程中,钻具往往具有磁性,具有磁场,影响磁性测量仪器,不能得到正确的井眼轨迹测量信息数据,利用无磁钻铤可实施无磁环境,并且具有钻井中钻铤的特性。为了保证磁性测量仪器测量结果准确,必须合理选择无磁钻铤的长度。应根据测量井段的井斜角和井斜方位角的大小来选定无磁钻铤的长度。

1. 无磁钻铤的尺寸的选择

无磁钻铤的尺寸可通过井眼曲率校核公式来确定:

$$\delta > 2.74 \times 10^5 K_m \cdot D_c \tag{2-11}$$

式中　δ——无磁钻铤的屈服极限,Pa;

D_c——钻铤的直径,cm;

K_m——井眼最大曲率,°/100 m。

2. 无磁钻铤长度的确定

可根据井斜度和方位角来确定钻铤的长度，如图 2-18 所示，当在曲线 A 以下时，无磁钻铤选用 9 m；当在曲线 B 以下时，无磁钻铤选用 18 m；当在曲线 B 以上时，无磁钻铤选用27 m。

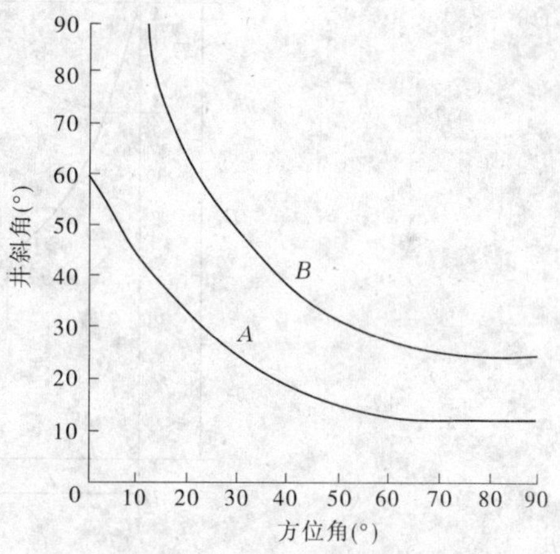

图 2-18　钻铤长度确定标准图

3. 最大钻压的确定

最大钻压可根据下式确定：

$$P \leqslant F_r = 2.83(EIW \sin\alpha / r)^{1/2} \quad (2\text{-}12)$$

式中　P——设计最大钻压，N；

F_r——钻柱轴向力，N；

E——钻柱杨氏模量，Pa；

I——钻柱截面惯性矩，m^4；

W——单位长度钻柱在钻井液中的有效重量，N/m；

α——井斜角(°)；

r——钻柱与井眼的半径间隙，m。

4. 其他设备及机具

在定向井施工中，由于螺杆的使用，要求泥浆泵性能参数较高，目前使用的螺杆，泵压在 6～10 MPa，本章第二节中所述泥浆泵均能满足螺杆工作，可根据井斜、钻速等要求调节泵压、泵量。本章第二节配套的设备均能满足定向井钻进的需求。

二、定向井轨迹的设计

合理的井身剖面设计是定向钻井成功的首要条件。必须在保证实现定向钻井目的的前提下，深入调查分析本地区的现场资料，充分利用地层自然造斜规律，尽可能给钻井、采气及修井创造有利条件，全面考虑、精心设计，为定向井施工提供良好的井身剖面。

自定向井用于煤层气开发以来，井身结构一般为“直—增—稳—降”的“S”形轨迹或“直—增—稳”的“J”形轨迹，但经过后期抽采，发现这种井身结构为“S”形的开采井抽气管路容易被磨损，影响正常工作。所以，目前井身结构以“J”形为主。由于煤矿的特殊性，定向水平井只适用于块煤地层，而粉煤地层水平井施工困难，而且易坍塌，经济效益不显著。图 2-19所示为“J”形三段制轨道。

在钻井轨迹设计时，应注意以下问题：

(1)首先要保证实现定向钻井的目的。

应力求设计井身最短。为了达到某一钻井目的，可能有许多井身剖面可供选择，首先要考虑设计井身最短的剖面。因为这是快速钻进、降低成本的首要条件。

(2)在满足定向井设计要求的前提下，应尽可能保持较长的直井段，尤其是深井更应如此。因为这样有利于组织快速钻进。

造斜井段应选在比较稳定的地层，尽量避免在易坍塌、易膨胀、易漏失、有高压盐水以及其他复杂地层造斜。

(3)斜井段应保持曲率均匀，避免急弯。要校核“狗腿”严重度，不能超过规定的数值；

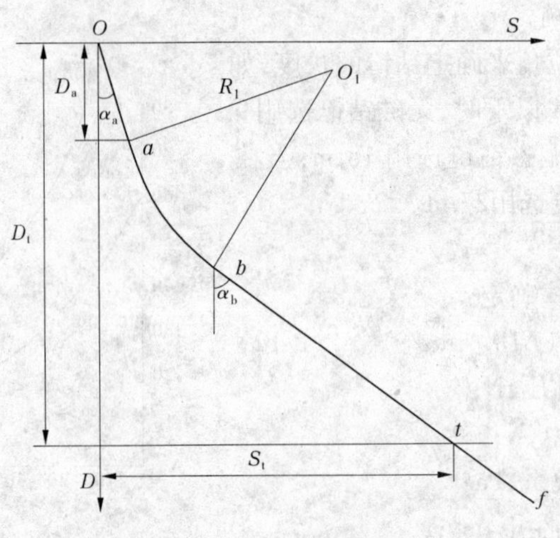

图 2-19 “J”形三段制轨道

否则会产生键槽,增加钻具与井壁的摩擦,造成起下钻阻卡等复杂情况,也给测井及完井带来困难。

三、定向井钻井工艺

(一)钻具组合

1. 孔底动力钻具造斜钻具组合设计

(1)钻井深≤临界井深:

钻具+弯壳动力钻具+定向接头+无磁钻铤+钻铤+钻头。

(2)钻井深>临界井深:

钻具+弯壳动力钻具+定向接头+无磁钻铤+斜台肩钻杆+钻铤+钻头。

使用螺杆、MWD 施工,要根据地层情况及井身结构要求,选择合适的螺杆(见表 2-12)。

表 2-12 螺杆钻具尺寸的选择范围

钻头直径(mm)	螺杆钻具直径(mm)
88.9	63.3
108.0~152.4	85.7~95.3
152.4~212.7	120.7~127.0
212.7~214.3	165.1~171.5
214.3~311.2	196.9~203.2
311.2~444.5	241.2~244.5
444.5~660.4	285.8~304.3

2. 转盘钻进增斜钻具的设计

增斜钻具的一般形式如图 2-20 所示。

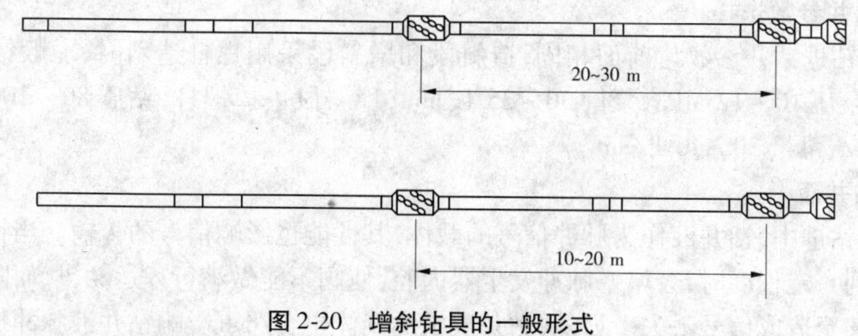

图 2-20　增斜钻具的一般形式

调节钻具增斜能力的方法有：

(1)改变近钻头稳定器与钻头之间的距离。

(2)改变两稳定器之间的距离。

(3)改变钻铤尺寸组合。

(4)改变钻井参数。

3. 稳斜钻具组合

稳斜钻具组合可分为刚性钻具组合、微增钻具组合及导向马达稳斜钻具组合。稳斜钻具的基本形式如下。

(1)适用于中硬地层：

钻头 + 稳定器 + 短钻铤 + 无磁钻铤 + 钻杆 + 钻铤 + 钻杆。

(2)适用于软地层：

钻头 + 稳定器 + 无磁钻铤 + 稳定器 + 无磁钻杆 + 钻铤 + 钻杆。

(3)导向马达稳斜钻具：

钻头 + 导向马达 + 稳定器 + 定向接头 + 无磁钻铤 + 钻杆 + 钻铤 + 钻杆。

导向马达钻具组合在钻盘钻进时配成稳斜钻具组合，马达后端稳定器要比马达前端本体稳定器直径小 3 ~ 5 mm。最好使用异向双弯或较小弯角的单弯动力钻具。

4. 转盘钻进降斜钻具组合

对于软地层，宜使用动力钻具组合。对于硬地层，降斜钻具组合基本形式如下：

(1)钻头 + 无磁钻铤 + 稳定器 + 无磁钻铤 + 钻杆。

(2)钻头 + 短半径 + 稳定器 + 无磁钻铤 + 钻杆。

(3)钻头 + 无磁钻铤 + 钻杆。

降斜钻具钻压可由以下公式确定：

$$P_r = [1\,822EI(r - 0.42e - 0.08e^2/r) - 9.87q\sin\alpha L^4] / [184.6L^2(0.667 + 0.333e^2/r)^2(r - 0.42e - 0.08e^2/r)] \quad (2\text{-}13)$$

式中　P_r——极限钻压，kN；

L——稳定器高度，m；

q——单位长度钻铤在钻井液中的浮力，kN；

α——井斜角(°)；

e——稳定器与井眼的半径差，m；

r——钻铤与井眼的半径差，m；

EI——钻铤的抗弯刚度，kN · m^2。

(二)钻井参数选择

直井段钻进钻井参数与前面相同,造斜段和增斜段采用螺杆造斜时,一般钻头直径为215.9 mm,泵压10~12 MPa,泵量30~35 L/min,稳斜段去掉螺杆,钻压80~100 kN,转速50~60 r/min,泵量30~40 L/min。

(三)钻井液

在定向钻进中,钻井液作为脉冲信号的载体,其性能也影响信号的传输。当钻井液中有杂物,累积到一定程度时,会堵塞脉冲发生器内腔,使阀不能做满行程运动,从而降低初始脉冲的幅度,甚至造成信号丢失。另外,钻井液中的气体也会严重影响钻井液脉冲信号。钻井液中固相含量要低,否则会严重影响螺杆的使用寿命。所以,在定向井中要求使用无固相泥浆,固相含量低于1%,密度不大于1.1 g/cm^3。

第四节　煤层气地面抽采其他钻井工艺

一、煤层气掏穴井钻井工艺

掏穴井是一般水平井组中的配套井,煤层气掏穴井主要工艺就是在垂直钻孔的目的煤层段利用机械的方法进行扩孔,使孔内目的煤层段形成的洞穴直径远远大于钻孔直径的钻孔,其井身结构如图2-21所示。近年来,随着国内煤层气开发处于高速发展时期,对钻井技术提出越来越高的要求,水平分支井作为一项高新技术已经得到越来越多的应用。而施工煤层气水平分支井必须首先施工掏穴井。它是水平井定向施工中在目的煤层中放置靶点目标仪器的需要,又在实施欠平衡钻进时作为输送空气介质的通道,完井后作为水平分支井组煤层气抽排的通道。

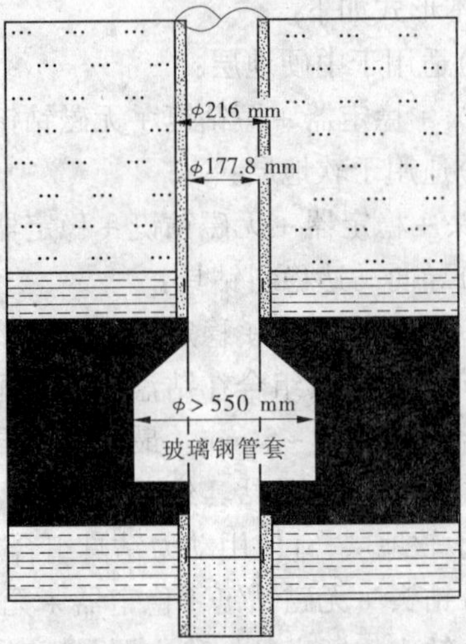

图2-21　煤层气掏穴井井身结构

(一)设备选型

煤层气掏穴井施工的难点不是直井体内钻进,而是完井作业。设备选型时对钻井设备没有什么特殊要求,采用普通的煤层气直井施工设备即可。

1. 钻井设备

前文已经详尽描述,不再赘述。

2. 掏穴设备

射流掏穴设备的特点为:本体外径165 mm,工作压力3~4 MPa,最大通过流量8~12 L/s,最大掏穴直径800 mm(见图2-22)。

3. 配套机具

反射流掏穴器最大过流量为400~600 L/min,适合泵压3~4 MPa,使用TBW850/5A的深层次泵较合适。在实际应用中,也曾试用TBW1200泵,因其排量大,泵压高,流量和作用压力不易控制,不适合配合使用。

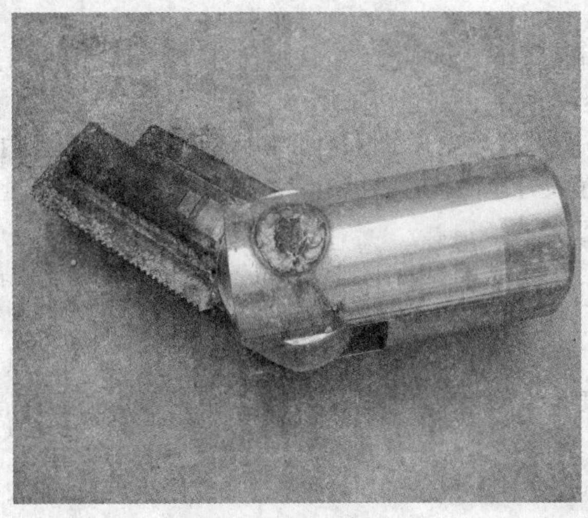

图 2-22　掏穴设备

因为掏穴井的完井内径是 161.7 mm,而 127 mm 钻杆的接箍外径是 159 mm,钻具与套管间隙过小,加之煤屑大量被冲落,钻井液较难通过狭小空间,大大增加了泥浆泵的运行负荷。因此,掏穴时使用 ϕ89 mm 或 ϕ73 mm 钻杆。

(二)钻井工艺

1. 钻具组合

(1)一开:311.15 mm 钻头 + 177.8 mm 钻铤 + 158 mm 钻铤 + 127 mm 钻杆 + 108 mm 方钻杆。

(2)二开:215.9 mm 钻头 + 177.8 mm 钻铤 + 158 mm 钻铤 + 127 mm 钻杆 + 108 mm 方钻杆。

(3)掏穴:500 mm 掏穴工具 + 73 mm 钻杆 + 108 mm 方钻杆。

2. 钻进技术参数

(1)一开:钻压 80 ~ 120 kN,转速 63 ~ 82 r/min,排量 20 L/s。

(2)二开:钻压 90 ~ 140 kN,转速 63 ~ 82 r/min,排量 20 L/s。

(3)掏穴:钻压 10 ~ 30 kN,转速 37 ~ 54 r/min,排量 8 ~ 12 L/s,泵压 4 MPa 左右。

3. 钻井液

采用煤层气井施工常用钻井液,满足设计要求。

4. 掏穴作业顺序

(1)使用液压割管刀,从煤层顶板下 300 mm 处由上向下(下行式)铣割煤层部位的玻璃钢套管和套管外围的固井水泥到煤层底板。确认玻璃钢套管和套管外围的固井水泥被破坏掉,孔口有煤粉返出,冲孔后提钻。

(2)按确定的煤层位置下入掏穴工具,从煤层底板由下向上(上行式)进行掏穴作业,掏穴直径不小于 500 mm。

5. 掏穴技术措施

(1)掏穴前应将井内的岩屑冲干净,确保井眼畅通。

(2)下入液压割管刀或射流掏穴工具前在井口必须做开刀试验,同时记录水泵的压力,记录当打开刀体到下位时的最大压力数值，注意观察工具开合是否灵活，打开后的直径是否符合设计要求。

(3)下钻时要稳、慢，防止刀具碰撞套管或损伤刀刃，一旦遇阻应上提钻具，人工回转钻具后试下放，顺畅后继续下钻，否则起钻通井。

(4)工具下放到掏穴井段后先开车慢速回转并试开泵，逐步向孔内增加流量，观察泥浆泵压力是否达到设计值及开车回转时的扭矩。如果扭矩大则减小泵量，这样可以减小刀体的直径，使回转阻力变小。

(5)铣割玻璃钢套管时，先将钻具下到设计位置，然后开车慢速回转，逐步调整好泵量，达到刀体最大值时，可以给压钻进实施铣割作业。

(6)用射流掏穴工具掏穴时，应有专门观察、记录各种参数的人员，随时观察泥浆泵压力。开始掏穴时转速要小，不能活动钻具，待大量煤屑上返后根据煤屑上返情况分析掏穴效果。

(7)每掏穴 0.5 in(1 in = 2.54 cm)，应放慢进尺或停止进尺，加大排量，待井内煤屑返出后再进行掏穴。

(8)在掏穴过程中，根据扭矩变化情况，要判断是否遇到煤层夹矸，如遇到煤层夹矸应降低柴油机转速，以减小泵压和泵量，并活动钻具避开煤层夹矸以防损坏掏穴工具。

(9)掏穴完成后应进行专门的排屑作业，对排出地面的岩煤屑也要进行收集，以便于计算掏穴达到的效果。

(10)割铣和掏穴过程中不能随意停泵，以免造成煤粉进入工具发生堵塞憋泵现象及埋卡钻具。一般要求完成一个循环没有煤粉后方可关闭水泵。

二、欠平衡钻井及快速钻井工艺

(一)欠平衡气动潜孔锤钻井工艺

中国煤层气开发技术主要从美国引进，美国的煤层属于高渗透率地层，裂隙发育程度好，所以采用无固相泥浆、欠平衡钻进工艺，来保证裂隙不被堵住，煤层不受污染，进而发展成为储层保护技术。而中国煤系地层却与美国有很大的不同，渗透率低，且裂隙发育不好。目前有些单位施工时要求采用“储层保护”，因此为了适应市场的需要，本书也进行了欠平衡钻井技术的研究。欠平衡钻井工艺不仅满足了“储层保护”的要求，在裂隙发育、漏失严重、地层压力较低的地层或生产层，也提高了钻进效率、降低了成本，又防止了孔内事故的发生。

欠平衡压力钻井是指在钻井过程中钻井液柱作用在井底的压力(包括钻井液柱的静液压力、循环压降和井口回压)低于地层孔隙压力。欠平衡钻井主要用于石油工业，常规的钻井属于过平衡钻井，钻井液压力大于地层流体压力，小于地层破裂压力。这样做主要是防止井喷。欠平衡钻井时，钻井液压力略小于底层流体压力，仍大于地层破裂压力。这样能及早发现油气藏。欠平衡钻井系列分为以下几种：

(1)气体钻井，包括空气、天然气和氮气钻井，密度适用范围 0 ~ 0.02 g/cm^3。

(2)雾化钻井，密度适用范围 0.02 ~ 0.07 g/cm^3。

(3)泡沫钻井液钻井，包括稳定和不稳定泡沫钻井，密度适用范围 0.07 ~ 0.60 g/cm^3。

(4)充气钻井液钻井，包括通过立管注气和井下注气两种方式。井下注气技术是通过寄生管、同心管、钻柱和连续油管等在钻进的同时往井下的钻井液中注空气、天然气、氮气。其密度适用范围为 0.7 ~ 0.9 g/cm³，是应用广泛的一种欠平衡钻井方法。

(5)水或卤水钻井液钻井，密度适用范围 1 ~ 1.30 g/cm³。

(6)油包水或水包油钻井液钻井，密度适用范围为 0.8 ~ 1.02 g/cm³。

(7)常规钻井液钻井(采用密度减轻剂)，密度适用范围大于 0.9 g/cm³。

(8)泥浆帽钻井，国外称之为浮动泥浆钻井，用于钻地层较深的高压裂缝层或高含硫化氢的气层。

根据目前煤层气开发的地层、开采效率情况，以及考虑经济效益，主要研究干空气(气动潜孔锤)欠平衡钻井工艺。

在总结煤层气地面抽采钻井技术、应用设备的同时，发现仅仅优化设备，而不发展、不使用新的钻井工艺，则不能改变钻井速度低、质量低，制约煤层气开发的现状(见表 2-13、表 2-14)。基于此，根据河南省煤田地质局装备情况及技术力量，作者大胆创新，使用先进设备，开展空气潜孔锤钻井工艺的研究，开辟了一条实现煤层气地面抽采快速钻井的新思路。

表 2-13　空气回转钻井和空气冲击回转钻井机械钻速对比

井眼直径	机械钻速(ft/h)		机械钻速比
	空气回转钻进	空气冲击回转钻进	
9″	4.67	10.6	2.27
9″	7.16	32	4.46
12 1/4″	4.95	8.4	1.7
9″	24.3	25	1.03
8 3/4″	9.3	24.7	2.66

注：1 ft = 0.304 8 m。

表 2-14　冲击回转钻井和回转钻井机械钻速对比

钻头序号	进尺(ft)	钻速(ft/h)	说明
普通钻头	492	38.2	冲击回转钻井
普通钻头	125	15	回转钻井
冲击钻头	635	32.5	冲击回转钻井

空气钻井技术是现代钻探技术的一项重要成就和衡量钻探技术水平的标志之一。其理论基础是：①空气介质循环可以在钻进过程中有效地冷却钻头、清洗孔底和快速输送岩屑至地表；②用空气或含气介质循环时，可以排除或降低孔内液柱对孔底岩石破碎的影响，有利于提高钻进速度；③空气或含气介质对孔壁和岩矿芯有保护作用，利于在水敏性地层和某些不稳定地层钻进；④空气和低密度气介质利于在低压(低渗透率)层钻进，保护低压油气储层和含水层不受破坏；⑤压缩空气可以在用做开孔循环介质的同时作为动力驱动潜孔风动冲击器(潜孔锤)，大幅度提高钻岩，特别是硬岩钻进速度；⑥空气取之不尽，包括含气介质

容易获取和制备等。

气动潜孔锤钻进属于空气钻进技术的一个分支。它是将压缩空气既作为洗井介质,又作为破碎岩石的能量。使用这种方法钻进时,用地面的钻机通过钻杆对孔底施加压力和转矩,而用压缩空气驱动潜孔锤(即冲击器)对岩石进行冲击碎岩,实现冲击回转钻进。同时利用压缩空气对钻头进行冷却,并将孔底岩屑向上排出地表。气动潜孔锤钻进除具有空气钻进的优点外,还有以下特点:

(1)气动潜孔锤钻进以潜孔锤进入孔底实行冲击破碎为主,气动冲击器单次冲击功较大,一般可达数百以至上千焦尔以上,因此钻进速度快,并且随着孔深增加对钻速影响很小,在石灰岩和花岗岩中钻进速度分别可达 40 m/h 和 20 m/h。

(2)气动潜孔锤钻进孔底清洗且冷却条件好,钻杆与孔径配比适当,空气在环状间隙上返流速在 15 m/s 以上,保证了孔底岩屑及时排出孔口。同时,压缩空气经过冲击器后以超音速通过钻头喷嘴时体积骤然膨胀并吸收热量,而后经过环状间隙上返地表,这对冷却钻头和延长钻头寿命十分有利。

(3)气动潜孔锤钻进要求转速、扭矩和钻压较低,除能明显减少孔内钻杆磨损和折损事故外,对保持钻孔平直度有明显效果,并可有效地用于水平孔和斜孔施工。

(4)气动潜孔锤钻进当钻遇潮湿层和含水层时,可以采取泡沫钻进或雾化钻进。备有逆止阀结构的潜孔锤可用于有地下水的井孔以及水域施工。

(5)气动潜孔锤与若干钻具相组合可以实现多工艺钻进,如反循环、跟套管、取芯和中心取样等。将多个(3~8 个)潜孔锤组合起来的多轴式潜孔锤可用于大直径井孔施工。

(6)气动潜孔锤设计和制造不断改造,具有结构简单、零件和运动件少及制造与维修方便的特点。

(7)气动潜孔锤施工时的噪声随钻孔深度延深而迅速下降,称为孔内消音,并以每增加 1 m 减少 6 dB 的比例下降,能符合国家环境保护规定。地面粉尘通过孔口密封与集尘装置亦可有效控制。

(二)快速钻井工艺配套设备

1. 气动冲击器

根据地层的情况及钻井井径要求,可选用的气动冲击器型号及技术参数如表 2-15 所示。

表 2-15　气动冲击器型号及技术参数

技术参数	型号					
	GQ－250	CWG200	J200	W200	J150	JG150
冲击功(J)	1 052	156	340	350~400	210	560
频率(Hz)	16	12~31	15	14~17	14	18.2
工作压力(MPa)	1.05	0.7~2.1	0.5~0.7	0.5~0.6	0.5	2.0
风量(m^3/min)	17	12~31	17	10~20	11	18
钻头外径(mm)	350	215	210	220	155	215
重量(kg)		277	130		70	118

2. 车载全液压动力头钻机

车载全液压动力头钻机，自动化程度高，立轴行程长，可以用于多种钻井工艺。基于设备情况，本书研究用的全液压车载钻机是从德国进口的宝峨 RB50 型钻机（见图 2-23）和从美国进口的雪姆 T130XD 型钻机（见图 2-24）。因为车载钻机有一定的共性，仅以雪姆 T130XD 型钻机介绍研究成果。

图 2-23　德国宝峨 RB50 型钻机

图 2-24　美国雪姆 T130XD 型钻机

雪姆 T130XD 型钻机具有大提升能力、大动力头行程和工作高度、具备下入Ⅲ型套管能力、整车运输状态短、移动性能强等特点。其技术性能参数如表 2-16 所示。

根据车载钻机的技术性能参数及冲击器的性能参数可知，雪姆 T130XD 型钻机的装备能够实现直径为 311. 1 mm、215. 9 mm，孔深 1 500 m 以浅的钻孔的施工（见图 2-25）。

表2-16 雪姆T130XD型钻机技术性能参数

车载钻机总体技术参数

长度(运输状态)	宽度	高度(运输状态)	钻机重量
13 m	2.6 m	4.1 m	41.723 t

独立发动机技术参数

型号	底特律DDC/MTU 12V－2000TA DDEC柴油机
功率	567 kW(转速1 800 r/min)
扭矩	2 967 N·m(1 800 r/min)
排量	23.9 L
单位功率油耗	206 g/(kW·h)(最大功率状态下)
燃油消耗量	36.2 g/h(最大功率状态下);27 g/h(平均状态下)
功率波动范围	+2%,－0%

桅杆、动力头技术参数

总长度	13 m(收缩状态)	给进油缸	缸径152.4 mm×127 mm×7.62 m(2个)
总高度	21.65 m(伸展状态)	动力头行程	15.24 m
下压能力	14.515 t	快速提升速度	38.1 m/min
提升能力	59.09 t	慢速提升速度	2.44 m/min
上端钢缆	1.5″×2	上端钢缆承重	123.377 t(每根)
下端钢缆	0.75″×2	下端钢缆承重	29.302 t
马达排量	0.25～0.49 L/r	动力头通孔直径	133.3 mm
最大压力	3 000 psi(1 psi＝6 895 Pa)	最大扭矩	10.36～24.44 kN·m
回转马力	201 kW	输出接头扣型	API5.25″内平式
最大转速	146 r/min		

空压机技术参数

型号	寿力20/12H STR
排量	32.6～38 m^3/min(转速为1 800 r/min)
最大排气压力	500 psi(32.6 m^3/min);350 psi(38 m^3/min)
所需输入功率	394 kW(500 psi);385 kW(350 psi)
安全控制	高温排放安全停机
控制系统	三档式选择阀

绞车技术参数

绞车型号	卷筒容量	卷筒拉力	卷筒转速
Braden	167 m(12.7 mm)	4 354 kg	46 m/min

水泵技术参数

水泵型号	最大流量	最高压力
Cat 2520	95 L/min(500 psi)	800 psi

图 2-25　雪姆 T130XD 型钻机气动潜孔锤施工现场

3. 钻头

潜孔锤钻进可使用普通的三牙轮钻头、PDC 钻头和专用的冲击钻头。三牙轮钻头和 PDC 钻头用于冲击钻进,容易造成断齿、降低钻头使用寿命等,但可用于多种地层,尤其是在软岩中,通过回转切削作用破碎岩石,有利于钻进;而专用的冲击钻头使用寿命长,冲击碎岩效果好,特别是在硬岩中,钻进效率高。所以,应根据不同地层情况,选择使用的钻头。

(三)快速钻井工艺

采用车载钻机,欠平衡空气潜孔锤钻进工艺,实现快速钻井。钻进技术参数选择方法如下。

1. 钻压

风动潜孔锤钻进主要靠冲击作用破碎岩石。如钻压过大,则扭矩也会增大,结果会导致钻具、钻头的早期磨损和损坏。在钻孔直径为 110 ~ 130 mm 时,所需钻压为 4 ~ 8 kN;钻孔直径为 152. 4 mm 时,所需钻压为 9. 09 ~ 18. 08 kN。据经验,每厘米钻头所需钻压为 0. 9 kN。钻进软岩石时钻压控制在 6 kN 左右,钻进硬岩石时钻压控制在 6 ~ 8 kN。

2. 钻速

钻速可根据最优转速公式计算。

$$n_0 = N_c S/(\pi D) \tag{2-14}$$

式中　n_0——钻头回转速度,r/min;

S——切削具冲击间距(Ⅶ ~ Ⅷ:S = 8. 14 mm;Ⅸ ~ Ⅺ:S = 5 ~ 8 mm);

N_c——冲击频率,次/min;

D——钻头直径,mm。

一般 200 mm 钻头转速控制在 10 ~ 30 r/min,也可参照表 2-17。由于所钻岩石的性质不同,钻具回转速度也应有所变化,一般可参照以下转速范围:覆盖层,40 ~ 60 r/min;软岩层,

30 ~ 50 r/min；中硬岩层，20 ~ 40 r/min；硬岩层，10 ~ 30 r/min。

表 2-17　部分钻头转速参照表

岩石硬度	不同型号频率的转速（r/min）		
	950 次/min ϕ112 mm	950 次/min ϕ132 mm	950 次/min ϕ155 mm
Ⅶ ~ Ⅷ	21 ~ 38	18 ~ 32	13 ~ 24
Ⅸ ~ Ⅺ	13 ~ 21	11 ~ 18	9 ~ 13

3. 风压

从实践中可知，阀式潜孔锤在风压为 1.05 MPa 左右时，其钻进速度最高；无阀潜孔锤，随着风压的增大，其钻进速度增大得更快。

4. 风量

风量主要根据产生岩屑的浓度、岩屑的粒度、钻具的结构和参数，以及岩屑在孔底附近区和沿吹洗空间运动的条件来确定（见表 2-18），可根据下式计算风量：

$$Q \geqslant 60K_1K_2\frac{\pi}{4}(D^2 - d^2)v \tag{2-15}$$

式中　Q——压风机的供风量，m^3/min；

v——上返风速，一般取 15 ~ 25 m/s；

D——钻孔实际直径，m；

d——钻杆外径，m；

K_1——孔深修正系数（由于孔深环状间隙压力损失增大，导致流量减小），一般孔深在 100 ~ 200 m 时，K_1 = 1.05 ~ 1.1，孔深在 500 m 时，K_1 = 1.25 ~ 1.3，随着孔深增加 K_1 也增加；

K_2——孔内有涌水时的风量增加系数，与涌水量有关，中、小涌水量时，K_2 = 1.5。

表 2-18　不同粒径岩屑所需风量（89/60 钻具）

岩屑直径（mm）	3	5	8	10	12	15	20	25	30	48
风量（m^3/min）	2.34	3.02	3.82	4.27	4.68	5.23	6.04	6.75	7.40	9.36

（四）操作注意事项

（1）钻具下井前要认真检查，不合格的钻具不准使用，丝扣部位擦洗干净后涂丝扣油。

（2）钻具下入或提出井口时，速度要慢，有专人扶持，不准碰撞，每立根必须上好护丝帽，排放整齐。

（3）钻进时应有专人看管钻机和空压机，密切注意风量和风压的变化。

（4）倒杆时应将钻具拉直，平衡好重量后方可松开卡盘倒杆，倒杆时不得停风。

（5）加尺或起钻前应彻底清除孔底岩屑。即提起钻杆的 200 ~ 300 mm，使所有供风全部用于洗井，也叫“强吹”孔，目的是把外管与孔壁之间悬浮的岩粉清除到井外，以确保孔内清洁。

(6)钻进到不变岩层时,每个班组的钻进参数要保持一致,如果需要变动要经技术人员同意。

(7)要避免钻头与坚硬物碰撞,不使用的钻头要装在木箱中,以免球齿毁坏,使用的钻头要测量其外径,按大小排列编号,使用时先大后小。

(8)钻进中如果发现潜孔锤不启动,可检查空压机风压是否太低,钻头排气孔是否堵塞,潜孔锤内是否有杂物,潜孔锤零件是否磨损,润滑油是否过多或不足等。

(五)机具的维护与保养

(1)为了保证钻具的正常使用,防止零部件失灵,特别是双壁钻杆,保持组装成套,必须经常检查钻具,并做好维护保养工作。

(2)加尺时应往内外管间隙内加入少量润滑油,以润滑潜孔锤,提高活塞的灵敏度。

(3)起下钻要检查固定钻头的销子、环、卡的磨损情况,要及时更换磨损严重的部件。

(4)钻进时要通过注油器加入润滑油,润滑油的正确含量是每立方米自由空气1 mL。

(5)备用钻杆和使用后的钻杆要将其内外冲洗干净,并涂油保护,内管要装在外管内存放,同时要拧好丝扣保护箍。

(6)钻杆夹持器,每次升降钻具后,要及时清除卡瓦及底座上的污垢,转动部位加油,并保证卡瓦同步磨合钻杆。

三、快速取芯技术

在煤层气开发的前期需要获取区内目标煤层的煤层埋深、厚度,煤岩及煤质特征,割理及裂隙发育程度,含气量、含气饱和度、等温吸附曲线等参数,钻井取芯能够实现该目的。采用传统的起大钻的方法取芯不能准确取得含气量等参数,为准确获取煤层气参数,要求采用快速取芯技术。

快速取芯技术是指在不起下钻具的情况下通过绳索从钻杆内将井底岩煤芯快速提出地面的技术。利用绳索取芯可以达到快速取芯的目的。

我国20世纪70年代初开始研究与发展绳索取芯钻探技术。实践证明,与常规钻探方法相比,尤其是在深孔条件下,绳索取芯钻探技术的主要优点如下:①减少升降钻具时间,延长纯钻进时间25%左右;②提高岩矿芯回收率,岩矿芯回收率基本稳定在85%~100%;③延长钻头使用寿命20%左右;④台班进尺增加20%~40%;⑤每米钻进成本降低20%~30%;⑥大幅度降低孔内事故率。

(一)钻井取芯设备及工具

1. 设备

无芯钻进的设备常常根据井别和井深的不同而选用经济实用的钻机、动力机和泥浆泵,常用的设备如下:GZ-2600、GZ-2000、TSJ-2000、车载全液压钻机,27 m A型/80T井架,青州350泥浆泵,8V190/540HP、12V135/240HP动力机,FZ28-21防喷器,SQC-882气测仪,ZQG-200×2砂泥联除器,VZS-D振动筛等。

在快速取芯时,以上无芯的设备不需要更换就可以直接取芯,只需调整钻进参数和钻井液参数即可,简便易行。

2. 机具

快速取芯时只需把无芯钻头换成取芯专用钻头和取芯外筒即可,通常采用215 mm绳索取芯钻具和其他辅助工具就可以完成一口井的取芯任务。辅助工具一般为156 mm无磁钻铤、单点测斜仪、泥浆测试仪等,这些工具在无芯钻进过程中也是必不可少的。采用的绳索取芯钻具结构如图2-26所示。

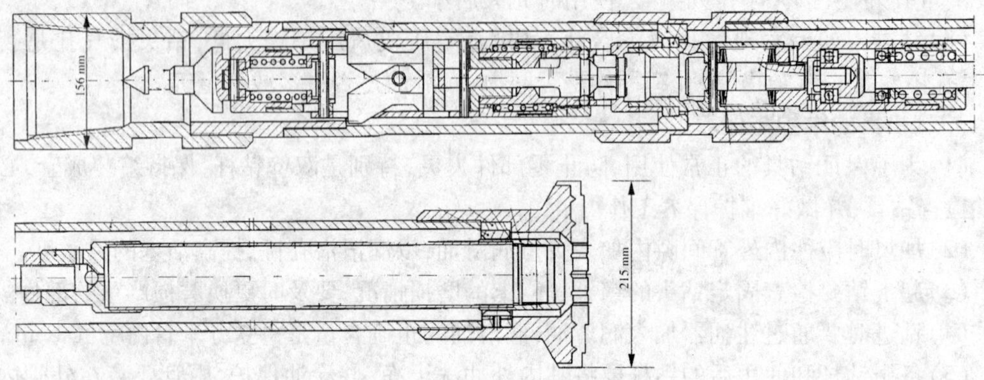

图2-26　绳索取芯钻具结构图

(二)钻井工艺

1. 井身结构

通常煤层气井采用二开结构完井。

(1)一开 ϕ311 mm井眼至稳定基岩,下入 ϕ244.5 mm表层套管,水泥固井。

(2)二开 ϕ215.9 mm井眼至完钻井深,下入 ϕ139.7 mm气层套管,油井水泥固井。

2. 钻具组合

(1)一开:ϕ311 mm钻头 + ϕ309 mm稳定器 + ϕ203钻铤×18 m + ϕ309 mm稳定器 + ϕ178钻铤×36 m + ϕ159 mm钻铤×54 m + 方钻杆。

(2)二开:ϕ215.9 mm钻头 + ϕ203 mm钻铤×18 m + ϕ214 mm稳定器×2 m + ϕ178 mm钻铤×36 m + ϕ159 mm钻铤×54 m + ϕ127 mm钻杆 + 方钻杆。

(3)煤芯采取:ϕ215.9 mmPDC钻头 + 绳索式半合管工具 + ϕ127 mm(内径94 mm)钻杆 + 方钻杆。

(三)钻井液

1. 钻井液配制及维护

选用聚丙烯酰胺低固相钻井液。选用的材料主要有:水解聚丙烯酰胺、CMC、钠土粉、纯碱、广谱护壁剂等。配制泥浆之前,膨润土要进行预水化浸泡处理,并充分搅拌。每班设一名泥浆管理员,随时监测调整泥浆性能,检修、维护泥浆净化装置,保证其正常运转,保证冲洗液各项性能指标符合要求。

2. 钻井液指标

钻井液指标:黏度18 s,pH值7~8,比重1.04,失水30 L/30 min,含砂<1%。

(四)绳索取芯钻进措施

1. 取芯钻具组合

8 1/2″(PDC)取芯钻头 + 绳索式半合管取芯工具 + 5″钻杆 + 方钻杆。

2. 工艺参数

冲洗量360~480 L/min(6~8 L/s),钻压15~25 kN,转速40~50 r/min。

3. 操作要求

(1)取芯前控制钻速,起钻时通井一次,确保井内无落物。

(2)组装好的取芯外筒在井口用大钳逐一紧扣,并放入内筒检查装配间隙是否合适。

(3)井场钻具在进行取芯前应进行通径检查,保证内筒顺利通过。

(4)严格控制下放速度,以防水眼堵塞。中途遇阻以冲洗为主,少划或不划眼,严重遇阻改用牙轮钻头通井划眼至畅通为止。

(5)根据井底情况和地层层位,取芯工具下到距井底 3 ~5 m 处应循环钻井液。

(6)井内循环压力正常,井底无沉砂、掉块,井眼畅通无阻,方可送入取芯内筒。

(7)小井眼取芯内筒可直接投入,大井眼取芯内筒应使用矛头和绳索吊下去,到位后利用脱卡装置将其脱开。

(8)内筒投入后,经确认到位后方可进行取芯钻进。

4. 钻进要求

(1)钻进前,转速、排量调到设计值。

(2)进尺变快时,控制进尺 0.2 ~0.3 m 及时捞取岩芯。

(3)正常钻进时,送钻均匀,保持设计的钻进参数,严禁中途停泵、上提方钻杆。

(4)钻进中途不能调整钻井液。

5. 割芯操作要求

钻到预定进尺后,停泵,回转实施割芯。注意:上提钻具时应一次完成。若地层较硬或钻遇煤层夹矸时,可适当磨芯后,再割芯。

6. 提芯操作要求

(1)卸开方钻杆,投入打捞器。

(2)用绞车钢丝绳将打捞器均匀送下,距内筒打捞头约 50 m,适当放慢速度,以防冲坏内筒。不能放得太多,防止钢丝绳打绞跳槽。

(3)上提初期应缓慢,内筒进入钻杆后可加快速度。

(4)上提遇卡上下活动无效时,将内筒脱开丢在钻具内,再不行时则拉断打捞器的安全销,将钢丝绳起出来,起钻处理。

(5)为保证煤芯上提和装罐速度,要求上提时间不大于 $T = aH$(H 为煤层井深,单位为 m,T 单位为 min,$a = 0.02$ min/m)。

(6)提芯过程应随时往井内灌注钻井液,以保持井内压力。

7. 起钻与换钻头操作要求

(1)起钻中严禁强拉。

(2)上卸钻头要注意保护好钻头的切削刃。

第三章　矿井瓦斯地质条件评价体系及应用

瓦斯是煤炭开采过程中的伴生物，能够燃烧和爆炸，大量积聚时能使人窒息、死亡；一些煤层还能在短时间内大量地喷出瓦斯或发生煤与瓦斯突出，产生很大的动力破坏作用。瓦斯事故的发生，一般都具有突发性强、危害性大的特点，一旦发生，不仅造成巨大经济损失，而且造成多人伤亡，甚至造成矿毁人亡，带来极为不良的社会影响和经济后果。因此，控制煤矿瓦斯事故的发生，必须坚持“先抽后采、监测监控、以风定产”的瓦斯治理方针，以促进煤炭工业全面、协调、可持续的发展和保持煤矿生产的安全稳定。

本章从理论和实践两方面，系统论述瓦斯的成因、赋存、含量、涌出形式与涌出量、灾害形式以及防治措施等一系列问题。

第一节　矿井瓦斯地质参数

一、矿井瓦斯概述

(一)定义

瓦斯是矿井中主要由煤层气构成的以甲烷为主的有害气体。煤矿术语中的瓦斯有时专指甲烷。

(二)瓦斯的来源

矿井瓦斯的来源大致可归为三个方面：①煤层及围岩和地下水涌出到矿井中的气体，一般情况下，含有甲烷(可达80% ~90%)和其他烃类，如乙烷、丙烷，以及 CO_2、H_2S 等；②化学及生物化学作用产生的气体，如井下空气与煤、岩、矿用材料等反应生成的气体以及井下人员呼吸生成的气体；③煤炭生产过程中产生的气体，如放炮产生的炮烟等。

(三)瓦斯的性质

1. 瓦斯的物理、化学特性

(1)瓦斯是一种无色、无味、无嗅的气体。该特性决定了瓦斯是不能依靠人的感觉来检测的，瓦斯浓度的检测必须借助于仪器、仪表。

(2)瓦斯密度较小，具有较强的上浮力。标准状态下，瓦斯密度为0.716 kg/m³，是空气密度的0.554倍。因此，瓦斯容易积聚在巷道上部、采煤工作面上隅角等地区，这些地点是瓦斯最容易超限的地区，也是瓦斯防治的重点地区。

(3)瓦斯微溶于水。在10 ℃和0.1 MPa时，1 m³ 水可以溶解0.042 m³ 的瓦斯。

2. 瓦斯的扩散性

甲烷分子的直径为 0.3758×10^{-9} m，可以在微小的煤体孔隙和裂隙里流动，其扩散速度是空气的1.34倍，可以从浓度高的区域向浓度低的区域扩散，从压力高的区域向压力低的区域扩散。因此，从煤岩中涌出的瓦斯会很快扩散到巷道空间。

3. 瓦斯的不可逆性

瓦斯的扩散过程是不可逆的，即瓦斯与空气一经混合，就很难分离。因此，可以通过井巷中空气的流动将瓦斯排放出去，此特性说明矿井通风是瓦斯防治的最基本、最有效的手段。

4. 瓦斯的不均匀性

煤层的生成环境、形成历史和赋存条件等因素的影响，造成瓦斯在煤层中赋存的不均匀性。一般来说，浅部煤层瓦斯含量较低，越往深部瓦斯含量越高。因此，煤层开采浅部一般为低瓦斯矿井，深部可能为高瓦斯或煤与瓦斯突出矿井。此外，即使同一矿井开采的同一煤层的同一水平，也可能存在瓦斯赋存的不均匀性，出现低瓦斯矿井的高瓦斯区域。

5. 瓦斯的窒息性

瓦斯虽然无毒，但具有窒息性。从煤岩体中涌出的瓦斯会挤占空间，使空气中氧气浓度下降，当混合气体中瓦斯的浓度达到43%，氧的浓度降低到12%时，人在此环境下会感到呼吸短促，时间稍长就会昏迷并有死亡危险。因此，瓦斯矿井通风不良或不通风的煤巷，往往积存大量瓦斯，如果未经检查贸然进入，就可能因缺氧而很快地昏迷、窒息，直至死亡。

6. 瓦斯的燃烧爆炸性

瓦斯是一种可燃性气体，按瓦斯在空气中发生燃烧的性状不同，可以将它分为三个区间。

（1）助燃区间：瓦斯浓度小于爆炸下限，不能形成持续的火焰，只能起到助燃的作用。

（2）爆炸区间：瓦斯浓度在爆炸界限内，遇一定能量的点火源会形成可自动加速的燃烧锋面，从而形成强烈的爆炸。该特性表明瓦斯是煤矿安全生产的重大隐患。

（3）扩散燃烧区：瓦斯浓度大于爆炸上限，该区域内瓦斯空气的混合气体无法直接被点燃，但当其与新鲜空气混合时，可以在混合界面上被点燃并形成稳定的火焰。每立方米瓦斯的燃烧热为3.7×10^{7} J，相当于1～1.5 kg烟煤。该特性表明瓦斯是一种洁净能源，可作为发电燃料、工业燃料、化工原料和居民生活燃料。据统计，我国2 000 m以浅煤层气资源量为36.8万亿m^3，相当于450亿t标准煤，居世界第三位，与全国常规天然气资源量相当，按照有关能源消耗标准，相当于中国可以使用20多年的能源。因此，瓦斯也是我国重要的矿物资源之一。

7. 瓦斯的突出危险性

当条件适合时，在煤矿采掘过程中，会发生瓦斯喷出或煤与瓦斯突出，产生严重的破坏作用，造成巨大的财产损失和人员伤亡。

二、煤层瓦斯赋存与含量

（一）瓦斯的成因与赋存

1. 煤层瓦斯的生成

煤是一种腐殖型有机质高度富集的可燃有机岩，是植物遗体经过复杂的生物、地球化学、物理化学作用转化而成的。煤层瓦斯是腐殖型有机物（植物）在成煤过程中生成的，是伴随着煤层的生成而生成的。

成气过程分为两个阶段。第一阶段为生物化学成气时期：植物在泥炭沼泽、湖泊或浅海中不断繁殖，其遗体在微生物参与下不断分解、化合和聚积，低等植物经生物化学作用形成腐泥,高等植物形成泥炭,同时,植物遗体中的有机化合物在缺氧的环境中被厌氧微生物分解为 CH_4 等。由于该时期埋藏深度不大且覆盖层胶结团化程度不够,故生成的气体(包括 CH_4)绝大部分逸散入大气,一般不会保留在煤层中。第二阶段为煤化变质作用成气时期:随着煤系地层的沉降,由于埋藏较深且覆盖层已固化,泥炭转化为褐煤并进入变质作用时期,褐煤再变为烟煤和无烟煤。有机化合物在高温、高压作用下,生成大量的以 CH_4 为主的烃类气体,一般 CH_4 含量占 80% 以上。该阶段瓦斯生成量随着煤的变质程度的增高而增多,但在漫长的地质年代中,由于煤层露头、埋藏深度、煤层及围岩的透气性、地质构造及其他因素的影响,一部分或大部分瓦斯扩散到大气中,或转移到围岩内。因此,不同煤田,甚至同一煤田不同区域煤层的瓦斯含量差别可能很大。

2. 煤层瓦斯的赋存

瓦斯在煤体内赋存的状态主要有游离和吸附两种。游离状态也叫自由状态,这种状态的瓦斯以自由气体存在,服从气体状态方程。由于煤体是一种发达孔隙系统的多孔性固体,既有成煤胶结过程中产生的原生孔隙,也有成煤后的构造运动形成的大量孔隙和裂隙,形成了很大的自由空间和孔隙表面,为瓦斯赋存创造了良好的条件,游离状态的瓦斯就存在于煤体或围岩的裂隙和较大孔隙(孔径大于 0.01 μm)内,如图 3-1 所示。煤的孔隙率即煤中孔隙总体积与煤的总体积之比,是决定煤中游离瓦斯含量大小的主要因素之一,在相同的瓦斯压力下,煤的孔隙率越大,储存空间的容积就越大,则煤中所含游离的瓦斯量也越大。由于瓦斯分子的自由热运动,显示出相应的瓦斯压力,游离瓦斯量的大小与瓦斯压力成正比。此外,游离瓦斯量的大小还与瓦斯温度成反比。

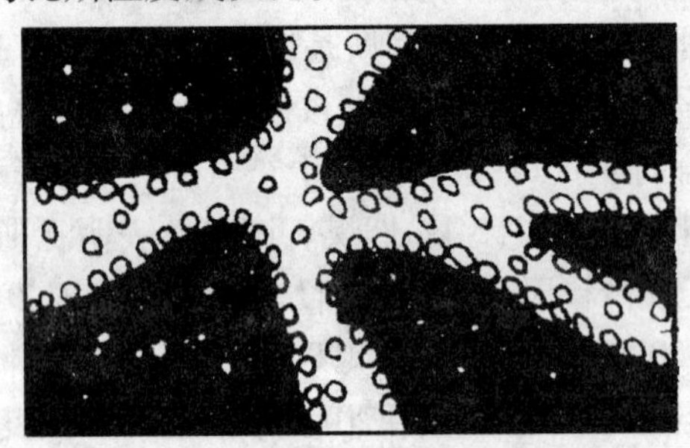

图 3-1 煤体内瓦斯赋存状态

吸附状态的瓦斯主要吸附在煤的微孔表面上(吸着瓦斯)和煤的微粒结构内部(吸收瓦斯)。吸着状态是在孔隙表面的固体分子引力作用下,瓦斯分子被紧密地吸附于孔隙表面上,形成很薄的吸附层。吸收状态是指瓦斯分子更深入地进入煤的微孔中,进入煤分子晶格之中,形成固溶体状态,如同气体溶解于液体中的状态。煤对瓦斯的吸着和吸收是不易区别的,在矿井瓦斯研究中,一般不单独研究吸收瓦斯。

由于煤是天然吸附体,因此对瓦斯有很强的吸附能力,其吸附瓦斯量的大小,与煤的性质、孔隙结构特点以及瓦斯压力和温度有关。在目前煤矿开采的一些高瓦斯含煤煤层,煤中所含瓦斯体积可为煤本身体积的 30 ~ 40 倍,这些瓦斯主要以吸附状态存在于煤体中。1987 年苏联科学院矿物资源综合开发研究所在 300 ~ 1 200 m 开采深度范围内对中等变质煤中存在的瓦斯分布研究结果表明,在现今开采深度内,游离瓦斯仅占 5% ~ 12%,其余为吸附瓦斯。但在断层、大的裂隙、孔洞和砂岩内,瓦斯主要以游离状态赋存。

煤体中的瓦斯含量是一定的,但瓦斯在煤体中的存在状态并不是固定不变的。在一定条件下，游离状态和吸附状态的瓦斯处于平衡状态，即游离状态和吸附状态的瓦斯分子处于不断的交换之中。在外界条件发生变化时，这种平衡则遭到破坏，并发生相互转化，游离状态和吸附状态瓦斯量的转化主要取决于瓦斯温度、压力以及煤中水分等条件的变化。例如，当温度降低或压力升高时，部分瓦斯就从游离状态转化为吸附状态，这种现象称为吸附现象；当温度升高或压力降低时，部分瓦斯就由吸附状态转化为游离状态，这种现象叫做解吸现象。

在煤层中或其附近进行采掘工作时，在采动影响下煤岩的原始状态受到破坏，发生破裂、卸压膨胀变形、地应力重新分布等变化，部分煤岩的透气性增加，游离瓦斯在其压力作用下，经由煤层的裂隙通道或暴露面渗透流出并涌向采掘空间。游离状态的瓦斯从煤体中涌出，必然导致煤体中储存瓦斯的空间压力降低，这就破坏了原有的动平衡，部分以吸附状态存在的瓦斯就解吸为游离状态，对游离状态的瓦斯进行补充，瓦斯动平衡破坏的范围也不断扩展。所以，瓦斯能够长时间地、均匀地、持续地、源源不断地从煤体中释放转化为游离瓦斯并涌出。因此，不论是高瓦斯矿井或是低瓦斯矿井，如果瓦斯涌出的作业场所通风不良，都能够引起瓦斯积聚超限，存在瓦斯爆炸的可能性。

（二）煤层瓦斯垂直分带

当煤层有露头或在冲积层下有含煤地层时，在煤层内存在两个不同方向的气体运移，煤化过程生成的瓦斯经煤层、上覆岩层或断层由煤层深部向上运移；而地表空气、表土中的生物化学反应生成的气体，则由地表向煤层深部渗透扩散。这两种反向运移的结果，使煤层内的瓦斯呈现出垂直分带的特征。掌握煤层瓦斯的带状分布特征，是煤层瓦斯含量及巷道瓦斯涌出量预测的基础，也是搞好瓦斯日常管理工作的依据。苏联矿业研究院格·德·李金通过对顿巴斯和库兹巴斯等煤田大量的煤层瓦斯组分与含量的测定，将煤层瓦斯自上而下分为4个带：CO_2-N_2 带、N_2 带、N_2-CH_4 带、CH_4 带（见表3-1），前3个带总称为瓦斯风化带。

表3-1　煤层瓦斯垂直分带及各带气体成分

名称	气带成因	瓦斯成分（%）		
		CO_2	N_2	CH_4
CO_2-N_2 带	生物化学－空气	20～80	20～80	0～10
N_2 带	空气	0～20	80～100	0～20
N_2-CH_4 带	空气－变质	0～20	20～80	20～80
CH_4 带	变质	0～10	0～20	80～100

。

现代的瓦斯风化带深度是煤田长期地质进程的结果，剥蚀作用使瓦斯风化带减少；长期风化、自由排放瓦斯时间越长，瓦斯风化带的深度越大；地层破坏程度越高，瓦斯排放的不均匀性和风化带的深度越大；覆盖层的致密透气性越高，瓦斯风化带的深度越大。因此，不同矿区瓦斯风化带的深度都有不同的变化，即使同一井田有时也相差很大，如井溧矿务局的唐山和赵各庄两矿瓦斯风化带的深度下限就相差近80 m。因此，确定瓦斯风化带的深度对预测瓦斯涌出量、掌握瓦斯赋存与运移规律以及搞好瓦斯管理具有重要的现实意义。表3-2列出了我国部分矿井瓦斯风化带深度。

表 3-2 我国部分矿井瓦斯风化带深度

矿井	瓦斯风化带深度(m)	矿井	瓦斯风化带深度(m)
焦作李村矿	80	白沙红卫矿	15
焦作演马庄矿	100	涟邵洪山殿矿	30~50
焦作焦西矿	180	阳泉四矿	50
开滦唐山矿	388	北票冠山矿	120
开滦赵各庄矿	467	淮北朱仙庄矿	320

瓦斯风化带下部边界可按下列条件确定:

(1)煤层中甲烷及重烃浓度总和等于80%(按体积)。

(2)瓦斯压力 $P=0.1\sim0.15$ MPa。

(3)煤层的相对瓦斯涌出量 $q_{CH_4}=2\sim3\ m^3/t$。

(4)煤层的瓦斯含量:长焰煤 1.0~1.5 m^3/t 可燃物,气煤 1.5~2.0 m^3/t 可燃物,肥煤与焦煤 2.0~2.5 m^3/t 可燃物,瘦煤 2.5~3.0 m^3/t 可燃物,贫煤 3.0~4.0 m^3/t 可燃物,无烟煤 5.0~7.0 m^3/t 可燃物。

(三)煤层瓦斯压力

煤层瓦斯压力是煤层孔隙中所含游离瓦斯分子自由热运动撞击呈现的压力,即瓦斯作用于孔隙壁的压力。

煤层瓦斯压力是决定煤层瓦斯含量高低、瓦斯流动动力大小以及瓦斯动力现象潜能高低的基本参数。在研究与评价瓦斯储量、瓦斯涌出、瓦斯流动、瓦斯抽放与瓦斯突出等问题时,掌握准确的瓦斯压力数据是非常重要的,如只有测定出煤层瓦斯压力,才能用间接法预测煤层瓦斯含量;由于瓦斯压力在煤与瓦斯突出发生、发展过程中起着重大作用,因此瓦斯压力是突出预测的主要指标之一。

由于煤层瓦斯运移的总趋势是瓦斯由地层深部向地表逸散,这一规律决定了煤层瓦斯压力随深度的增加而增大,多数煤层呈线性增大。我国煤层瓦斯压力最高的矿区是北票、淮南、天府等矿区,达到 8.0 MPa 以上,其中北票台吉矿煤层瓦斯压力最大为 8.25 MPa,是迄今为止我国煤层瓦斯压力的最大值。目前世界煤层瓦斯压力的最大值是在乌克兰顿巴斯的彼德罗夫深矿测出的,达到 13.6 MPa。

通过不同深度煤层瓦斯压力测定,求出该煤层的瓦斯压力梯度,可以预测其他深度的瓦斯压力。

瓦斯压力梯度计算公式为

$$g_p=(P_2-P_1)/(H_2-H_1) \tag{3-1}$$

则

$$P=g_p(H_2-H_0)+P_0 \tag{3-2a}$$

或

$$P=g_p(H-H_0)+P_0 \tag{3-2b}$$

式中 P——预测的 CH_4 带内深 H(m)处的瓦斯压力,MPa;

g_p——瓦斯压力梯度,一般为 0.007~0.012 MPa/m;

P_1、P_2——CH_4 带内深度为 H_1、H_2(m)处的瓦斯压力,MPa;

P_0——CH_4 带上部边界处的瓦斯压力,取 0.2 MPa;

H_0——CH_4 带上部边界深度,m。

(四)瓦斯含量

瓦斯含量是指在自然条件下单位体积或单位质量的煤体或围岩中所含有的瓦斯量,通常以 m^3/m^3(cm^3/cm^3)或者 m^3/t(cm^3/g)来表示。

煤层瓦斯含量包括游离瓦斯和吸附瓦斯。煤层未受采动影响的瓦斯含量称为原始(或天然)瓦斯含量;如煤层受采动影响,已部分排放瓦斯,则剩余在煤层中的瓦斯量称为残存瓦斯含量。煤层瓦斯含量取决于瓦斯向地表运移的条件与煤层储存瓦斯的性能,如煤层及其围岩的透气性、围岩性质、煤的吸附性能及孔隙率、成煤后的地质运动和地质构造、煤层的赋存条件等。现将影响煤层瓦斯含量的主要因素概述如下。

1.煤田地质史

从成煤有机物沉积一直到煤炭的形成,经历了长期复杂的地质变化,如地层多次上升或下降,覆盖层加厚或遭受剥蚀,陆相与海相的交替变化,遭受地质构造运动破坏影响等,这些地质过程及其延续时间的长短对煤层瓦斯含量的大小都产生了巨大的影响。若成煤古地理环境属于滨海平原,形成海陆交替相含煤层系,往往岩性与岩相在横向上比较稳定,沉积物粒度细,煤系地层的透气性一般较差,其覆盖层长期遭受海侵,煤系地层被泥岩、灰岩等致密地层覆盖,导致煤层瓦斯含量较高;若成煤古地理环境属于内陆环境,形成陆相沉积,往往横向岩性与岩相变化较大,其覆盖层多为粗粒碎屑岩,不利于瓦斯封存,煤层的瓦斯含量一般较低。成煤后地壳的上升将使剥蚀作用加强,为煤层瓦斯向地表运移提供了条件,导致煤层的瓦斯含量减少;若成煤后地表下沉,煤层被新的覆盖层覆盖,则减缓了瓦斯向地表的逸散速度,煤层的瓦斯含量一般较高。

2.煤的变质程度

煤是天然吸附体,煤的变质程度越高,则煤的吸附能力越大,其储存瓦斯的能力也就越强。在瓦斯排放条件相同的条件下,煤的变质程度越高,煤层瓦斯含量越大。在同一温度和瓦斯压力条件下,变质程度高的煤层往往瓦斯含量较高。但高变质无烟煤的瓦斯含量则不服从以上规律,由于无烟煤向超级无烟煤(接近石墨)过渡时,煤的结构发生了质的变化,其吸附能力急剧降低,导致煤层瓦斯含量大为减少(一般不超过 2 ~ 3 m^3/t),并且与煤层埋藏深度无关。

3.煤层露头

煤层露头是瓦斯向地面排放的出口,因此煤层有无露头对煤层瓦斯含量具有一定的影响。如果有露头,并且长时间与大气相通,瓦斯排放就比较多;反之,如果煤层没有通达地表的露头,则瓦斯难以排放,煤层瓦斯含量就较大。例如,中梁山煤田为覆舟状(背斜)构造,并且煤层无露头,所以煤层瓦斯含量不仅大,并有煤与瓦斯突出的危险性。

4.煤层的埋藏深度

煤层埋藏深度是决定煤层瓦斯含量大小的主要因素。随着煤层埋藏深度的增加,不仅地应力的增高使煤层及其围岩的透气性变差,而且煤层中的瓦斯向地表运移的距离越长,瓦斯散失就越困难,越有利于封存瓦斯。同时,深度的增加,使煤层瓦斯压力增大,煤的吸附瓦斯量增加,使煤层瓦斯含量增大。国内外煤矿大量的生产实践表明,在煤层开采深度不太大时,煤层的瓦斯含量随深度的增加而呈线性增加;当深度很大时,煤层瓦斯含量趋于常量。

5. 煤层及其围岩性质

煤系岩性组合和煤层围岩性质对煤层瓦斯含量影响很大。如果煤层及其围岩为致密完整的低透气性岩层,如煤层顶底板岩层为泥岩、充填致密的细碎屑岩或裂隙不发育的石灰岩,煤层瓦斯就易于保存下来,煤层瓦斯含量就比较高。例如,重庆、六枝、抚顺等地区煤系地层岩性主要为泥岩、页岩、砂页岩、粉砂岩和致密的石灰岩,而且厚度大,围岩的透气性差,封闭瓦斯的条件好,所以瓦斯压力大,煤层瓦斯含量高。反之,如果煤层及其围岩的透气性大,围岩由厚层中粗砂岩、砾岩或裂隙溶洞发育的石灰岩组成,则瓦斯易于逸散,煤层瓦斯含量小。如虽然大同煤田煤的变质程度高(弱黏结煤),其成煤过程中瓦斯的生成量及煤的吸附瓦斯能力都比较大,但由于煤层顶板由孔隙发育、透气性良好的砂岩、砾岩和砂页岩组成,煤层中瓦斯已大部分逸散,煤层瓦斯含量就比较低。

6. 煤层倾角

因为瓦斯沿水平方向流动比沿垂直方向流动容易,在同一埋藏深度时,煤层倾角越小,瓦斯含量越大。例如芙蓉煤矿北翼煤层倾角为 40° ~80°,相对瓦斯涌出量为 20 m^3/ t,无煤与瓦斯突出现象;而南翼煤层倾角为 6° ~12°,相对瓦斯涌出量高达 150 m^3/ t,并且有瓦斯突出现象。

7. 地质构造

地质构造是影响煤层瓦斯含量的最重要因素之一。就构造形态而言,封闭型地质构造有利于封存瓦斯,使煤层瓦斯含量增大;开放型地质构造有利于排放瓦斯,使煤层瓦斯含量减小。图 3-2 列出了几种常见的煤层瓦斯含量增高区域。

同一矿区不同地点瓦斯含量的差别,往往是地质构造因素造成的结果。闭合而完整的背斜或覆盖不透气地层的穹窿,是理想的储存瓦斯构造,在其轴部往往积聚高压的瓦斯,形成所谓气顶(见图 3-2(a)、(b))。在倾伏背斜的轴部,由于煤层瓦斯运移路线加长和瓦斯排出口不断缩小,增大了瓦斯的运移阻力,因此在同一开采深度下,比构造两翼的瓦斯含量大。但是,当背斜轴顶部岩层是透气性岩层或因张力形成连通地表或其他储气构造的裂隙时,其瓦斯含量因能转移反而比翼部少。向斜构造由于轴部顶板岩层受到的挤压应力比底板岩层强烈,使顶板岩层和两翼煤层透气性变小,一般轴部的瓦斯含量比翼部高(见图 3-2(f)),如南桐一井、鹤壁六矿。但是在开采高透气性的煤层时(如抚顺龙凤矿等),由于开采工作越接近向斜轴部,瓦斯补给区域越来越窄小,补给瓦斯量越接近轴部越枯竭,以及向斜轴部裂隙较发育,煤、岩透气性好,有利于轴部瓦斯的流失,因此向斜轴部的相对瓦斯涌出量反而比向斜翼部的低。

受构造影响在煤层局部形成的局部变厚的大煤包(见图 3-2(c)、(d)、(e)),由于煤包周围在构造挤压应力作用下,煤层被压薄,形成对大煤包内瓦斯的封闭条件,出现瓦斯含量增高的现象。同理,由两条封闭性断层与致密岩层封闭的地垒或地堑构造,也可成为瓦斯含量增高区(见图 3-2(g)、(h))。

断层对煤层瓦斯含量的影响比较复杂,一方面要看断层(带)的封闭性,另一方面要看与煤层接触的对盘岩层的透气性。开放型断层(一般为张性、张扭性或导水的压性断层)由于是瓦斯排放的通道,不论其和地表是否直接相通,断层附近的煤层瓦斯含量都会降低,当与煤层接触的对盘岩层透气性大时,瓦斯含量降低的幅度更大。封闭型断层(一般为压性、

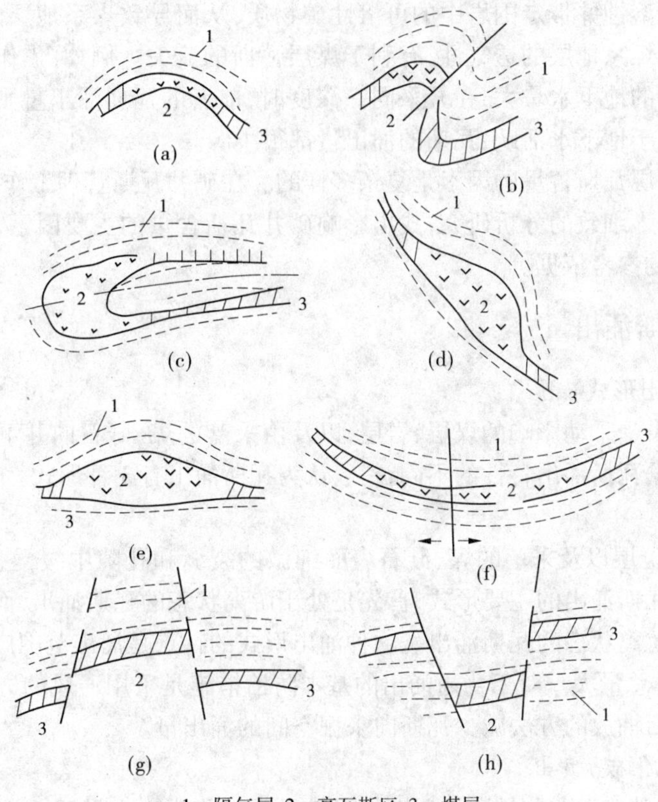

1—隔气层;2—高瓦斯区;3—煤层

图 3-2　地质构造对高瓦斯区的控制

压扭性、不导水、现在仍受挤压处于封闭状态的断层),而且与煤层接触的对盘岩层透气性小时,可以阻止瓦斯的释放,煤层瓦斯含量就比较高。如果断层规模很大而断距很长,一般与煤层接触的对盘岩层属致密不透气的概率会减小,因此大断层往往会出现一定宽度的瓦斯排放带,形成瓦斯含量降低区。由于断层集中应力带的影响,距断层一定距离的岩层与煤层的透气性因受挤压而降低,会出现煤层瓦斯含量增高区。

岩浆活动对煤层瓦斯含量的影响也是比较复杂的。在岩浆接触变质和热力变质的影响下,煤能生成瓦斯;并且由于受岩浆影响区域煤变质程度的提高而增大了煤的吸附瓦斯能力,岩浆影响区域的瓦斯含量增加。但是,如果岩浆活动导致了煤层围岩特别是隔气层的破坏,则岩浆的高温作用可强化煤层瓦斯排放,使煤层瓦斯含量降低。因此,对于不同的煤田,因岩浆活动的特点不同,对煤层瓦斯含量的影响也不相同。

8. 水文地质条件

瓦斯微溶于水。水对瓦斯的溶解能力与温度、压力和水的矿化度有关。在 0.1 MPa 的瓦斯压力下,当水温分别为 10 ℃、25 ℃和 30 ℃时,1 m^3 水可以分别溶解 0.042 m^3、0.030 m^3 和 0.028 m^3 的瓦斯。根据试验,随着瓦斯压力的增大,水溶解的瓦斯量也显著增大,当煤层瓦斯压力在 1 MPa 以上时,每 1 m^3 水可溶解瓦斯量从零点几立方米到 2 m^3 以上。但水对瓦斯的溶解度随着水矿化度的提高而减小。

在地下水活跃的地区,由于天然裂隙比较发育,且处于开放状态,是瓦斯排放的直接通道,同时地下水经过漫长的地质年代可以带走大量的溶解瓦斯,因此煤层的瓦斯含量较小。

而且,地下水还会溶蚀并带走围岩中的可溶性矿物质,从而导致煤系地层的天然卸压,地应力的降低,增加了煤系地层的透气性,有利于煤层瓦斯的流失。例如,焦作王封矿与李封矿相邻,后者较前者的地下水量大,在开采同一深度时,前者的瓦斯涌出量则大于后者。山东省大部分煤矿,由于地下水活跃,瓦斯的涌出量都很小。

总之,影响煤层瓦斯含量的因素是复杂多样的。在矿井瓦斯管理工作中,必须结合各矿具体情况,通过深入细致的分析研究,找出影响矿井瓦斯含量的主要因素,作为预测瓦斯含量和瓦斯涌出量的参考依据。

三、矿井瓦斯涌出量

(一)瓦斯涌出形式

瓦斯涌出是由受采动影响的煤层、岩层,以及由采落的煤、矸石向井下空间均匀地放出瓦斯的现象。根据瓦斯涌出特性的不同,一般认为瓦斯涌出有3种形式。

1. 普通涌出

瓦斯从煤(岩)层以及采落的煤、矸石表面细微的裂缝和孔隙中缓慢、均匀地涌出称为普通涌出。这是瓦斯涌出的主要形式,首先是处于游离状态的瓦斯涌出,而后是处于吸附状态的瓦斯解吸为游离状态的瓦斯涌出。这种涌出形式的特点是涌出范围广、时间长、速度缓慢而均匀,(累计)总量大。对于普通涌出的基本防治措施是采用通风的方法稀释风流中瓦斯浓度或采用瓦斯抽放的方法减少瓦斯向采掘空间的涌出量。

2. 瓦斯(二氧化碳)喷出

瓦斯(二氧化碳)喷出是从煤体或岩体裂隙、孔洞或炮眼中大量瓦斯(二氧化碳)异常涌出的现象。在20 m巷道范围内,涌出瓦斯量大于或等于1.0 m^3/min,且持续时间在8 h以上时,该采掘区即定为瓦斯(二氧化碳)喷出危险区域。

瓦斯(二氧化碳)喷出必须有大量积聚游离瓦斯的瓦斯源。一种瓦斯源是地质生成瓦斯源,即由于在成煤地质过程中,大量瓦斯积聚在裂隙和空洞内,当采掘工程揭露这些地层时,瓦斯就从裂隙或空洞中涌出,形成瓦斯喷出。如阳泉一矿某下山施工中曾在一年时间内,从煤层底板石灰岩的溶洞裂隙中喷出了1 132万 m^3 的瓦斯。另一种瓦斯源是生产生成瓦斯源,即由于受开采松动卸压的影响,开采层邻近的煤层卸压而形成大量解吸瓦斯,当游离瓦斯积聚达到一定能量时,冲破层间岩石而向回采巷道喷出。如南桐鱼田堡矿在开采近距离上保护层后,因开采初期放顶措施落实不到位,其下部6~8 m处的被保护层卸压后积聚了大量的解吸瓦斯,在高达2.5 MPa的瓦斯压力作用下,曾经多次发生保护层采空区的底板突然鼓起,并且喷出大量的瓦斯,其中最大一次喷出的初始瓦斯涌出量为500 m^3/min,喷出时间长达几天。

瓦斯喷出的危险性在于其突然性,能够发生在各类巷道,如井筒、石门、准备巷道、回采工作面以及钻孔中。对于地质生成瓦斯源,其预防措施主要是加强地质工作,如采取打前探钻孔、排瓦斯钻孔,并加强喷出危险区域的风量,将喷出的瓦斯直接引入回风巷或抽瓦斯的管路中,严禁工作面之间的串联通风。对于生产生成瓦斯源,在开采近距离保护层时,必须加强回采初期被保护层卸压瓦斯的抽放,如打密集钻孔等;同时,必须加强顶板管理工作,当悬顶过长时,应采取人工强迫放顶等。瓦斯喷出是一种局部性的异常瓦斯涌出,只要能及时正确地预见瓦斯积聚源,并把积聚的瓦斯控制引入回风系统或抽放瓦斯管路系统,就能消除瓦斯喷出的危害。

3. 煤(岩)与瓦斯突出

煤(岩)与瓦斯突出是指在地应力和瓦斯的共同作用下,破碎的煤、岩和瓦斯由煤体岩体内突然向采掘空间抛出的异常的动力现象。

煤(岩)与瓦斯突出是一种极其复杂的瓦斯与煤一起突出的现象,危害性很大。如天府三汇一矿的突出,在突出发生 1 h 时实测瞬间瓦斯涌出量为 3 960 m^3/min,2.75 h 时测得瓦斯涌出量还有 35 m^3/min,总计瓦斯涌出量还有 140 万 m^3,抛出煤炭及岩石共 12 780 t。对于煤(岩)与瓦斯突出必须采取“四位一体”的特殊防治措施。

上述瓦斯(二氧化碳)喷出、煤(岩)与瓦斯突出相对于普通涌出而言,都属于瓦斯的特殊涌出,其共同点是在时间上突然、在空间上集中,并有大量的瓦斯涌出。

(二)矿井瓦斯涌出量

瓦斯涌出量是指煤层在开采过程中,单位时间内,从煤层本身及围岩和邻近煤层涌出的瓦斯数量的总和。对应于整个矿井的叫矿井瓦斯涌出量,对应于翼、采区或工作面的,叫翼、采区或工作面的瓦斯涌出量。瓦斯涌出量仅指普通涌出,不包括特殊涌出的瓦斯量,一般有两种表示方法。

1. 绝对瓦斯涌出量

绝对瓦斯涌出量是指单位时间内涌出的瓦斯量。

$$Q_g = QC \tag{3-3}$$

式中 Q_g——绝对瓦斯涌出量,m^3/min;

Q——风量,m^3/min;

C——风流中的平均瓦斯浓度(%)。

2. 相对瓦斯涌出量

相对瓦斯涌出量是指平均日产 1 t 煤同期所涌出的瓦斯量。

$$q_g = Q_g/A_d \tag{3-4}$$

式中 q_g——相对瓦斯涌出量,m^3/t;

Q_g——绝对瓦斯涌出量,m^3/d;

A_d——日产量,t/d。

相对瓦斯涌出量单位的表达式虽然与瓦斯含量的相同,但两者的物理含义是不同的,其数值也是不相等的。因为瓦斯涌出量中除开采煤层涌出的瓦斯外,还有来自邻近层和围岩的瓦斯,所以相对瓦斯涌出量一般要比瓦斯含量大。

(三)矿井瓦斯涌出量的影响因素

矿井瓦斯涌出量的大小主要取决于自然因素和开采技术因素的综合影响。

1. 自然因素

1)煤层和围岩的瓦斯含量

本煤层和邻近层的瓦斯含量是矿井瓦斯涌出量大小的决定因素。一般说来,开采单一的薄煤层和中厚煤层时,瓦斯主要来自煤层暴露面和采落的煤炭,因此煤层的瓦斯含量越高,开采时的瓦斯涌出量也越大。当开采煤层的上部或下部有瓦斯含量大的邻近煤层或岩层时,由于煤层回采的影响,在采空区上下形成大量的裂隙,这些煤层或岩层中的瓦斯,将沿采动裂隙不断地涌入开采煤层的生产空间和采空区,从而大大增加了矿井的瓦斯涌出量。

在这种情况下,开采煤层的瓦斯涌出量有可能超过开采煤层本身的瓦斯含量。例如焦作中马村矿开采大煤的工作面,其相对瓦斯涌出量为其含量的 1.22 ~ 1.76 倍;淮南谢二、谢三两矿,开采煤层的相对瓦斯涌出量为其含量的 1.58 ~ 1.73 倍。由此可见,煤层的瓦斯含量越高,其相对瓦斯涌出量越大。

2)地面大气压

地面大气压变化,必然引起井下大气压的相应变化。地面大气压在一年内夏秋两季的差值可达 5.3 ~ 8 kPa,一天内,个别情况下差值可达 2 ~ 2.7 kPa。一般来讲,它对煤层暴露面涌出的瓦斯影响甚小,但对采空区(包括回采工作面后部采空区和封闭不严的老空区)或坍塌冒落处瓦斯涌出量的影响就比较显著。当地面大气压突然下降时,瓦斯积存区的气体压力将高于风流的压力,瓦斯就会更多地涌入风流中,使矿井的瓦斯涌出量增大。这是由于采空区内积存大量瓦斯,在正常情况下,这些地点与巷道中流动空气的压力差处于相对平衡状态(动平衡),积存瓦斯比较均衡地从采空区泄入风流中。当大气压突然降低时,这种相对平衡就遭到破坏,结果使采空区的气压高于井巷中风流的压力,因而引起瓦斯涌出量的增加;反之,当地面大气压升高时,矿井瓦斯涌出量将减少。例如,峰峰羊渠河一矿 1971 年 7 月实测:27 日大气压为 97.79 kPa 时,矿井的瓦斯涌出量为 11.61 m^3/min ;30 日大气压力升高到 99.32 kPa 时,矿井的瓦斯涌出量减少到 8.06 m^3/ min 。美国在 1910 ~ 1960 年间,有一半的瓦斯爆炸事故发生在大气压急剧下降的时候。因此,每一个矿井特别是生产规模较大的老矿井,应通过长期观测,掌握本矿区大气压变化与井下气压的关系和矿井瓦斯涌出量变化的规律,如井下大气压变化的滞后时间、变化的幅度、瓦斯涌出量变化较大的地点等,以便有针对性地加强瓦斯检查与机电设备的管理,合理控制风流或采取其他相应措施,防止瓦斯事故的发生。

3)地质构造

当采掘工作面接近地质构造带时,瓦斯涌出量往往会发生很大变化。其大小主要取决于促成构造时地层受力状态和最终的成型构造类型,通常情况下,受拉力影响产生的开放型构造裂缝有利于排放瓦斯,受挤压力影响产生的封闭型构造裂缝有利于瓦斯聚集。因此,当采掘工作面接近利于瓦斯聚集的封闭型构造裂缝时,瓦斯涌出量就会增大。

2. 开采技术因素

1)开采规模

开采规模是指开采深度、开拓与开采范围和矿井产量。

在瓦斯风化带内开采的矿井,其相对瓦斯涌出量与开采深度无关。在 CH_4 带内开采的矿井,其相对瓦斯涌出量随开采深度的增加而增高。值得注意的是,在深部开采时,邻近层与围岩所涌出的瓦斯量要比开采层增加得快。

在瓦斯赋存条件相同时,开拓与开采的范围越广,煤岩体的暴露面就越大,因此矿井瓦斯涌出量也就越大,但其中相对瓦斯涌出量的变化较小。

矿井产量与矿井瓦斯涌出量间的关系比较复杂,一般情况下:

(1)矿井达产之前,绝对瓦斯涌出量随着开拓范围的扩大而增加。绝对瓦斯涌出量大致正比于产量,相对瓦斯涌出量数值偏大而没有意义。

(2)矿井达产后,绝对瓦斯涌出量基本随产量变化并在一个稳定数值上下波动。对于相对瓦斯涌出量来说,如果矿井涌出的瓦斯主要来源于采落的煤炭,产量变化时,对绝对瓦斯涌出量的影响虽然比较明显,但对相对瓦斯涌出量的影响却不大。

(3)开采工作逐渐收缩时,绝对瓦斯涌出量又随产量的减少而减少,并最终稳定在某一数值。这是由于巷道和采空区瓦斯涌出量不受产量减少的影响,这时相对瓦斯涌出量数值又会因产量低而偏大,再次失去意义。

一般说来,当矿井的开采深度与规模一定时,如果矿井涌出的瓦斯主要来源于采落的煤炭,产量变化时,对绝对瓦斯涌出量的影响较相对瓦斯涌出量的影响为显著;如果瓦斯主要来源于采空区,产量变化时,对绝对瓦斯涌出量的影响较小,而对相对瓦斯涌出量则有明显的影响。各矿井只有找出产量变化与瓦斯涌出量间的变化规律,才能更好地组织通风与瓦斯的管理,确保矿井安全生产。

2)开采顺序与回采方法

先开采的煤层或分层瓦斯涌出量大,后开采的涌出量小。这是因为,先开采的煤层或分层除有本煤层或分层的瓦斯涌出外,邻近层(或未开采的其他分层)的瓦斯也将通过受采动影响而产生的孔洞与裂隙渗透出来,使瓦斯涌出量增大。例如阳泉四矿全冒落法的长壁工作面,回采推进 30 ~40 m 后,大量瓦斯来自顶板的邻近层,采区瓦斯涌出量可增大到老顶冒落前的 5 ~10 倍。峰峰大煤分三个分层开采,开采顶分层时瓦斯涌出量占全煤层瓦斯涌出总量的 75% 左右。因此,瓦斯涌出量大的矿井,煤层群开采中确定开采顺序时,如有可能应首先回采瓦斯含量较小的煤层,同时采取抽放邻近层瓦斯的措施。如果各煤层瓦斯含量比较接近而厚度不等,则应先考虑开采厚度较薄的煤层。

回采率低的采煤方法,采空区丢失煤炭较多,采区瓦斯涌出量较大。顶板管理采用全部垮落法或采用充填法造成更大范围的顶板破坏和卸压,邻近层瓦斯涌出量就比较大。水采水运的采煤方法,由于湿煤的残余瓦斯含量增大,与旱采相比,其瓦斯涌出量较少。回采工作面顶板周期来压时,瓦斯涌出量也会大大增加。据焦作焦西矿资料,周期来压比正常生产时瓦斯涌出量增加 50% ~80%。

3)生产工艺

从煤层暴露面(煤壁和钻孔)和采落的煤炭内涌出的瓦斯量,都随着时间的延长而迅速下降。一般情况下,初期瓦斯涌出的强度大,然后大致按指数函数的关系逐渐衰减。同一工作面内,落煤时的瓦斯涌出量总是大于其他工序时的瓦斯涌出量(有邻近层的老顶周期冒落时除外)。表 3-3 为焦作焦西矿回采工作面不同生产工序的瓦斯涌出量。

表 3-3　焦西矿回采工作面不同生产工序的瓦斯涌出量

生产工序	正常生产时	放炮	放顶	移运输机、清底
瓦斯涌出量(倍数)	1.0	1.5	1.0 ~1.2	0.8

落煤时瓦斯涌出量的增大与落煤量、新暴露煤面大小和煤块的破碎程度有关。风镐落煤时,瓦斯涌出量可增大 1.1 ~1.3 倍;放炮时增大 1.4 ~2.0 倍;采煤机割煤时,增大 1.4 ~1.6 倍;水采工作面水枪开动时,增大 2 ~4 倍。综合机械化工作面由于推进速度快、产量高,在瓦斯含量大的煤层内工作时,瓦斯涌出量很大。例如阳泉煤矿机组工作面瓦斯涌出量高达 40 m^3/min。

4）通风的影响

通风压力与采空区密闭质量都对老空区的瓦斯涌出量有一定影响。通风压力对矿井瓦斯涌出量的影响，其原理和大气压对瓦斯涌出量的影响相似，但又有其不一致的地方。对于抽出式通风的矿井，瓦斯涌出量随矿井通风压力（负压）的提高而增加；对于压入式通风矿井，瓦斯涌出量随矿井通风压力（正压）的降低而增加。另外，矿井通风压力的变化，往往会引起矿井风量的变化，同时，也将引起采空区漏风状态的改变，随同漏风带走的瓦斯量也会跟着发生变化。采空区内往往积存着大量高浓度的瓦斯（可达60% ~70%），如果封闭的密闭墙质量不好，或进、回风侧的通风压差较大，就会造成采空区大量漏风，使矿井的瓦斯涌出量增大。

矿井风量变化时，瓦斯涌出量和风流中的瓦斯浓度将由原来的稳定状态逐渐转变为另一稳定状态；对直接从煤壁和采落的煤岩中涌向巷道并由风流带走的那部分瓦斯涌出量影响不大，而对积存在采空区内的瓦斯涌出量的影响则比较明显。无邻近层的单一煤层回采时，瓦斯主要来自煤壁和采落的煤炭，采空区积存的瓦斯量不大，故风量变化时，回风流中的瓦斯浓度随风量减少而增加或随风量增加而减少。煤层群开采或综采放顶煤工作面的采空区内、煤巷的冒顶孔洞内，往往积存大量高浓度的瓦斯，风量增加时，起初由于负压和采空区漏风的加大，一部分高浓度瓦斯被漏风从采空区带出，绝对瓦斯涌出量迅速增加，回风流中的瓦斯浓度可能急剧上升，然后开始下降，经过一段时间，绝对瓦斯涌出量恢复到或接近原有值，回风流中的瓦斯浓度降低到原值以下。风量减少时，情况相反。这类瓦斯浓度变化的时间，可由几分钟到几天，峰值浓度和瓦斯涌出量变化决定于采空区的范围、采空区内的瓦斯浓度、漏风情况和风量调节的快慢与幅度。所以，采区风量调节时、反风时、综放工作面放顶煤时，必须密切注意风流中瓦斯的浓度。为了降低风量调节时回风流中瓦斯浓度的峰值，可采取分次增加风量的方法。每次增加的风量和间隔的时间，应使回风流中的瓦斯浓度不超过相关规程的规定。

综上所述，影响矿井瓦斯涌出量的因素是多方面的。在不同的条件下，诸因素的影响程度是不同的，但总有一种或几种因素是主要影响因素，应该通过经常的或专门的观测，找出其主要因素和规律，才能采取有针对性的措施控制瓦斯的涌出。

（四）矿井瓦斯涌出来源的分析与分源治理

为了有针对性、有成效地治理瓦斯，需测定、统计和分析矿井瓦斯来源，这也是矿井风量分配和日常瓦斯治理工作的基础。矿井瓦斯来源有三种划分方式：①按水平、翼、采区进行划分，这种划分是风量分配的依据之一；②按掘进区、回采区和已采区来划分，它是日常治理瓦斯工作的基础；③按开采区、邻近区划分，它是采煤工作面治理瓦斯工作的基础。

我国现场对瓦斯来源的分析一般是将全矿（或翼、水平）分为回采区（包括回采工作面的采空区）、掘进区和已采区三部分。其测定方法是在矿井、各回采区和各掘进区的进、回风流中，测定瓦斯的浓度和通过的风量，计算其绝对瓦斯涌出量，然后以全矿井的绝对瓦斯涌出量为基数，分别计算出回采区、掘进区和已采区瓦斯涌出量的百分比。表3-4为一些矿井瓦斯来源构成。

表 3-4　矿井瓦斯来源构成

矿井	回采区(%)	掘进区(%)	已采区(%)
抚顺龙凤矿	30.1	65.2	4.7
鹤壁梁峪矿	30.0	40.0	30.0
阳泉二矿四尺井	58.15	18.15	23.70
重庆天府一井	27.5	18.6	53.9

不同矿井的瓦斯来源有很大的差别,即使同一矿井,在矿井开采的不同阶段,瓦斯来源也不相同。在矿井建设时期,掘进区瓦斯涌出量最大;当矿井达到设计产量时,回采工作面的瓦斯涌出量占较大比重;随着生产年限的增长,已采区的范围不断扩大,其瓦斯涌出量所占比重也随着增加。因此,矿井瓦斯来源是变化的,应经常进行瓦斯来源的查定和分析,针对瓦斯来源(赋存、涌出规律及其数量)特征,采取相应的控制措施,对瓦斯进行分源治理。如矿井瓦斯主要来自采空区,可以采用通风冲淡、密闭、抽放采空区瓦斯以及上述几种措施的综合方案,通过方案对比,选取效果、经济等方面最优的治理方法。如果掘进区瓦斯来源比重较大,可根据巷道掘进工程的要求和瓦斯赋存、涌出特征,采取预先抽放瓦斯、边掘边抽、巷旁隔离、通风冲淡等多种方案,从中选优。如果回采区瓦斯涌出量较大,可采用多种技术方案来分别治理开采层本身不同来源的瓦斯涌出(煤壁暴露区、采落煤炭)和采空区以及邻近层涌出的瓦斯。

第二节　矿井瓦斯地质参数的测试方法

瓦斯地质参数测定是瓦斯抽放的基础工作。人们通过分析由现场试验或采样测试所得到的各种瓦斯地质参数,然后对瓦斯地质状况进行分区分段的预报。由此可见,瓦斯地质参数的测定与分析,是整个瓦斯预测和抽采工作的关键,其准确程度完全取决于瓦斯参数测定方法的正确性。

一、矿井瓦斯涌出量计算

如前所述,瓦斯涌出量是指煤层在开采过程中,单位时间内,从煤层本身及围岩和邻近煤层涌出的瓦斯数量的总和。一般有绝对瓦斯涌出量和相对瓦斯涌出量两种表示方法。

(一)绝对瓦斯涌出量

1.测定内容、测点选择和要求

测定内容主要为风量和风流中瓦斯浓度,同时应测定和统计瓦斯抽放量与月产煤量。如果进风流中含有瓦斯,还应在进风流中测风量和瓦斯浓度。进、回风流的瓦斯涌出量之差,就是测定地区的风排瓦斯量。抽放瓦斯的矿井,测定风排瓦斯量的同时,在相应的地区还要测定瓦斯抽放量。瓦斯涌出量应包括抽出的瓦斯量和风排瓦斯量。

确定矿井瓦斯等级时,按每一矿井、煤层、翼、水平和各采区分别计算绝对瓦斯涌出量和相对瓦斯涌出量。所以,测点应布置在每一通风系统的主要通风机的风硐、各水平、各煤层和各采区的进、回风道测风站内。如无测风站,可选取断面规整并无杂物堆积的一段平直巷道做测点。

每天分三个班(或四个班)进行测定工作,每一测定班的测定时间应选在生产正常时刻,并尽可能在同一时刻进行测定工作。

2. 测定数据的整理和记录

1)测定基础数据的整理和记录

每一测点所测定的瓦斯基础数据,可参照表3-5格式填写。采用四班制的矿井,表3-5格式应按四班制绘制,进风流有瓦斯时应增加进风巷的测点数据。绝对瓦斯涌出总量按式(3-5)计算

$$Q_{绝} = q_{排} + q_{抽} \tag{3-5}$$

式中 $Q_{绝}$——绝对瓦斯涌出总量,m^3/min;

$q_{抽}$——抽放瓦斯纯量,m^3/min;

$q_{排}$——三班(或四班)平均风排瓦斯量,m^3/min,按下式计算

$$q_{排} = \frac{1}{n}\sum_{i=1}^{n} q_{排i} = \frac{1}{100 \times n}\sum_{i=1}^{n}(Q_{回i}C_{回i} - Q_{进i}C_{进i}) \tag{3-6}$$

n——班制,矿井采用三班时 $n=3$,矿井采用四班制时 $n=4$;

i——测定班序号,采用三班制的矿井 $i=1,2,3$,采用四班制的矿井 $i=1,2,3,4$;

$q_{排i}$——第 i 班的风排瓦斯量,m^3/min;

$Q_{回i}$——第 i 班回风巷中的风量,m^3/min;

$C_{回i}$——第 i 班回风巷风流中的瓦斯浓度(%);

$Q_{进i}$——第 i 班进风巷中的风量,m^3/min;

$C_{进i}$——第 i 班进风巷风流中的瓦斯浓度(%)。

表3-5　瓦斯涌出量测定基础数据表

点名称	旬别	日期	第一班			第二班			第三班			三班平均风排量(m^3/min)	抽放瓦斯量(m^3/min)	涌出总量(m^3/min)	月工作日(d)	产煤量(t)	说明
			风量(m^3/min)	浓度(%)	涌出量(m^3/min)	风量(m^3/min)	浓度(%)	涌出量(m^3/min)	风量(m^3/min)	浓度(%)	涌出量(m^3/min)						
	上																
	中																
	下																

2)测定结果汇总与记录

整理完测定基础数据后,应汇总、整理出矿井测定结果报告表,并参照表3-6格式填写,按矿井、煤层、翼、水平和采区分行填写。

表 3-6　矿井瓦斯测定结果报告表

矿井、煤层、翼、水平、采区名称	三旬中最大一天的涌出量(m^3/min)			月实际工作日数(d)	月产煤量(t)	月平均日产煤量(t/d)	相对涌出量(m^3/t)	矿井瓦斯等级	上年度瓦斯等级	上年度矿井瓦斯涌出量		说明
	风排量	抽放量	总量							绝对量(m^3/min)	相对量(m^3/t)	

矿井绝对瓦斯涌出量应包括各通风系统风排瓦斯量和各抽放系统的瓦斯抽放量,绝对瓦斯涌出量取鉴定月的上、中、下三旬进行测定的三天中最大一天的绝对瓦斯涌出量。

(二)相对瓦斯涌出量

在鉴定月的上、中、下三旬进行测定的三天中,以最大一天的绝对瓦斯涌出量来计算平均每产煤 1 t 的瓦斯涌出量(相对瓦斯涌出量)。相对瓦斯涌出量($q_{相}$)按下式计算

$$q_{相} = 1\ 440 \times Q_{max}/D \tag{3-7}$$

式中　$q_{相}$——相对瓦斯涌出量,m^3/t;

Q_{max}——最大一天的绝对瓦斯涌出量,m^3/min;

D——月平均日产煤量,t/d。

二、煤层瓦斯压力测定

准确地测定煤层瓦斯压力对矿井有效而合理地制定瓦斯防治措施、预测预报煤与瓦斯突出的危险性,都具有重要意义。煤层瓦斯压力都是从岩巷向煤层打钻孔,用黄泥、砂浆、胶圈等固体物封孔来测定的,这种方法适用于封孔段岩层坚硬致密的情况。但当封孔段岩层松软、钻孔周围存在微裂隙或直接在煤层中打测压钻孔时,封孔物不能严密封闭钻孔周边的裂隙,这种情况下常采用胶囊 - 压力黏液封孔测定煤层瓦斯压力或间接测定方法。

(一)黏土法

黏土法即采用木塞、黄泥封孔,被动式测定瓦斯压力的方法。

1. 测定方法

在钻孔直径为 75 mm 的孔内,插入带有压力表接头的紫铜管,管径为 6 ~ 8 mm,一般长度不小于 7 m;将特制的柱状黏土送入孔内,柱状黏土末端距紫铜管末端 0.2 ~ 0.5 m,每次送入 0.3 ~ 0.5 m,用堵棍捣实;每堵 1.0 m 黏土柱,打入 1 个木塞,木塞直径小于钻孔直径 10 ~ 15 mm。在孔口(0.5 ~ 1.0 m)用水泥砂浆封堵。经 24 h 后安上压力表,直到压力上升稳定。

2. 适用条件与问题

一般被广泛用在岩石巷道中的穿层钻孔,适合顶底板岩石条件较好情况下,断层裂隙不发育及在孔内岩层较稳定,不易发生垮孔等现象时被使用。对于沿煤层的顺层钻孔,要求孔口保护较完整,孔径变化不大,以利于木塞、水泥封孔。此种方法对钻孔倾角等参数未作具体要求,设施成本低、设备简单、容易操作、工期短。

(二)注浆封孔注氮主动式测定瓦斯压力的方法

1. 测定方法

将直径为21 mm的管子一端钻制成四周布满直径为5 mm小孔的花管,花管端头均匀绑扎滤网和竹丝。花管上端头缠绕白布条然后插入孔内,在孔口打上带有测压管和注浆管的木塞,木塞外用粗布包扎,便于封实孔口,然后向孔内注入水泥浆(水∶水泥∶速凝剂为1∶1.5∶0.25),顺层测压孔留1.0 m测气室,穿层测压孔封至煤层与岩层的交界面,24 h后注入少量水玻璃。在三通管处安装4 MPa的压力表,在另一处注入一定数量的N_2或CO_2气体,然后关闭闸阀,经过一段时间后待压力数值稳定即可。考虑到煤层顶底板含有少量裂隙水,对测压有一定的影响,是干扰测压的主要因素,应该设置专门的储水器,排出测压管中的积水,测得煤层瓦斯真实压力。在测压三通处接一软管和一密封的储水器,根据钻孔内涌水量的情况,储水够3~5 d的水量即可。储水器外设置一玻璃水位指示管,以便及时弄清储水器中的水位及水量。注浆封孔注氮主动式测定瓦斯压力示意图如图3-3所示。

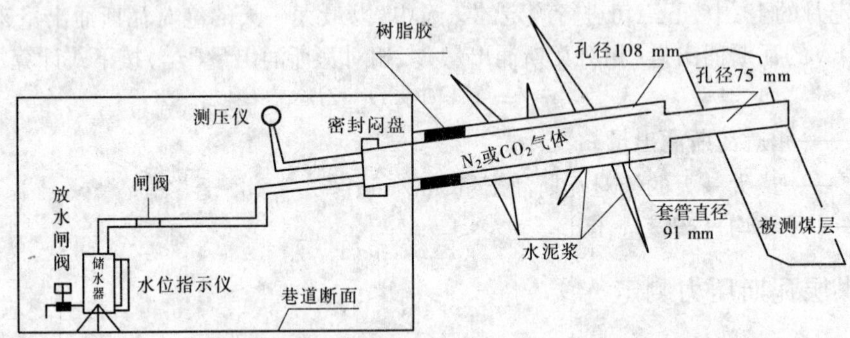

图3-3 注浆封孔注氮主动式测定瓦斯压力示意图

2. 适用条件与问题

穿层钻孔适合在岩石构造、裂隙不甚发育的区域;钻孔仰角一般不小于10°。顺层钻孔对孔口不完整,局部塌孔或孔内残留一定量煤尘,孔径变化较大时也能用,对煤层顶底板含有少量水的钻孔也都能适用。此种方法对煤层倾角有一定要求,只能适合于仰角施工的钻孔,因而对于顺层钻孔来说煤层倾角一般不小于10°;否则因为倾角太小,容易封闭煤层或封孔不严漏气,不利于测压,效果不好。此外,还需要注浆机等设备、水玻璃等材料,设施成本高、设备复杂,要有一定的操作技巧,具有较强的专业性,施工操作较复杂。

(三)套管压力注浆法

由于受区域构造的影响,煤层顶底板往往各种小断层较多,压性滑面丰富,构造裂隙发育,当掘进巷道靠近煤层时,由于部分底板岩石封闭性差,往往测不到煤层瓦斯的真实压力,同时往往受施工空间和煤层赋存条件的限制,测压钻孔倾角较小(在10°以下),这就给孔口管的封闭造成很大困难,普通注浆法就不适用了。为了解决上述问题,采用下封闭套管带压注浆的方法,以便取得较理想的测压效果。

1. 测压方法

首先施工108 mm孔径的钻孔,顺层钻孔孔深不小于20 m;穿层钻孔至被测煤层底板4 m处,下入91 mm带10 cm法兰盘的套管至孔底,并将套管固定,把钻孔外口与套管之间的间隙用树脂胶封闭,并留一带闸阀冒浆管。然后将孔口安装带有注浆管的闷盘,用注浆泵向孔内注入水灰比为1∶1外加少量速凝剂的水泥浆，待导气管冒浆后关闭导气管上的小闸阀，继续注浆至压力达到2 MPa后停止注浆，24 h后扫孔到孔底做清水耐压试验，试验压力为3 MPa，稳定30 min以孔口管不动为合格，孔口周围不漏水，用75 mm钻头重新钻进到煤层顶板0.5 m处终孔。最后将带有两个接口的闷盘严实固定在孔口管的法兰上，上边的接口安装压力表，关闭下边接口处闸阀，如果孔内有少量裂隙水，则下边的接口安装水管接在放水器上即可使用。套管压力注浆法测定瓦斯压力示意图如图3-4所示。

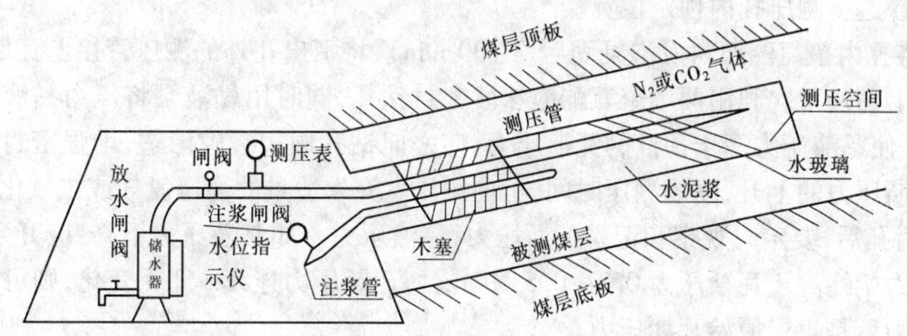

图3-4　套管压力注浆法测定瓦斯压力示意图

2. 适用条件与问题

该方法可广泛地应用在各种地质条件下，对于煤层倾角较小的顺层钻孔或在较复杂地质条件下的穿层钻孔更适用；测压效果好，精度高。但技术性强，工艺要求高，材料消耗量大，成本高，需要设备多，施工工期长。

（四）聚氨酯泡沫－压力黏液测压技术

1. 聚氨酯泡沫的反应机理及特性

聚氨酯泡沫主要由黑料（多异氰酸酯 R—NCo）和白料（聚醚多元 R—OH 和催化剂）混合发泡而成。这些原料阻燃、不爆炸、无腐蚀性。根据煤矿井下条件，要求配制的聚氨酯泡沫封孔材料具有以下特性：①严密堵漏性；②强力附着性；③快速发泡定型性；④发泡倍数可调性，且最小发泡倍数 >20；⑤抗静电性；⑥阻燃性；⑦具有一定的抗压、抗拉强度；⑧密度为58～73 kg/m^3。

2. 聚氨酯泡沫－压力黏液封孔材料及工具

（1）封孔管为直径1/4寸（1寸=3.333 3 cm）、长9.0 m铁管，为便于安装，取3根3.0 m长铁管用接箍连接而成。在封孔管适当位置固定两对挡盘（加胶垫），构成两个聚氨酯泡沫（固体）封孔段；两个聚氨酯泡沫封孔段之间为压力黏液封孔段；另外，在孔底留出1.0 m长的钻孔段作为测压室。测压管开口端位于测压室内，其露出钻孔一端接压力表；黏液管开口端位于黏液段内，其露出钻孔一端接黏液泵。

（2）聚氨酯封孔剂两份，每份有黑、白原料各250 g。

（3）毛巾两条，规格为500 mm×150 mm。

（4）1 L搅拌缸和搅拌棒各2个。

（5）9 m长导杆1根。

（6）500 mL量瓶、1 L水盆、流量计各1个，压力表2块，黏液泵1台，黏液适量。

3. 聚氨酯泡沫－压力黏液封孔测压工艺

（1）正式测试前，需在地面模拟钻孔中做耐压试验，试验压力应高于井下瓦斯压力0.5～

1.0 MPa。

(2)选择合适的测压地点后,应尽量平行于煤层且在其内打钻,钻孔直径70~80 mm。

(3)将测压钻孔内的煤渣及煤粉清理干净,以提高密封效果。

(4)将两条毛巾分别绑在两个聚氨酯泡沫封孔段的两个挡盘之间。

(5)取两份封孔剂,同时倒入搅拌缸内,用搅拌棒迅速搅拌(5~7 s)。将搅拌后的封孔剂分别均匀地倒在两条毛巾上,转动封孔管使带有封孔剂的毛巾缠裹在封孔管上,最后用导杆将封孔管送至测压孔内预定位置。

(6)待孔内聚氨酯原料发泡凝固后(约30 min),将引出孔外的测压管接上瓦斯压力表,黏液管接上黏液泵。利用两个聚氨酯泡沫段密封钻孔,同时用黏液泵将压力黏液压入黏液封孔段,并使黏液压力高于预计的瓦斯压力,使之向钻孔周边裂隙渗透,增强密封效果。为了加速瓦斯压力的上升,缩短测压时间,可向测压室充入适量的高压氮气或二氧化碳气体。

(7)封孔后,要定时观察和记录瓦斯压力、黏液压力。如黏液压力下降,应开泵增压,保证黏液压力始终高于瓦斯压力0.3~0.5 MPa。如瓦斯压力连续3 d无变化,则可认为这个稳定的压力就是煤层原始瓦斯压力。

(8)测压结束后,可以回收压力表和黏液泵。

4.结论

(1)对高分子泡沫-压力黏液封孔测压技术直接在煤层打钻测定的瓦斯压力与利用M-2型瓦斯压力测定仪通过岩石钻孔测出的瓦斯压力值作了比较,数值略微偏低,但误差较小,能够满足工程要求。通过增加煤层封孔长度至恒压带内,或找出两种方法测定结果的对应关系并加以修正,就可以减小或消除误差。

(2)高分子泡沫-压力黏液封孔测压技术应用于康家滩矿煤层瓦斯压力的测定,取得了圆满成功。各钻孔处的煤层瓦斯压力随着煤层埋藏深度的增加而增大,这符合煤层瓦斯压力梯度规律和该矿的实际情况。本次测定数据和以前利用岩孔所测的8煤层瓦斯压力值(对应煤层标高下)对比,非常接近。

(3)由于在煤层封孔容易出现塌孔、糊孔,将封孔、测压仪器堵埋在孔内难以取出,若使用价格较高的M-2型瓦斯压力测定仪,测压成本必然很高,而用高分子泡沫-压力黏液封孔测压,成本低。

(4)实践证明,高分子泡沫-压力黏液封孔测压技术可直接在煤层中打钻测定瓦斯压力。它具有投入费用较低、实际操作简单,且许多材料可以回收复用等显著特点,是值得推广应用的先进技术。

由于在岩石巷道开孔容易封孔,测定数值比较真实,因而在有岩巷的地方进行井下实测瓦斯压力一般为测定瓦斯压力的首选方法。但是某些矿井在揭露石门时,由于存在断层和煤层已经暴露的特点,对煤层瓦斯压力测定有一定影响,不能采取岩石巷道测定瓦斯压力的方法,因而选取解吸方法测定瓦斯压力具有一定的实际意义。

(五)KZWY91-1000型钻孔煤层瓦斯压力测定仪

1.仪器原理

该仪器与现行煤田地质勘探钻具可直接连接(见图3-5),当仪器下井,支撑杆抵达井底后,仪器在钻具自重压力作用下,使钻孔上下孔段内的介质不再串通。此时打开泥浆泵,利用泵压切断卸流销钉,使内外卸压筒导通(卸压孔打开),钻孔下段承压泥浆状态解除后,煤层瓦斯气体便通过卸压槽作用到压力计上，记录装置自动作出压力随时间变化的曲线。测试结束后，提升钻具，钻孔胶筒又恢复到原始状态，卸压孔则保持开通，提钻后，取出记录曲线，经过室内计算校正，便可得到所测煤层瓦斯压力数据。

2. 仪器结构

测压仪主要由封孔机构、卸压机构和压力计 3 部分组成。

封孔机构：由一组（3 个）胶筒间夹隔板串在芯管上。其作用是在测压仪器下至孔底后，在钻具重量压迫下，使胶筒膨胀，隔离胶筒上下泥浆。

卸压机构：由活塞偶件、卸压弹簧和卸压筒偶件等构成。其作用是在泥浆压力驱动下，推动卸压机构动作，解除下部封孔泥浆的承压状态。

压力计：主要由钟机、记录系统和压力传感系统构成。其作用是将煤（储）层压力通过传感器传递给记录系统，绘制出压力曲线。

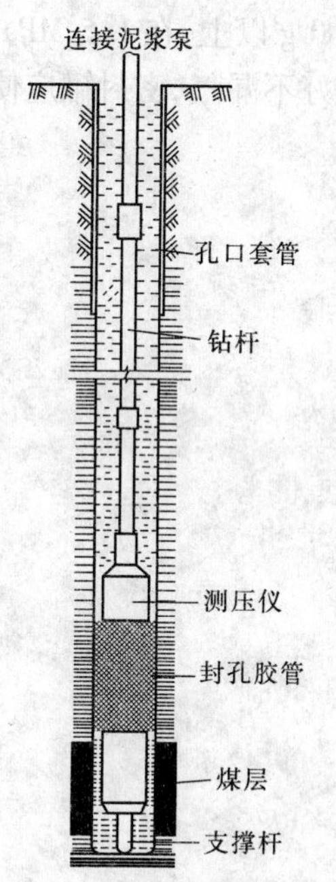

图 3-5　现场测试示意图

（六）解吸法测定煤层瓦斯压力

预测煤与瓦斯突出危险性的煤钻屑解吸指标 Δh_2 的大小反映了煤样所处地点的瓦斯压力、煤的变质程度和煤的强度大小。将其典型煤样在实验室进行解吸规律研究，反求出所测地点煤层瓦斯压力大小的方法，是解吸法测定煤层瓦斯压力的基本原理。具体方法如下：

选择新鲜暴露的煤壁或煤巷进行煤层打钻，钻孔深度一般超过巷道瓦斯排放带的深度，钻孔直径取 42 ~ 89 mm。在打钻过程中，每隔 2 m 利用煤屑瓦斯解吸测定仪（MD－2 型）测定钻屑解吸指标，记录和观测钻屑解吸指标 Δh_2 的变化规律，取其解吸指标最大值附近的煤样 2 ~ 4 份送实验室，脱气 48 h、充浓度为 99.99% 的甲烷进行吸附 48 h 后，测定煤屑解吸指标 Δh_2 值。在不同压力下，可以测得不同的解吸指标值。因此，与井下煤屑实测瓦斯解吸指标值相对的瓦斯压力值，就是所求瓦斯压力。

利用解吸法间接测定煤层瓦斯压力，方便快捷，准确性相对较高。

三、煤层瓦斯含量的测定

煤层瓦斯含量是计算瓦斯储量与瓦斯涌出量的基础，也是预测煤与瓦斯突出危险性的重要参数之一，所以准确测定煤层瓦斯含量是很重要的。煤层瓦斯含量的测定方法较多，这里仅介绍常用的 4 种。

（一）勘探钻孔煤芯解吸法

该法适用于在勘探钻孔中采取煤芯测定煤层瓦斯含量及瓦斯成分。它包括下述测定与计算。

1. 采样与瓦斯解吸速度的测定

1）所需仪器与器材

瓦斯解吸速度测定仪如图 3-6 所示。量管体积 800 cm^3；温度计 0 ~ 50 ℃；空盒气压计根据钻孔地面标高选择高原型或平原型；密封罐，其内径大于煤芯直径 10 mm，容积可装煤样 400 g 以上，在 1.5 MPa 气压下保持气密性，使用前，密封罐应保持清洁干燥，胶垫与密封圈完好不漏气，密封罐应使用钢印打号。

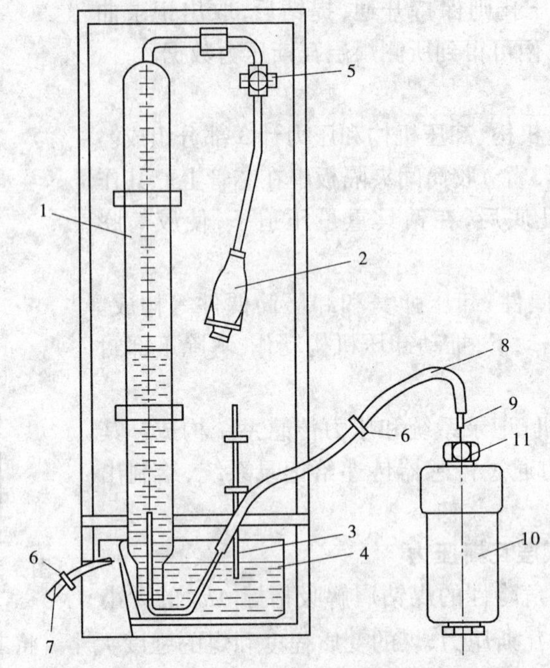

1—量管；2—吸气球；3—温度计；4—水槽；5—螺旋夹；6—弹簧夹；7—排水管；
8—排气胶管；9—16 号胸骨穿刺针头；10—密封罐；11—压紧螺帽

图 3-6　瓦斯解吸速度测定仪与密封罐示意图

2）采取煤样

使用普通煤芯管钻取煤芯，一次取芯长度不小于 0.4 m。提取钻具时应保持冲洗液充满钻孔（如钻孔严重漏水应在记录中注明），提钻应连续进行，因故在孔深 200 m 以内停顿时，其时间不得超过 5 min；孔深大于 200 m，停顿时间不得超过 10 min。

采样要记录钻孔见煤时间（精确到分钟）、提钻开始时间 T_1、钻具提到孔口时间 T_2、煤样装入密封罐拧紧上盖时间 T_3、开始解吸时间 T_4（按图 3-6 连好测定系统后，以打开弹簧夹时间计算）。从 T_3 到 T_4 不得超过 2 min。

采样时，对柱状煤芯，应采取中间含矸少的完整部分；对于粉末及块状煤芯，要剔除矸石、泥皮及研磨烧焦部分。不得用水清洗，保持原状装罐，不可压实，缸口留有 1 cm 左右间隙。

3）瓦斯解吸速度的测定

用排水集气法将解吸瓦斯收集在量管内，解吸瓦斯通过针头 9、排气胶管 8 进入量管 1 内，测定时水槽排水管 7 是打开的。瓦斯解吸速度测定共进行 2 h，在第一小时内，第一次测定间隔是 2 min，以后每隔 3 ~ 5 min 读一次数；在第二小时内，每隔 10 ~ 20 min 读一次数。如果量管体积不足以容纳煤样的解吸瓦斯，可以中途用弹簧夹 6 将排气胶管夹紧，握吸气球 2，重新将液面提升至量管零点，同时向水槽补足清水，然后打开弹簧夹，继续测定。上述测定应在气温比较稳定的地点进行，并记录气温、水温与气压。上述测定完成后，拔出针头，稍加拧紧压紧螺帽。

4）损失瓦斯量的计算

（1）将瓦斯解吸量换算为标准条件下的体积

$$V_0 = \frac{273.2}{1.01325 \times 10^5 (273.2 + t_w)}(P_a - 9.81 h_w - P_s) V \tag{3-8}$$

式中　V_0——换算为标准状态下的气体体积，mL；

V——量管内瓦斯体积，mL；

P_a——大气压力，Pa；

t_w——量管内水温，℃；

h_w——量管内水柱高度，mm；

P_s——t_w下饱和水蒸气压力，Pa（见表3-7）。

表3-7　标准大气压下饱和水蒸气压力

温度（℃）	饱和水蒸气压力（Pa）	温度（℃）	饱和水蒸气压力（Pa）
0	610.16	16	1 817.15
1	655.45	17	1 933.17
2	704.75	18	2 066.49
3	756.70	19	2 198.17
4	811.32	20	2 331.39
5	869.94	21	2 491.26
6	932.56	22	2 637.80
7	997.84	23	2 810.99
8	1 068.44	24	2 984.18
9	1 143.05	25	3 170.69
10	1 226.98	26	3 357.20
11	1 310.91	27	3 557.04
12	1 401.50	28	3 783.52
13	1 496.09	29	4 009.99
14	1 597.34	30	4 236.47
15	1 703.91	31	4 489.60

（2）解吸瓦斯时间的计算。

煤样装罐前解吸瓦斯时间 t_0 是煤样在钻孔内解吸瓦斯时间 t_1 与其在地面空气中解吸瓦斯时间 t_2 之和，即

$$t_0 = t_1 + t_2 \tag{3-9}$$

$$t_1 = \frac{1}{2}(T_2 - T_1)$$

式中

$$t_2 = T_4 - T_3$$

煤样总的解吸瓦斯时间 T_0 是装罐前的解吸瓦斯时间 t_0 与装罐后解吸瓦斯时间 t 之和，即

$$T_0 = t_0 + t$$

(3)瓦斯损失量的计算。

瓦斯损失量可用图解法或经验方程法求得。图解法见图 3-7。即以 V_0 为纵坐标，以 $\sqrt{t_0 + t}$ 为横坐标，将全部测点 $[V_0, \sqrt{t_0 + t}]$ 绘在坐标纸上，将测点的直线关系线延长与纵坐标轴相交，直线在纵坐标上的截距即为所求的瓦斯损失量，见图 3-7。

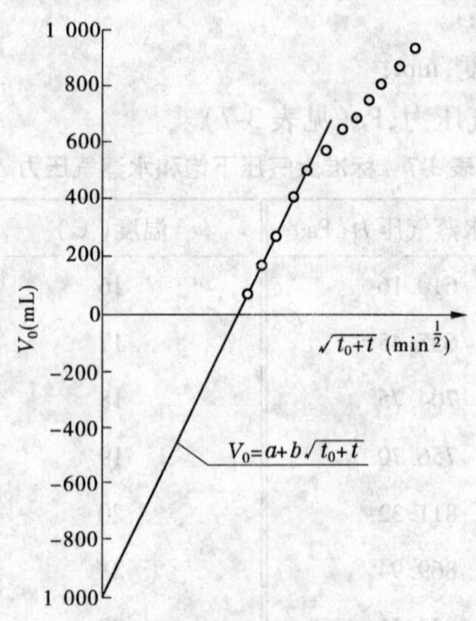

图 3-7 瓦斯损失量计算曲线

经验方程法是根据煤样在解吸瓦斯初期解吸瓦斯量 V_0 与 $\sqrt{t_0 + t}$ 成直线关系而求出瓦斯损失量的，即

$$V_0 = a + b\sqrt{t_0 + t} \tag{3-10}$$

其中，a、b 为待定常数，它们可以根据装罐煤样在解吸初期的解吸瓦斯量与时间平方根大致成直线关系的各测点坐标，用最小二乘法求出。

2. 煤样脱气与气体分析

1)所用仪器与材料

整套真空脱气系统如图 3-8 所示。脱气仪由两只大量管(900 mL，最小刻度 4 mL)、一只小量管(300 mL，最小刻度 2 mL)等组成，此外，还需要球磨机(附球磨罐 4 个)、气相色谱仪、托盘天平(称重 1 000 g，感量 1 g)、超级恒温器(最高工作温度 95 ℃)、16 号胸骨穿刺针头等。

2)脱气前准备工作

装有煤样的密封罐送到实验室后，应检查是否漏气(将密封罐放在清水中，5 min 不漏气)，如不漏气即可继续进行脱气测试，否则经处理可作为参考试样。脱气装置各玻璃组件组装前要洗净、烘干。组装后将吸气瓶 11、真空瓶 12 及量管 13、14 充以适量的酸性饱和食盐水作为限定液。真空系统各连接部分用真空封胶密封。真空阀洗净后涂以真空脂。真空系统在使用前应严格试漏，要求在仪器最大真空度下放置 4 h，真空计水银液面上升不超过 5 mm。各量管在水准瓶放低条件下无气体渗漏(液面不动)。仪器左侧真空系统抽真空达

到最大真空时停泵，观察真空计水银面，以在 10 min 内保持不动为合格。

3）煤样粉碎前脱气

（1）脱气：煤样密封罐经过穿刺针头及真空胶管与脱气仪连接后，首先在常温下脱气，直至真空计水银面开始下降。然后将煤样加热至 95～100 ℃恒温。每隔一段时间重新抽气，一直进行到每 30 min 泄出瓦斯量小于 10 mL，煤样所含水分大部分蒸发出来为止。这一阶段一般需 6 h 左右。脱气过程中如集水瓶 5 积水过多妨碍气流通过，应及时将积水排出。排水时要防止将真空系统中瓦斯抽出。脱气终了后，关闭真空计，取下密封罐，迅速地取出煤样立即装入球磨罐中密封，以待粉碎。

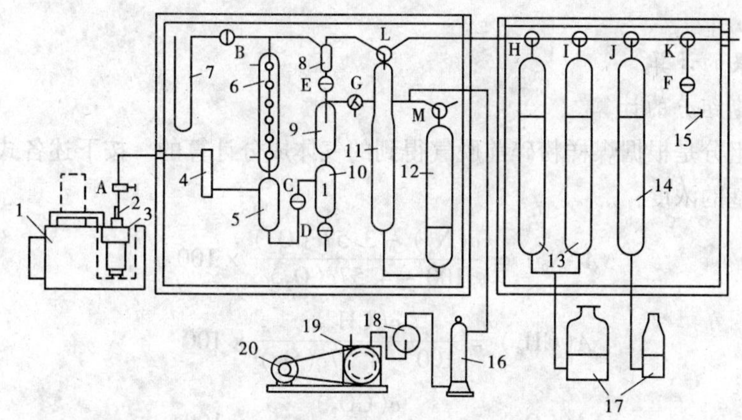

1—超级恒温器；2—穿刺针头；3—密封罐；4—滤尘器；5—集水瓶；6—冷却管（内装冷却水）；
7—水银真空计；8—隔水瓶；9—吸水管；10—排水瓶；11—吸气瓶；12—真空瓶；13—大量管；
14—小量管；15—取气支管；16—干燥管；17—水准瓶；18—分隔球；19—真空泵；20—电动机；
A—螺旋夹；B、C、D、E、F—单向阀；G、H、I、J、K—三通阀；L、M—120°三通阀

图 3-8　真空脱气系统示意图

（2）脱气体积的计量：读取量管读数时，应提高水准瓶，使量管内外液面平齐，同时记录大气压力、温度。如果三只量管容纳不下全部脱出的气体，可将气体混合均匀后，把两只大量管的气体排出，保留小量管内的气体，同时记下排出的气体体积、大气压力与温度。脱气完了后，将气样按前后脱气体积比例进行混合，然后取混合气样进行组分分析，或者对前后两次脱气气体分别取样进行分析。

（3）采取气样：采取气样时，首先将水准瓶举高放在仪器木框上，使量管内气体处于正压状态，然后打开三通阀 K 排出气样。用量管排出的气样冲洗梳形管，排除后者管内的限定液，然后用医用注射器（带针头三通）通过取气口吸气，清洗取气支管及针头。连续清洗三次，每次吸气不少于 20 mL。清洗完了后，采取气样备作分析用。注射器取气样，随用随取，保存时间不可超过 10 min，气样保存期间，应保持针头朝下倾斜放置，以免吸进空气。气样在储气瓶中保存时间（从脱气终了算起）不超过 2 h。取气样终了后，必须用限定液将储气瓶及梳形管中的残余气体排干净，以免影响下一次试验结果。

（4）气样分析：使用气相色谱仪进行气样分析，以体积百分数表示各种气体组分的浓度。

4)煤样粉碎、再脱气和称重

(1)煤样粉碎:煤样粉碎之前,先检查球磨罐的气密性,要求不漏气。煤样装罐时如果试样的粒度较大,应在罐内捣碎至25 mm以下,然后拧紧罐盖密封。煤样应进一步磨碎到粒度小于0.25 mm的重量占总重80%以上为合格。

(2)煤样粉碎后再脱气:脱气操作同前述。脱气一直进行到真空计汞柱稳定时为止,然后关闭真空计,取下球磨罐。

(3)称重:待罐体温度降至正常后,打开罐盖,称量煤样质量,精度准确到1 g,然后按缩分法把作煤工业分析(A^f、W^f与V^r)的煤样分出来,送去分析。剩余煤样保留1个月后再处理。

3.测定结果的计算

1)煤层瓦斯组分的计算

煤层瓦斯组分是根据煤样粉碎前脱气得到的气体成分计算的。按下述各式计算各种气体组分无空气基的浓度:

$$A(N_2)=\frac{c(N_2)-3.57c(O_2)}{100-4.57c(O_2)}\times 100 \tag{3-11}$$

$$A(CH_4)=\frac{c(CH_4)}{100-4.57c(O_2)}\times 100 \tag{3-12}$$

$$A(CO_2)=\frac{c(CO_2)}{100-4.57c(O_2)}\times 100 \tag{3-13}$$

$$A(\text{重烃})=\frac{c(\text{重烃})}{100-4.57c(O_2)}\times 100 \tag{3-14}$$

式中 $A(N_2)$、$A(CH_4)$、$A(CO_2)$与A(重烃)——扣除空气后N_2、CH_4、CO_2与重烃的浓度(%);

$c(N_2)$、$c(CH_4)$、$c(CO_2)$与c(重烃)——气相色谱分析得到的各种气体组分的浓度(%)。

2)煤层瓦斯含量的计算

(1)两次脱气气体体积的计算:

$$V'_0=\frac{273.2V'}{760(273.2+T)}(P-W') \tag{3-15}$$

式中 V'——在室温为T(℃)、大气压力为P(mmHg)条件下量管内气体的体积,mL;

V'_0——换算成标准状态下气体体积,mL;

W'——在室温T下饱和食盐水的饱和蒸汽压力,mmHg。

(2)煤样各排气阶段各种气体体积的计算。

①某种气体组分i在采样过程中损失的体积与在野外煤样2 h解吸瓦斯体积之和:

$$V'_i=\frac{V_0\cdot A(i)}{100} \tag{3-16}$$

式中 V'_i——换算成标准状态下某种气体组分i在采样过程中损失的与2 h解吸的体积之和,mL;

$A(i)$——按式(3-11)~式(3-14)计算的煤层瓦斯各部分 i 的浓度(%);

V_0——采样过程中损失的混合瓦斯体积(计算公式见式(3-10))与2 h解吸瓦斯体积(计算公式见式(3-8))之和,mL。

②某种气体组分 i 在两次脱气中的体积:

$$V''_i = \frac{V'_0 \cdot c(i)}{100} \tag{3-17}$$

式中　V''_i——换算成标准状态下某种气体组分 i 的两次脱气体积,mL;

$c(i)$——两次脱气某种气体组分 i 的浓度(%);

V'_0——两次脱气混合瓦斯体积,mL,按式(3-15)计算。

3)煤的瓦斯含量

(1)煤样可燃物质量计算:

$$G_r = G\frac{100 - A^f - W^f}{100} \tag{3-18}$$

式中　G——煤样质量,g;

G_r——煤样中可燃物质量,g;

A^f、W^f——煤样中的灰分、水分含量(%)。

(2)煤的各种气体组分含量计算:

$$X_i = \frac{V'_i + V''_i}{G_r} \tag{3-19}$$

式中　X_i——煤的某种气体组分 i 的含量,mL/g或m^3/t;

其余符号意义同上。

(3)煤的可燃气体含量计算:

$$X = X_{(CH_4)} + X_{(\text{重烃})} + X_{(H_2)} \tag{3-20}$$

式中　X——煤的可燃气体总含量,mL/g或m^3/t;

$X_{(CH_4)}$、$X_{(\text{重烃})}$、$X_{(H_2)}$——煤的甲烷、重烃、氢的含量,mL/g或m^3/t。

4.试验报告

试验原始资料及报告可按表3-8~表3-11格式填写。

5.测定结果评价

可参考以下标准对试验样品与结果进行评价。

(1)合格:①提钻操作,孔深<200 m,停顿时间≤5 min,孔深≥200 m,停顿时间≤10 min;②钻取煤芯长>0.4 m时,采样质量>250 g;③解吸仪量管不漏气、排气系统(密封罐排气孔,针头,胶管)通畅无堵塞;④解吸瓦斯初期存在式(3-10)的关系;⑤煤样在地表空气中暴露时间<10 min,从煤样装罐完了到开始解吸的时间($T_4 - T_3$)不超过2 min;⑥脱气过程无瓦斯漏失;⑦记录完整,无错记、漏记情况。

(2)参考试样:凡有一项未达到合格要求的样品即作为参考试样。

(3)废品:密封罐严重漏气,无法进行脱气的样品。

该法所用的整套记录表格见表3-8~表3-14。

表 3-8　采样记录

煤样编号		采样日期	年　　月　　日
采样地点	煤田	区域	钻孔　　煤层
采样管型式		采样罐号	
钻孔遇煤深度	m	采样深度	m

工作过程：

钻孔遇煤时间	日　时　分	备注：
下钻时间	日　时　分	进尺：　　m
钻进时间	日　时　分	煤芯长：　　m
起钻时间	日　时　分	
钻具提到孔口时间	日　时　分	
煤样装罐时间	日　时　分	
开始解吸测定时间	日　时　分	
煤样暴露时间	min	

试验地点地质概况：

煤质描述：

送样时间：　　年　　月　　日　　工作人员：

表 3-9　煤样瓦斯解吸速度测定记录

煤样编号		采样日期	年　　月　　日
采样地点	煤田	区域	钻孔　　煤层
采样罐号		仪器号	煤样暴露时间 t_0 =　　min

测定结果

测定时间	观测时间 t(min)	量管读数 V(mL)	水柱高 h_w(mm)	校正体积(mL)		$T=\sqrt{t_0+t}$	备注
				体积	累计		

大气压力 P =　　kPa；　气温 t_n =　　℃；　水温 t_w =　　℃

审核：　　工作人员：

表 3-10 瓦斯煤样送验单

试验编号： 煤样编号：

采样地点： 煤田 区域 钻孔 煤层

采样罐号： 装箱号：

采样日期： 年 月 日

送样日期： 年 月 日

要求化验项目：

瓦斯解吸测定结果：

瓦斯损失量：图解法 mL

最小二乘法 mL

采用数据 mL

最大解吸量： mL

备注：

工作人员： 审核：

送样单位： （盖章）

表 3-11　脱气记录

试验编号：

采样地点：　煤田　区域　钻孔　煤层

采样工具：　采样深度：

测　定　结　果

脱气阶段	粉碎前		粉碎后	
脱气时间	起	止	起	止
量管读数(mL)				
累计气体体积				
大气压力(kPa)				
气压表温度(℃)				
室温(℃)				
校正后体积(mL)	V_3 =		V_4 =	

煤样粉碎时间：　起

月　日　时　计：

止

煤样质量：　g

煤质分析：　W^f =　%；A^f =　%；V^r =　%

可燃物质量：　g

备注：

工作人员：　审核：　提交报告时间：　年　月　日

表 3-12　煤层瓦斯含量测定结果汇总表

试验阶段	瓦斯解吸量			瓦斯损失量		粉碎前脱气瓦斯量			粉碎后脱气瓦斯量			总计	
气体体积	V_1 =			V_2 =		V_3 =			V_4 =			V_5 =	
组分	自然组分	mL	mL/g	mL	mL/g	分析组分	mL	mL/g	分析组分	mL	mL/g	mL	mL/g
氧													
氮													
二氧化碳													
甲烷													
重烃													
备注													

工作人员：　　　　审核：　　　　报告提出时间：　年　月　日

表 3-13　煤层瓦斯含量试验报告

试验编号：　原编号：　　采样日期：　年　月　日　　测定日期：　年　月　日

采样地点：　　煤田　　区域　　钻孔　　煤层　　采样深度：

测　定　结　果

试验阶段	瓦斯含量(mL/g)			备注
	CH_4	CO_2	$C_2^\circ \sim C_3^\circ$	
瓦斯损失量				
瓦斯解吸量				
粉碎前脱气瓦斯量				
粉碎后脱气瓦斯量				
总计(瓦斯含量)				
自然瓦斯成分	CH_4 =　　%，CO_2 =　　%，N_2 =　　%，H_2 =　　%，$C_2^\circ \sim C_3^\circ$ =　　%			
煤质分析	V^r =　　%，　A^f =　　%，　W^f =　　%			
煤样质量	G =　　g，　可燃物质量：　G_r =　　g			

提出报告时间：　年　月　日　　工作人员：　　审核：

表 3-14 气体分析试验报告

试验编号： 采样日期： 年 月 日 时

采样地点：

采样方法：

分 析 结 果

序号	组 分	分析组分含量(体积)(%)	无空气基组分含量(体积)(%)	备注
1	氦 He			
2	氢 H_2			
3	氖 Ne			
4	氧 O_2			
5	氮 N_2			
6	一氧化碳 CO			
7	二氧化碳 CO_2			
8	硫化氢 H_2S			
9	甲烷 C_1°			
10	乙烷 C_2°			
11	丙烷 C_3°			
12	异丁烷 i ~ C_4°			
13	正丁烷 n ~ C_4°			
14	异戊烷 i ~ C_5°			
15	正戊烷 n ~ C_5°			
16	总 C_6°			
17	总 C_7°			
18	总 C_8°			

分析日期： 年 月 日 工作人员： 审核：

(二)工作面钻孔煤屑解吸法

1. 测定原理

该法用于石门见煤、煤巷掘进和回采工作面现场测定煤瓦斯含量的方法。其原理与勘探钻孔测定煤芯瓦斯含量的解吸法相似，即认为钻孔煤屑解吸瓦斯速率与解吸时间之间为负指数函数关系(见图 3-9)：

$$r = r_0 e^{-kt} \tag{3-21}$$

式中 r——解吸时间为 t 时的解吸速率；

r_0——解吸时间开始($t=0$)时煤的解吸瓦斯速率；

k——常数。

从 t_0 到 t_1 时间间隔内损失瓦斯量为

$$q_1 = \int_{t_0}^{t_1} r\mathrm{d}t = -\frac{r_0}{k}(\mathrm{e}^{-kt_1} - 1) \tag{3-22}$$

上式中仅有 r_0 与 k 为待定常数，其中 k 可以用煤样装罐后在 t_1 和 t_2 时间内解吸曲线上的实测点求得，而 r_0 可以由这个曲线外推与纵坐标轴相交的交点坐标得到。

2. 测定方法

使用煤电钻在预定位置钻取煤屑，用孔径 1 ~ 3 mm 的筛子筛分，将粒度 1 ~ 3 mm 的煤样装满密封罐（密封罐规格同前）。记录取样深度，自钻孔揭开采样段起 3 min 时启动解吸仪（见图 3-10），打开密封罐与量管之间胶管的弹簧夹 1，记下量管读数。读值时要使水准瓶与量管的液面对齐。瓦斯解吸速率测定共进行 2 h，在第一小时内第一次测定间隔 2 min，以后每隔 2 ~ 5 min 读一次数；在第二小时内每隔 10 ~ 20 min 读一次数。如果量管体积不足以容纳解吸瓦斯，可以中途关闭弹簧夹 1，记下量管读数，打开通大气的弹簧夹 2，举高水准瓶排出部分解吸瓦斯后，关闭通大气的弹簧夹 2，记下量管读数，以此作为新的起点。重新打开密封罐解吸瓦斯弹簧夹 1，继续进行测定。同时要记录测定地点的气温与气压。

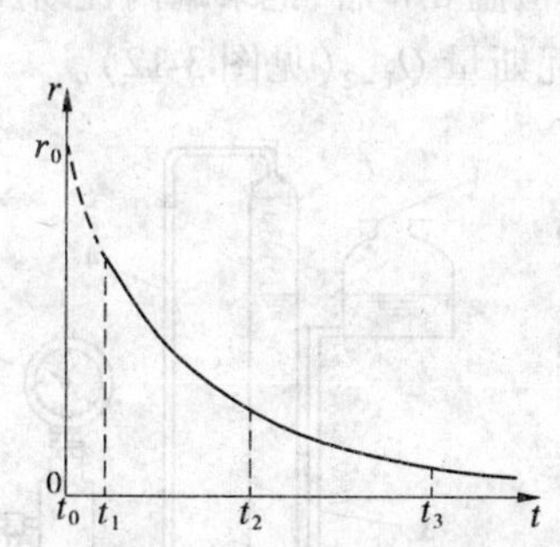

t_0—钻头刃切割煤样时间；t_1—煤样装罐后开始解吸时间；t_2—煤样解吸终止时间

图 3-9　煤屑解吸瓦斯速率 r 与解吸时间 t 的关系图

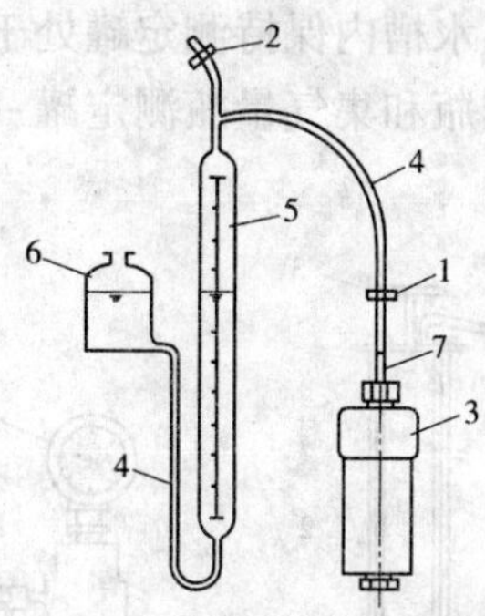

1，2—弹簧夹；3—密封罐；4—胶管；5—量管；6—水准瓶；7—16 号胸骨穿刺针头

图 3-10　工作面测定煤屑解吸瓦斯量系统示意图

解吸瓦斯量按下式换算成标准条件下的体积

$$V_0 = \frac{273.2}{1.01325 \times 10^5 (273.2 + T)}(P_a - P_s)V \tag{3-23}$$

式中　V_0——标准状态下解吸瓦斯体积，mL；

V——量管内解吸瓦斯体积，mL；

P_a——测定地点大气压力，Pa；

T——测定地点气温，℃；

P_s——测定地点气温下饱和水蒸气压力，Pa（见表 3-3）。

解吸测定后的煤样送实验室进行真空脱气与粉碎后再脱气测定，最后按勘探钻孔煤芯解吸法进行测定结果计算。

（三）瓦斯含量系数法

以上两种方法的优点是测定结果比较精确，用于计算瓦斯储量、预测瓦斯涌出量较好，而用于分析瓦斯流动规律或要求不甚精确的场合则比较繁杂，测定工作量较大。在后一种情况下，应用瓦斯含量系数法来测算瓦斯含量比较简便。

1. 测定原理

瓦斯含量测试表明，煤层瓦斯含量与瓦斯压力之间大致存在着抛物线关系：

$$X = a\sqrt{P} \tag{3-24}$$

式中 a——瓦斯含量系数，$m^3/(m^3 \cdot MPa^{0.5})$；

X——煤层瓦斯含量，m^3/m^3；

P——煤层瓦斯压力，MPa。

式(3-24)计算的误差一般小于10%，但瓦斯压力<0.2 MPa时误差较大。

2. 瓦斯含量系数 a 的测定方法

(1)在工作面新暴露煤壁上，用电钻钻取深1 m处的煤屑，选取粒度在0.18～0.2 mm煤样，装满测定罐(罐体积130～140 mL，可装煤屑60～80 g)，并密封(见图3-11)。

(2)将有充足瓦斯源的钻孔与打气筒的吸气管1相通，用打气筒把煤层瓦斯注入装满煤样的测定罐内，注入压力可达2.0 MPa以上(见图3-11)。

(3)在恒温水槽内保持测定罐处于煤层温度，恒温8 h后，记录罐内瓦斯压力 P_1。

(4)用水准瓶和集气量瓶测定罐一次放出的瓦斯量 Q_{1-2}(见图3-12)。

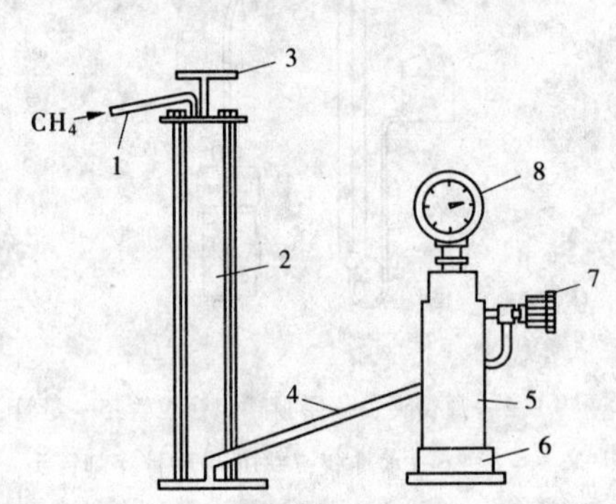

1—吸气管；2—打气筒；3—手把；4—注气管；
5—测定罐；6—测定罐底盖；7—阀门；8—压力表

图3-11 向测定罐注入瓦斯系统示意图

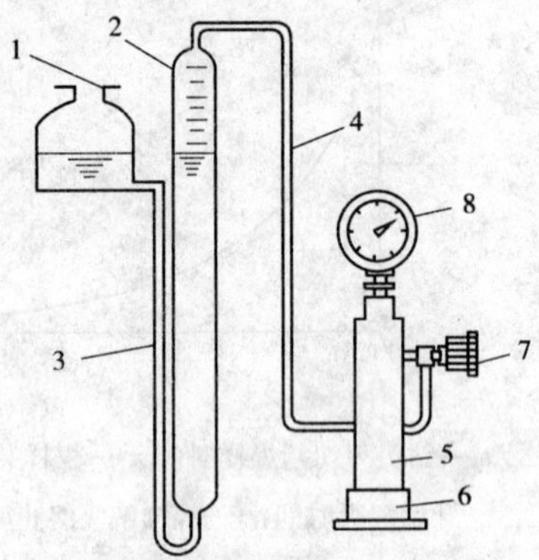

1—水准瓶；2—量管；3—胶管；4—排气胶管；
5—测定罐；6—测定罐底盖；7—阀门；8—压力表

图3-12 测定罐排放瓦斯测量系统示意图

(5)放气后将测定罐再放入恒温水槽内8 h，然后记录稳定瓦斯压力 P_2。

按下式计算瓦斯含量系数：

$$a = \frac{\left[P_a Q_{1-2} - \left(V - \frac{G}{\gamma}\right)(P_1 - P_2)\right]\gamma}{(\sqrt{P_1} - \sqrt{P_2})G} \tag{3-25}$$

式中 a——瓦斯含量系数，$m^3/(m^3 \cdot MPa^{0.5})$；

G——测定罐内煤样重，g；

γ——煤的容重，g/mL；

P_1、P_2——测定罐排放瓦斯前、后稳定的瓦斯压力，MPa；

Q_{1-2}——瓦斯压力由 P_1 降至 P_2 排放出的瓦斯量，mL；

V——测定罐的容积，mL；

P_a——大气压力，MPa。

该法的优点是直接就地测量，煤样水分、测定瓦斯成分与煤层相同，操作简单，2 d 内可得结果。

3. 实例

采样地点为地宗矿东二 1373 风巷，新鲜干煤样，煤层温度 15.2 ℃，煤容重 $\gamma = 1.45$ g/mL，大气压力 $P_a = 0.1$ MPa，煤样重 $G = 42$ g，测定罐容积 $V = 134$ mL，试求煤层瓦斯含量系数。

测定二次排气量，$P_1 = 1.62$ MPa，$P_2 = 0.85$ MPa；$P_3 = 0.31$ MPa，$Q_{1-2} = 965$ mL；$Q_{2-3} = 747$ mL。将上述测定值代入式(3-25)得

第一次

$$a = \frac{\left[0.1 \times 965 - \left(134 - \frac{42}{1.45}\right)(1.62 - 0.85)\right] \times 1.45}{\left(\sqrt{1.62} - \sqrt{0.85}\right) \times 42} = 1.537\ \text{m}^3/(\text{m}^3 \cdot \text{MPa}^{0.5})$$

第二次

$$a = \frac{\left[0.1 \times 747 - \left(134 - \frac{42}{1.45}\right)(0.85 - 0.31)\right] \times 1.45}{\left(\sqrt{0.85} - \sqrt{0.31}\right) \times 42} = 1.699\ \text{m}^3/(\text{m}^3 \cdot \text{MPa}^{0.5})$$

取两次测定的平均值，则

$$a = \frac{1.537 + 1.699}{2} = 1.618\ \text{m}^3/(\text{m}^3 \cdot \text{MPa}^{0.5})$$

（四）高压吸附法

该法是常用的实验室测定方法之一。它是把从井下采的新鲜煤样经破碎取粒度 0.2 ~ 0.25 mm 煤样重 300 ~ 400 g 装入密封测定罐。先在恒温 60 ℃真空（压力 $10^{-2} \sim 10^{-5}$ mmHg）条件下进行 2 d 脱气，然后在 0.1 ~ 5.0 MPa 压力与 30 ℃恒温条件下吸附甲烷，测量吸附或解吸的瓦斯量，最后换算成标准状况下每克可燃物吸附的瓦斯量以及吸附常数 a、b 并绘制 30 ℃下等温吸附曲线。测定瓦斯量可采用如图 3-12 所示的系统。

四、煤层透气系数测定与计算

煤层透气系数是煤层瓦斯流动难易程度的标志，测定煤层透气系数与测定瓦斯压力、流量一样，都是很重要的。下面介绍一种在井下直接测定煤层透气系数的方法。

（一）计算公式

径向不稳定流动参数的计算公式如表 3-15 所示。

（二）测定与计算步骤

(1) 从岩巷向煤层打钻孔，孔径不限，钻孔与煤层的夹角尽量接近 90°。记录钻孔的方位角、仰角和钻孔在煤层的长度。记录钻孔见煤和打完煤层的时间（年、月、日、时、分），取这两个时间的平均值作为钻孔开始排放瓦斯的时间。终孔后应清除孔内的煤屑。

表 3-15　径向不稳定流动参数的计算公式

流量准数 Y	时间准数 $F_0=B\lambda$	系数 a	指数 b	煤层透气系数 λ	常数 A	常数 B
$Y=aF_0^b=\frac{A}{\lambda}$	$10^{-2}\sim1$	1	-0.38	$\lambda=2.1A^{1.11}B^{1/9}$	$A=\frac{qr_1}{p_0^2-p_1^2}$	$B=\frac{4p_0^{1.5}t}{ar_1^2}$
	$1\sim10$	1	-0.28			
	$10\sim10^2$	0.93	-0.20			
	$10^2\sim10^3$	0.588	-0.12			
	$10^3\sim10^5$	0.512	-0.10			
	$10^5\sim10^7$	0.344	-0.065			

(2)封孔,要求封孔严密不漏气,岩孔封孔长度不小于 3 m,以便测得煤层的真实瓦斯压力值。测压导管直径不应过小,可使用内径大于 10 mm 的钢管。上压力表之前要测定钻孔瓦斯流量,并记录流量与测定流量的时间(年、月、日、时、分)。

(3)压力表指示出煤层的真实瓦斯压力或值稳定后,即可进行煤层透气系数的测定。

(4)卸下压力表排放瓦斯,测定钻孔瓦斯流量。在测定时要记录时间(年、月、日、时、分),即卸表大量排放瓦斯时间与每次测定瓦斯流量的时间,两者的时间差即为时间数中的值。为了安全卸表与排气,可使用带有排气孔的压力表丝扣逐渐退出压力表接头,使测压导气管与排气孔沟通而控制排气量。对于风量不大的测压巷道,卸表时有大量瓦斯排出,会造成巷道瓦斯浓度超限,为了安全起见,压力表接头的排气孔上焊一段小管,用胶管将排出的瓦斯引入瓦斯管路或回风巷中。

测量流量的仪表,当流量大时可用小型孔板流量计或浮子流量计,而流量小时可用 0.5 m^3/h 的湿式气体流量计(煤气表),也可以用排水集气法测气体的流量。封孔后上表前测得的流量也可用来计算透气系数。

(5)计算透气系数时,因表 3-15 中的公式较多,应考虑用哪个公式进行计算。可采用试算法,即先用其中任何一个公式计算出 λ 值,再将这个 λ 值代入 $F_0=B\lambda$ 中校验 F_0 的值是否在原选用公式的范围内,如 F_0 值在原选用公式的范围内,结果正确;如不在所选公式范围,则根据算出的 F_0 值,选其所在范围的公式进行计算。一般 $t<1$ d 时选用 $F_0=1\sim10$ 公式;$t>1$ d 时,可选用 $F_0=10\sim10^3$ 公式进行计算。

(三)实例

某矿 214 钻孔,测算得:$p_0=4$ MPa,$a=13.27\ m^3/(m^3\cdot MPa^{0.5})$,$r_1=5\times10^{-2}$ m,1974 年 9 月 18 日 12 时钻孔穿 9 号煤层,10 月 29 日 12 时测钻孔流量 $Q=3.53\ m^3/d$,由于排放瓦斯时间长,钻孔煤孔长度取煤厚 3.5 m。算得 $q=3.21\ m^3/(m^2\cdot d)$,$t=41$ d,$p_1=0.1$ MPa。计算煤层透气系数。

根据表 3-15 中的算式,则

$$A=\frac{qr_1}{p_0^2-p_1^2}=\frac{3.21\times5\times10^{-2}}{4^2-0.1^2}=0.01$$

$$B=\frac{4p_0^{1.5}t}{ar_1^2}=\frac{4\times4^{1.5}\times41}{13.27\times5^2\times10^{-4}}=3.954\ 78\times10^4$$

由于时间较长,选用 $F_0 = 10^3 \sim 10^5$ 公式 $\lambda = 2.1A^{1.11}B^{1/9}$。

$$\lambda = 2.1 \times 0.01^{1.11} \times (3.954\ 78 \times 10^4)^{1/9} = 0.041\ \mathrm{m^2/(MPa^2 \cdot d)}$$

代入校验公式 $F_0 = B\lambda = 3.954\ 78 \times 10^4 \times 0.041 = 1\ 622$,$F_0$ 在 $10^3 \sim 10^5$ 范围内,公式适用,结果正确。

五、煤的坚固系数和瓦斯放散指数测定

(一)煤的坚固系数 f 的测定

1. 测定原理

煤的坚固性用坚固系数的大小来表示。测定方法较多,这里介绍常用的落锤破碎测定法,简称落锤法。所测结果用一种假定指标 f 值来表示。

这个测定方法是建立在脆性材料破碎遵循面积力能说的基础上的。这个学说是雷延智在1867年提出的,他认为"破碎所消耗的功(A)与破碎物料所增加的表面积(ΔS)的 n 次方成正比",即

$$A \propto (\Delta S)^n$$

最近试验表明,n 一般为1。

以单位质量物料所增加的表面积而论,则表面积与粒子的直径 D 成反比,即

$$S \propto \frac{D^2}{D^3} = \frac{1}{D} \tag{3-26}$$

设 D_b 与 D_a 分别表示物料破碎前后的平均尺寸,则面积就可以用下式表示:

$$A = K\left(\frac{1}{D_a} - \frac{1}{D_b}\right) \tag{3-27}$$

式中　K——比例常数,与物料的强度(坚固性)有关。

式(3-27)可改写为

$$K = \frac{AD_b}{i-1} \tag{3-28}$$

$$i = \frac{D_b}{D_a}$$

式中　i——破碎比,$i > 1$。

从式(3-28)可知,当破碎功 A 与破碎前的物料平均直径为一定值时,与物料坚固性有关的常数 K 与破碎比有关,即破碎比 i 越大,K 值越小,反之亦然。这样,物料的坚固性可用破碎比来表示。

2. 测定方法与步骤

在现场采下煤样,从中选取粒度为10~15 mm的小煤块分成5份,每份重40 g,各放在测筒内进行落锤破碎试验,测筒包括落锤(重2.4 kg)、圆筒及捣臼。煤的坚固系数测定装置如图3-13所示。量柱刻度为mm;零点位置:当量柱接触底座时量筒上边缘对齐量柱零点。

测定时,将各份煤样依次倒入圆筒8及捣臼9内,落锤自距捣臼600 mm高度自由下落,撞击煤样,每份试样落锤1~5次,可由煤的坚固程度决定。5份煤样全部捣碎后,倒入0.5 mm筛子内,小于0.5 mm的筛下物倒入直径23 mm的筒内,测定粉末的高度 h,试样的坚固

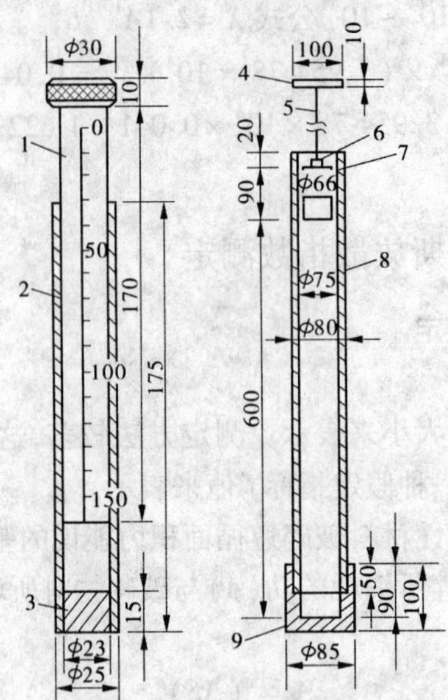

1—量柱；2—量筒（硬铝）；3—底座（硬铝）；4—手柄（木）；
5—绳索（尼龙绳）；6—销子（45 号钢）；7—落锤（锤重 2.4 kg）；
8—圆筒（45 号钢）；9—捣臼（45 号钢）

图 3-13　煤的坚固系数测定装置

系数按下式求得：

$$f_{10-15} = 20\,\frac{n}{h} \tag{3-29}$$

式中　f_{10-15}——煤样粒度 10 ~ 15 mm 的坚固系数测定值；

n——落锤撞击次数；

h——量筒测定粉末的高度，mm。

如果煤软，所取煤样粒度达不到 10 ~ 15 mm，可以采取粒度 1 ~ 3 mm 煤样进行测定，并按下式进行换算：

当 $f_{1-3} > 0.25$ 时

$$f_{10-15} = 1.57\,f_{1-3} - 0.14 \tag{3-30}$$

当 $f_{1-3} \leqslant 0.25$ 时

$$f_{10-15} = f_{1-3} \tag{3-31}$$

式中　f_{1-3}——煤样粒度 1 ~ 3 mm 的坚固系数测定值。

（二）瓦斯放散指数 Δp 的测定

1. 测定仪器

瓦斯放散指数 Δp 测定仪器的构造如图 3-14 所示。仪器两侧有两个筒形玻璃杯 1，其内径 18 mm，高 60 mm，上端内部磨口，玻璃杯 1 内装煤样 3.5 g；2 是水银压力计，高度 220 ~ 250 mm，从标尺 3 测得读数。管口 4、5 分别与真空泵和瓦斯罐相接，管口直径 6 mm。玻璃管 7 是盛煤样杯子与真空泵相通的管路，内径为 5 mm。6 是玻璃球形腔，内径为 30 mm。在玻璃杯 1 的上部和套管 9 的内部安装有磨口玻璃塞 8，塞内有弯曲通道，顶部有把手，可以左右转动来变换煤样与真空泵或与瓦斯罐相通。

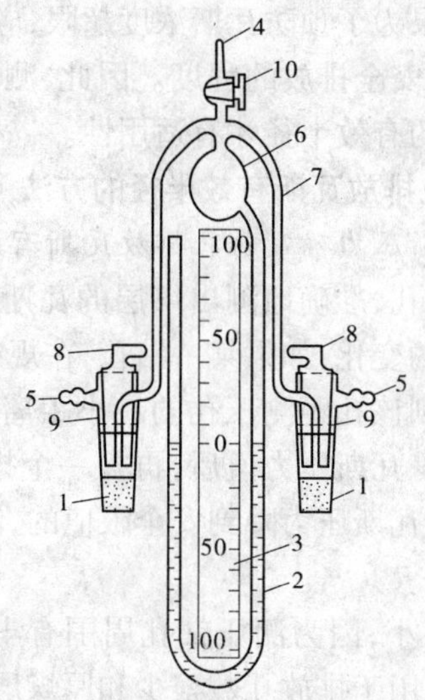

1—玻璃杯；2—水银压力计；3—标尺；4、5—管口；
6—玻璃球形腔；7—玻璃管；8—玻璃塞；9—套管；10—开关

图 3-14　瓦斯放散指数 Δp 测定仪结构图

2. 测定步骤

当仪器接好真空泵和瓦斯罐，而且玻璃塞的磨口上涂好真空油后，仪器即可工作。

把煤样 3.5 g 装入玻璃杯内，煤样的粒度决定于煤的牌号，对于无烟煤粒度为 2～3 mm，其他煤种为 0.25～0.5 mm。煤样上放入一个小棉花团，将装好试样的杯口涂真空油并安装在玻璃塞上。

(1) 煤样脱气。打开开关 10，扭转测杯的玻璃塞，使内部通路与套筒上玻璃管管口 4 相通，开动真空泵，抽吸煤样中的气体 1.5 h。

(2) 煤样充气。扭转测杯玻璃塞，使内部通路与管口 5 相通，甲烷从瓦斯罐经气表流入测杯内，使煤样在 0.1 MPa 条件下充甲烷 1.5 h。

(3) 测定瓦斯放散指数。测定前检查水银压力计的两个水银柱面是否在同一水平上，若不在同一水平上，应把开关 10 打开数秒，把自由空间和水银压力计空间抽真空后再关上。

(4) 依次测定两个测杯煤样。扭转玻璃塞 8 使测杯内煤样与水银压力计相通。当水银柱面开始变化时立刻开动秒表，10 s 时把玻璃塞扭至中立位置（即切断测杯与水银压力计的通路），但不停秒表，记录水银压力计两汞面之差 p_1(mmHg)，玻璃塞保持中立位置 35 s，即第 45 秒时再把玻璃塞扭转到使测杯与水银压力计相通位置，保持 15 s。在第 60 秒时停止秒表，把玻璃塞拧到中立位置，再次读出水银压力计两汞面之差 p_2(mmHg)，这样该煤样的瓦斯放散指数为

$$\Delta p = p_2 - p_1 \tag{3-32}$$

煤样一般要求 1.5～2.0 kg，其中一部分做工业分析、坚固系数以及煤的孔隙率测定用。欲测定 Δp 的煤样在过筛取得合乎要求的粒度后，应蜡封保存、备用，以防煤样氧化改变 Δp 的性能。试验温度要求 20 ℃。

六、钻孔排放瓦斯有效半径的测定

钻孔排放瓦斯有效半径决定于钻孔排放瓦斯的目的，如果为了防突，应使钻孔有效范围

内的煤体丧失瓦斯突出能力；如果为了预防瓦斯浓度超限，应使钻孔有效范围内的煤体瓦斯含量或瓦斯涌出量降到通风可以安全排放的程度。因此，测定方法最好在符合排放瓦斯目的的布孔条件下进行，这样得出的有效半径才有适用性。

（一）根据瓦斯压力确定钻孔排放瓦斯有效半径的方法

1. 在无限流场条件下，按瓦斯压力确定钻孔排放瓦斯有效半径

先在石门断面上打一个测压孔，准确地测出煤层的瓦斯压力。然后距测压孔由远而近打排放瓦斯钻孔，观察瓦斯压力的变化，如果某一钻孔，在规定的排放瓦斯时间内，能把测压孔的瓦斯压力降低到容许限值，则该孔距测压孔的最小距离即为有效半径。也可以由石门向煤层打几个测压孔，待测出准确瓦斯压力值后，再打一个排放瓦斯钻孔，观察各测压孔瓦斯压力的变化，在规定的时间内，瓦斯压力降到安全限值的，测压孔距排放孔的距离，就是有效半径。

这种方法测出的有效半径很小，因为测压钻孔周围有丰富瓦斯来源，瓦斯压力下降很慢。这种方法确定的有效半径适用于排放孔数很少和厚煤层单排孔条件下。

2. 在有限流场条件下，按瓦斯压力确定钻孔排放瓦斯有效半径

在多排钻孔或网格式密集钻孔排放瓦斯条件下，排放瓦斯区内的瓦斯流动场属于有限流场，这时测定钻孔的排放半径布孔如图 3-15 所示。在石门断面向煤层打一个穿层测压孔或在煤巷打一个沿层测压孔，测出准确的瓦斯压力值后，再在测压孔周围由远而近打数排钻孔，即在距测压孔较远处先打一排排放孔（至少 4 个），它们位于同一半径上，然后观察瓦斯压力变化。若影响甚小，在距测压孔较近的半径上再打一排排放孔（至少 4 个），观察瓦斯压力变化。在规定排放瓦斯期限内，能将测压孔的瓦斯压力降低到容许限值的那排钻孔距测压孔的距离就是排放瓦斯有效半径。用这种方法在天府矿务局磨心坡矿 +110 水平测得直径 75 mm 的钻孔排放瓦斯的有效半径为 1.2 m（排放期为 3 个月，煤层的透气系数为$(5\sim12)\times10^{-2}\ m^2/(MPa^2\cdot d)$）。

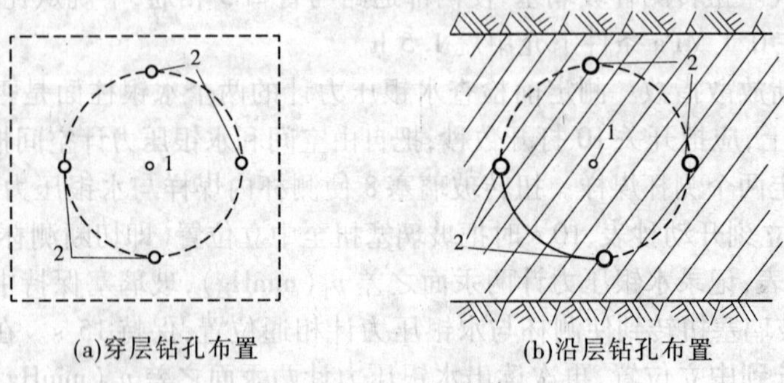

1—测压孔；2—排放孔

图 3-15 有限流场条件下按瓦斯压力测定钻孔排放瓦斯有效半径布孔示意图

（二）根据瓦斯流量确定排放瓦斯有效半径的方法

使用这种方法的步骤如下：

（1）沿煤层软分层打 3 ~ 5 个相互平行的测流量钻孔，孔径 42 mm，长 5 ~ 7 m，间距 0.3 ~ 0.5 m。

（2）对各钻孔封孔，封孔长度不得小于 2 m，测量室长度为 1 m。

（3）钻孔密封后，立即测定钻孔瓦斯流量，并每隔 10 min 测定一次，每一测量孔测定次

数不得少于5次。

(4)在距最近的测量孔边缘0.5 m处,打一个平行于上述钻孔的排放钻孔(其直径等于待考察排放钻孔的直径),在打钻过程中,记录孔长、时间和各测量钻孔瓦斯流量的变化。

(5)打完排放钻孔后,每隔10 min测定一次各流量孔的流量。

(6)打完排放钻孔后的2 h内,测定并绘出各测量孔的瓦斯流量变化曲线。

(7)如果连续3次测定流量孔的瓦斯流量都比打排放钻孔前增高10%,即表明该测量孔处于排放钻孔的有效半径之内。符合本项要求的上述测量孔与排放钻孔的最远距离即为钻孔排放瓦斯的有效半径。

该法的优点是测流量比测瓦斯压力容易,其缺点是不如测瓦斯压力法可靠。

七、钻屑量及其瓦斯解吸指标的测定

(一)钻屑量的测定

钻屑量可用重量法或容量法测定。

(1)重量法。每钻进1 m钻孔,收集全部钻屑,用弹簧秤称重。

(2)容量法。每钻进1 m钻孔,收集全部钻屑,用量袋或量杯计量钻屑容积。

(二)煤屑解吸指标的测定

1. 钻屑解吸衰减系数 C 的测定

打钻时在预定测定深度取钻屑,用孔径1~3 mm的筛子筛分,取粒度1~3 mm试样装至MD-1型解吸仪(抚顺煤炭研究分院生产)的安培瓶的刻度线水平(相当于10 g左右)。自钻头揭开该采样段起3 min时启动解吸仪和秒表,每隔1 min记下解吸仪的累计读数,共测定10 min。其衰减系数按下式确定:

$$C = \frac{4\Delta h_2}{\Delta h_{10} - \Delta h_2} \tag{3-33}$$

式中 Δh_2——启动解吸仪2 min时的解吸仪读数,mmH_2O;

Δh_{10}——启动解吸仪10 min时的解吸仪读数,mmH_2O。

2. 钻屑解吸指数 K_1 的测定

采样同前,使用CMJ-1型双管解吸仪测定。取样时应记录钻孔长度,自钻头揭开取样段2 min时启动解吸仪及秒表,每隔1 min读1次数,共10次,用下式计算 K_1 值:

$$K_1 = \frac{Q + W}{\sqrt{t}} \tag{3-34}$$

式中 K_1——比例系数,煤样自煤体脱离暴露在大气中第1分钟期间每克煤样瓦斯解吸量,$mL/(min^{0.5} \cdot g)$;

Q——解吸时间 t_3 期间每克煤样的瓦斯解吸量,mL/g;

W——煤样装入仪器之前已解吸的瓦斯量,mL/g;

t——煤样自揭落到测定时的时间间隔,min,用下式计算:

$$t = t_1 + t_2 + t_3$$

t_1——煤样自揭落到孔口所需时间,min,$t_1 = 0.1$ min;

t_2——从取样到开始测定的时间,min,通常取 $t_2 = 2$ min;

t_3——煤样在仪器内解吸瓦斯时间,min。

第三节 矿井瓦斯等级鉴定与瓦斯地质分类

一、矿井瓦斯等级的划分

(一)目的意义

规程规定:一个矿井中只要有一个煤(岩)层发现瓦斯,该矿井即为瓦斯矿井。瓦斯矿井必须依照矿井瓦斯等级进行管理。每年必须对矿井进行瓦斯等级和二氧化碳涌出量的鉴定工作,报省(自治区、直辖市)煤炭行业管理部门审批,并报省级煤矿安全监察机构备案。

根据矿井瓦斯涌出量的大小和涌出形式,把矿井划分为不同类别以便于进行分级管理,对矿井设计和日常通风管理都具有十分重要的现实意义。矿井瓦斯等级划分的目的是:

(1)确定稀释矿井瓦斯的供风标准。

(2)确定检测瓦斯的周期(次数)。

(3)确定电气设备的选型。

(4)确定特殊的开采方法及其相应的管理制度和处理措施。

(二)矿井瓦斯等级的划分

(1)低瓦斯矿井:矿井相对瓦斯涌出量小于或等于10 m^3/t,且矿井绝对瓦斯涌出量小于或等于40 m^3/min。

(2)高瓦斯矿井:矿井相对瓦斯涌出量大于10 m^3/t或矿井绝对瓦斯涌出量大于40 m^3/min。

(3)煤(岩)与瓦斯(二氧化碳)突出矿井。

二、矿井瓦斯等级鉴定

矿井瓦斯等级鉴定工作应在生产正常的条件下进行。按每一自然矿井、煤层、一翼、水平和采区,分别计算平均日产1 t煤的瓦斯涌出量,并选取其中最大值作为鉴定依据。鉴定区域(指矿井、煤层、一翼、水平或采区)的回采产量应不低于该区域设计产量或计划产量的60%。

(一)鉴定时间

矿井瓦斯等级鉴定的时间,应根据矿井生产和气候条件变化规律,选择在瓦斯涌出量较大的一个月,一般在3月或7月、8月。在鉴定月的上、中、下旬每隔10 d各选1 d作为鉴定日,每个鉴定日应分3班(或4班)进行测定。

(二)测点选择

测点一般应分别布置在矿井、一翼、水平和采区的回风巷道中。如果进风流中含有瓦斯,还应在进风巷道中布置测点。测定地点应设在测风站内,如就近无测风站,可选取断面完整并无杂物堆积且无漏风的一段平直巷道作为测风站。

(三)测定工作

测定前必须做好组织分工和仪表校正等准备工作。在每一测点均需要测定风量、风流中的瓦斯浓度和二氧化碳浓度等。为准确起见,一般每班测定不应少于3次,取其平均值作为本班的测定结果。如果进风流中含有瓦斯,进、回风流的瓦斯涌出量之差,才是鉴定地区的瓦斯涌出量值。

测定瓦斯浓度时，应在巷道风流的上部进行；测定二氧化碳含量时，应在巷道风流的下部进行。测定巷道风流的范围为：对设有各类支架的巷道，为距支架和巷底各 50 mm 的巷道空间；对不设支架或用锚喷、砌碹支护的巷道，为距巷道顶、底、帮各 200 mm 的巷道空间。

抽放瓦斯的矿井，在鉴定日内应在相应的地区测定抽放瓦斯量，矿井瓦斯等级划分时，计算吨煤瓦斯涌出量应包括抽放瓦斯量在内。

在鉴定月中，地面和井下的气温、气压和湿度等气象条件都应记录，以供分析问题时参考。测定所得数据可按表 3-16 填写和计算。

表 3-16　矿井瓦斯和二氧化碳测定基础数据表

____集团公司____矿____煤层____翼____水平____采区　　　　____年____月

名称	旬别	日期	第一班			第二班			第三班			三班平均涌出量(m³/min)	抽放瓦斯量(m³/min)	瓦斯涌出总量(m³/min)	月工作天数(d)	月产煤量(t)	说明
			风量(m³/min)	浓度(%)	涌出量(m³/min)	风量(m³/min)	浓度(%)	涌出量(m³/min)	风量(m³/min)	浓度(%)	涌出量(m³/min)						
			1	2	3	4	5	6	7	8	9	10	11	12	13	14	
瓦斯	上																
	中																
	下																
二氧化碳	上																
	中																
	下																

通风区(队)长：　　　　观测人：　　　　制表人：

(四)计算

计算瓦斯涌出量时，必须注意两点：当进风流设有测风站时，进、回风流的瓦斯涌出量之差，才是鉴定地区的瓦斯涌出量值；对于抽放瓦斯的矿井，在鉴定月内应在相应的地区测定抽出的瓦斯量，矿井瓦斯等级划分时，必须包括抽放的瓦斯量。

鉴定日的绝对瓦斯涌出量按下式计算：

$$Q_{CH_4} = \frac{Q_1c_1 + Q_2c_2 + Q_3c_3}{3 \times 100} \times 60 \times 24 = 4.8(Q_1c_1 + Q_2c_2 + Q_3c_3) \tag{3-35}$$

式中　Q_1、Q_2、Q_3——每日 3 班测得的每班的风量，m³/min；

c_1、c_2、c_3——每日 3 班测得的每班瓦斯的百分浓度值(%)。

相对瓦斯涌出量的计算：在鉴定月测定的 3 d 中选取绝对瓦斯涌出量的最大值除以月平均日产量，即得相对瓦斯涌出量。

$$q_{CH_4} = \frac{Q_{CH_4}n}{T_{月}} \tag{3-36}$$

式中　Q_{CH_4}——从 3 d 中选取的最大绝对瓦斯涌出量，m³/d；

$T_{月}$——鉴定月的产量，t；

n——鉴定月的月工作天数，d。

(五)鉴定报告

矿井瓦斯等级报告按表3-17填写和计算。矿井瓦斯等级的确定,是以相对瓦斯涌出量最大值的测站数据而定的,其余测站数据供日常管理参考。对于二氧化碳涌出量大的矿井,按二氧化碳等级作为计算风量的依据,按相对瓦斯涌出量确定矿井瓦斯等级。矿或集团公司应根据鉴定结果并结合产量水平、采掘比例、生产区域和地质构造等因素,提出确定矿井瓦斯等级的意见,连同有关资料,报省(自治区、直辖市)煤炭行业管理部门审批,并报省(自治区、直辖市)煤矿安全监察机构备案。

表3-17　矿井瓦斯等级鉴定和二氧化碳测定结果报告表

______集团公司____矿　　　　　　　　　　　　______年____月____日

气体名称	矿井、煤层、一翼、水平、采区名称	三旬中最大1 d的涌出量(m^3/min)			月实际工作天数(d)	日产煤量(t)	月平均日产量(t/d)	相对瓦斯涌出量(m^3/t)	矿井瓦斯等级	上年度瓦斯等级	上年度最大相对涌出量(m^3/t)	说明
		风流	抽放	总量								
		1	2	3	4	5	6	7	8	9	10	
瓦斯												
二氧化碳												

矿长:　　　　通风区(队)长:　　　　制表人:

报批资料应包括以下内容:

(1)矿井瓦斯和二氧化碳测定基础数据表。

(2)矿井瓦斯等级鉴定和二氧化碳测定结果报告表。

(3)矿井通风系统图,并标明鉴定工作的观测地点。

(4)煤炭自燃发火等级鉴定报告和煤尘爆炸危险性鉴定报告。

(5)上年度矿井内、外因火灾记录表。

(6)上年度瓦斯(二氧化碳)喷出、煤(岩)与瓦斯(二氧化碳)突出记录表。

(7)其他说明,如鉴定月生产是否正常和矿井瓦斯来源分析等资料。

煤与瓦斯突出矿井在矿井瓦斯鉴定期间,仍需按照矿井瓦斯等级和二氧化碳的鉴定工作内容进行测算工作。

三、矿井瓦斯地质分类

现代构造煤岩学认为,原生结构煤在构造应力作用下依次破坏为碎裂煤、碎粒煤和糜棱煤,这一过程所伴随的裂隙形成与演化极其复杂,是其他沉积岩中难以见到的。煤既是瓦斯的源岩,又是其储层,煤与瓦斯突出既与煤体破坏严重的碎粒煤和糜棱煤有关,也往往与煤体裂隙的类型与分布有关。就一般规律而言,构造裂隙完全控制着瓦斯在煤体中的运动过程——运移聚集或运移逸散。因此,研究煤体构造裂隙和煤体结构的发育特征及时空展布对煤矿瓦斯灾害预测和治理具有重要意义。

根据煤的构造裂隙类型和煤的结构类型以及相互组合,得到不同组合类型。这些类型可用类、亚类、型、亚型的代号,按类、亚类、型、亚型的排列顺序分别组合表示(见表3-18)。根据研究区及外围含煤岩系的构造规律和矿井瓦斯地质特征划分出的这些组合类型,其代表性和作用有所不同。有些类型所反映的矿井瓦斯地质条件比较复杂,大都为高瓦斯矿井或突出矿井,因而需要认真分析研究,如 C_{1b},D_{2c},C_{2d} 等类型;有一部分裂隙类型虽然常见,但反映的瓦斯地质条件简单,无须做过多的防治工作,如 A_{1a},B_{1b} 等类型;有一部分类型是客观存在的,但目前没有完全开采,问题尚未暴露出来,如石炭系太原组一$_1$ 煤层所对应的各类型;有一部分矿井的主采煤层的瓦斯地质条件与二$_1$ 煤相类似,如平顶山矿区的丁、戊、己煤组,因而不再复述;有一部分类型在更大范围内较为少见或根本不存在,如表 3-18 中空格部分。瓦斯地质构造类型及实例分析如下。

表 3-18　河南煤田矿井瓦斯地质灾害类型划分表

构造裂隙类型		河南煤田开采二叠系山西组二$_1$ 煤层			
		原生结构煤(A)	碎裂煤(B)	碎粒煤(C)	糜棱煤(D)
节理(1)	张节理(a)	A_{1a}		C_{1a}	
	剪节理(b)		B_{1b}	C_{1b}	
劈理(2)	流劈理(c)				D_{2c}
	破劈理(d)			C_{2d}	

(一)节理型原生煤

原生煤因张节理聚集而形成高瓦斯矿井(A_{1a})。

原生煤结构简单,块状质硬,张节理较为发育,在封闭性边界条件下,瓦斯容易聚集,因而具有瓦斯含量高但分布均匀且渗透快等特征,是瓦斯抽放和综合利用的理想场所。

焦作矿区是我国著名的高瓦斯矿区,全区 90% 以上的矿井为突出或高瓦斯矿井,在 10 对生产矿井的 12 对井口中,属低瓦斯矿井的有王封矿的民有井口、李封矿的塔掌斜井和焦东矿;属高瓦斯矿井的有王封矿大井;其余的李封矿大井、朱村矿、焦西矿、马村矿、演马庄矿、韩王矿、冯营矿、中马村矿和九里山矿 9 个矿井均为突出矿井。

(二)节理型构造煤

1. 碎粒煤因张节理逸散而形成低瓦斯矿井(C_{1a})

煤层中张性裂隙是在伸展引张条件下产生的,因而裂隙面空隙率较大,常常形成开放型渗流通道。此类裂隙透气性与含气性均较强,但瓦斯压力和瓦斯梯度较低,在开放型边界条件下产成大规模恶性事故的概率很小。

郑州煤业集团所属矿区处豫西伸展构造区,具体的构造形式表现为一系列正断层所夹的地堑、地垒和断块。引张机制下的断块掀斜作用,导致岩体的伸展运动和张拉变形,在地层内部发育大量张节理,因而对矿区瓦斯地质条件最有控制意义。整个登封、新密矿区已经开采的统配矿井(煤层揭露后的瓦斯分布)——告成、裴沟、超化、大平、芦沟、米村、王庄、王沟、张沟、梁沟、东风矿等 11 对矿井,除前 4 对滑动构造区矿井为高瓦斯矿井外,其余 7 对均为低瓦斯矿井。这说明郑州煤业集团所属矿区在总体上受构造张拉与风化、剥蚀作用,以低瓦斯为开采特征。

2. 碎裂煤因剪节理导通而形成高瓦斯区段(B_{1b})

煤层中发育的剪切裂隙面大多平直、光滑,延伸远,剖面上呈闭合状。其产状稳定,发育密集,常成对出现,有利于瓦斯的定向运移与逸散。

王庄煤矿位于新密煤田的西部，东西长 6. 5 km，南北宽 3. 2 km ，面积约为 9. 5 km^2，大体呈三角形。整个井田为一平缓的单斜构造，正断层数量极多。钻孔和井巷工程揭露资料显示，共有断层 39 条(含两条边界断层)，其中落差大于 20 m 的大、中型断层 15 条，属典型的开放型低瓦斯矿井(见图 3-16)。

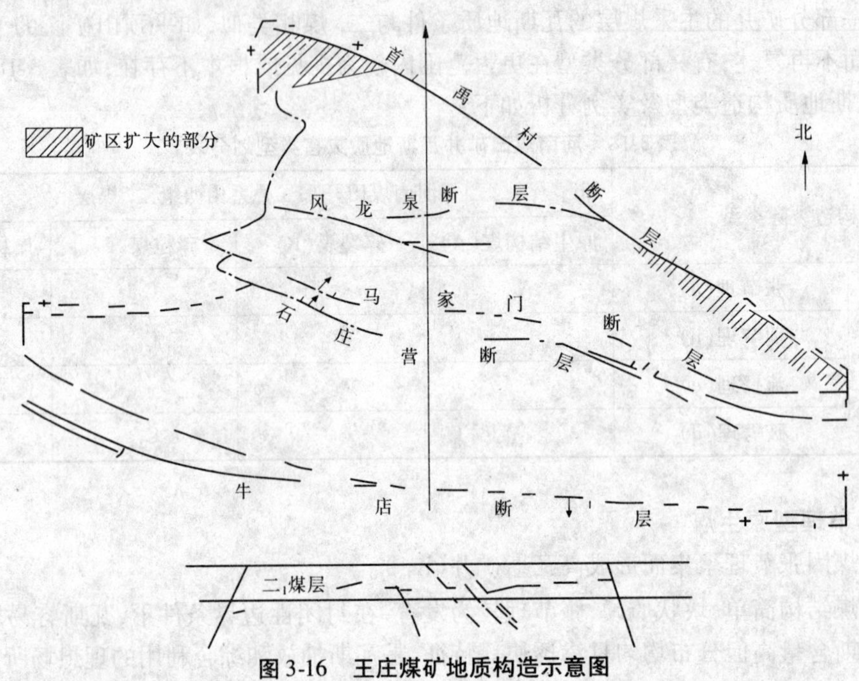

图 3-16　王庄煤矿地质构造示意图

矿井设计生产能力 80 万 t/a，主采$二_1$、$一_1$ 煤层赋存比较稳定，无自然发火特性，煤尘有弱爆炸性，历年瓦斯等级鉴定均为低瓦斯矿井。在掘进$二_1$ 煤层的各采区煤巷过程中，曾发现煤层中剪节理发育，多组方向交叉呈网格状，最密处达 18 条/m^2。局部巷道段放炮后瓦斯浓度达到 1. 0% 以上，随剪节理呈条带状分布。

通过对王庄矿瓦斯异常涌出规律进行分析，其主要原因为：煤层中剪节理发育密集，空隙率小，具有较强的瓦斯吸附作用，煤巷掘进揭露剪节理带后致使大量吸附瓦斯涌出，从而在低瓦斯矿井中形成高瓦斯区段。

3. 碎粒煤因剪节理导通而形成采掘面瓦斯涌出(C_{1b})

碎粒煤中因剪节理发育而引起的瓦斯异常，具有瓦斯涌出量稳定且持续时间长的特点。现场发现，这类构造煤结构紧密，孔隙度小，渗透性极差。但一旦发生冒顶、片帮和大量落煤堆积，瓦斯很快解吸释放，造成采掘面瓦斯涌出量骤增，个别断层密布区段还伴随有强烈的瓦斯动力现象。

超化煤矿位于构造区东南部，主采$二_1$ 煤层，地质构造复杂，煤层厚度 0 ~ 25 m，平均厚度 7 m，煤层倾角 6° ~ 30°，平均 15°，煤层赋存极不稳定。

按瓦斯赋存规律，井田内高瓦斯区呈东西向条带状分布，与区域构造线方向一致。历年瓦斯等级鉴定均属高瓦斯矿井，煤层松软，煤体坚固系数 f = 0. 13 ~ 0. 2，易冒落。高瓦斯区采面局部瓦斯绝对涌出量最高可达 25 m^3/min 以上，瓦斯含量为 10. 8 m^3/t，钻孔瓦斯流量衰减系数在 0. 01 以下，为低透气性煤层，钻孔瓦斯抽放困难。

21071 综放工作面位于该矿 21 采区东部,煤层平均厚度为 8 m,倾角 4°~20°,平均 9°,煤层结构复杂,节理沿东西走向极其发育,在工作面形成数个宽 20 m、密度约 12 条/m^2 的节理带。根据煤巷掘进编录,瓦斯涌出随节理呈带状分布,部分地段最大涌出量达到 6.0 m^3/min以上。结合该矿经验,回采与掘进工作面瓦斯涌出经验比值可达 3.38,因而预计工作面回采时最大瓦斯涌出量 20.28 m^3/min。

考虑到本工作面二$_1$ 煤层特厚且透气性极差,瓦斯主要在回采时集中涌出。矿井结合以往采用钻孔抽放时所表现的难钻进、易塌孔、流量小等特点,提出了在煤层顶板沿节理带内错回风巷 15 m 处做"高抽巷"抽放瓦斯。自 2002 年 5 月 21 日至 2002 年底共抽放瓦斯 825 万 m^3/min,使最大绝对瓦斯涌出量达 40 m^3/min 的综放工作面在配风 1 200 m^3/min 的情况下上隅角及回风流瓦斯浓度控制到 0.6% 以下,工作面最高月产达 17.6 万 t,实现了工作面高产稳产,消除了瓦斯超限不安全隐患。

由此可见,"高抽巷"抽放瓦斯技术是治理碎粒煤节理瓦斯的最佳方法之一。

(三)劈理型构造煤

1. 糜棱煤因流劈理导通而形成采掘面瓦斯突出(D_{2c})

糜棱煤是典型的在强烈剪切或劈理化应变环境中形成的韧性变形煤,是在较高温度和压力及长时间作用下的煤变形产物。糜棱煤中形成的流劈理空隙率极小,分布均匀,本身透气性很差,具有很强的瓦斯生成和吸附能力,因而沿流劈理带易形成以高瓦斯含量、高瓦斯压力和高瓦斯梯度为特征的高突煤层。

发生该类瓦斯突出事故的矿井为鹤壁煤电公司六矿,该矿是一座年产 120 万 t 的大中型矿井。矿井为立井多水平开拓,一水平标高 -150 m,二水平标高 -300 m。主采二叠系山西组二$_1$ 煤层,煤层平均倾角为 20°,平均厚度为 8 m,自燃倾向性为Ⅲ类(不易自燃),煤尘爆炸指数为 15.91%,具有爆炸危险性。

矿井通风方式为混合抽出式,主井、新副井、老副井进风,中央风井、小庄风井、东风井回风。矿井总进风量为 14 833 m^3/min,总排风量为 15 855 m^3/min,矿井绝对瓦斯涌出量为 52.50 m^3/min,相对瓦斯涌出量为 23.92 m^3/t,属于煤与瓦斯突出矿井。

发生事故的地点为二水平(-300 m)2141 进料巷,设计断面 6.4 m^2,全长 80 m,沿煤层底板掘进。该处煤层预测瓦斯含量为 15.17 m^3/t,掘进施工过程中正常瓦斯涌出量为 0.54 m^3/min。该区域于 2001 年 1 月施工瓦斯抽放钻孔并及时实施抽放,技术人员按措施要求对 2141 进料巷进行了突出危险性预测,并得出了"无明显瓦斯突出预兆"的初步结论。由于该区域受向斜构造影响,煤层变形强烈,流劈理发育,透气性极差,因而瓦斯抽放难以达到预期效果。2001 年 3 月 24 日,2141 进料巷终于发生了煤与瓦斯突出事故,突出煤量约 130 t,瓦斯量约 21 000 m^3。

2. 碎粒煤因破劈理导通而形成采掘面瓦斯压出(C_{2d})

告成煤矿位于构造区西南部,构造位置处芦店滑动构造西段南部的内弧内侧。主滑面沿二$_1$ 煤层顶面发育,形成平均厚 40 m 的碎裂岩带,垂向结构极其复杂,在告成井田大致取代了二$_1$ 煤层的正常顶板。该矿从 1999 年投产至今,历年瓦斯等级鉴定结果为:矿井绝对瓦斯涌出量 11.84~24.51 m^3/min,相对瓦斯涌出量 6.28~32.6 m^3/t。2004 年 2 月经煤炭科学研究总院重庆分院鉴定为煤与瓦斯突出矿井。首采 13 采区最大瓦斯压力 P=0.68 MPa,21 采区在 -160 m 标高测得的瓦斯压力是 1.1 MPa,煤层透气系数为 0.005 3

$m^2/(MPa \cdot d)$，释放半径为 0.35 m，抽放半径为 1 m，衰减系数 $\alpha = 0.55\ d^{-1}$，瓦斯放散指数 Δp = 12 ~ 17.43，实属难抽放煤层。

井田内上覆系统构造骨架为一系列北倾的正向正断层组合（见图 3-17），下伏系统为一平缓的单斜构造，主采二$_1$ 煤层倾向西—西北，倾角平均 12°。受芦店滑动构造二次运动影响，井田虽处挤压与张拉的复合地带，但逆冲断层发育较少，大都为斜交正断层。除北部边界告 F_5 断层、南部边界告 F_2 断层以及告 F_3 断层的断距为 50 ~ 200 m 外，其余断层断距均小于 20 m，在井田内形成一系列小型地堑、地垒及阶梯状断层等伸展构造组合形式（见图 3-18）。因而，矿区基本上呈现滑动构造后缘拉张带的构造特征。

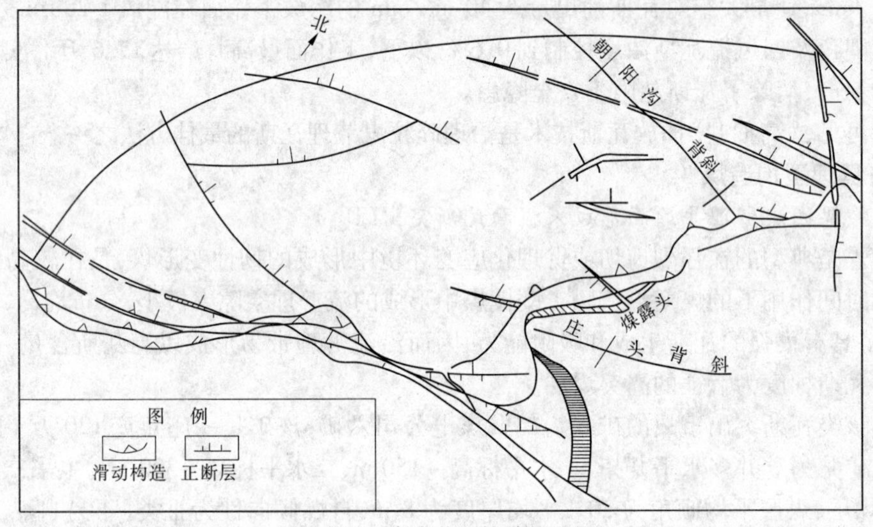

图 3-17　告成井田构造纲要图

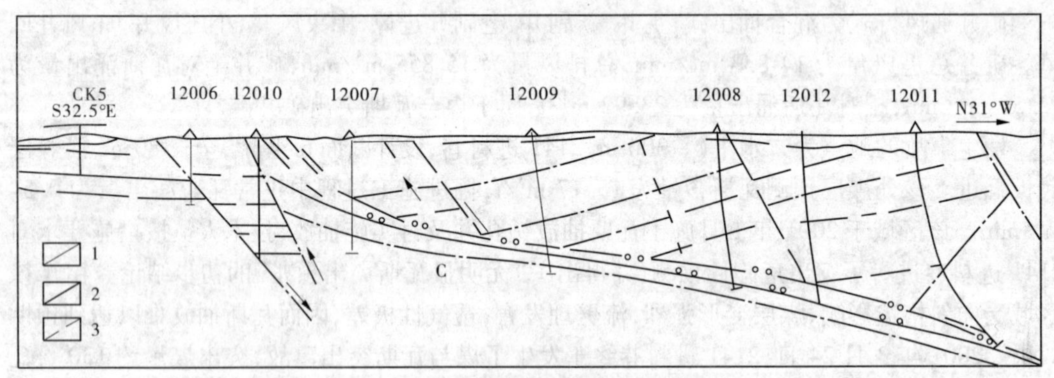

1—地层界线；2—煤层；3—滑动面

图 3-18　告成井田勘探线剖面图（河南煤田地质一队，1986）

2003 年底，该矿由于采掘接替紧张，只好利用上山采区的出煤系统反向施工下山采区的首采面——21021 工作面。该工作面运输巷设计长 930 m，风巷 840 m，工作面长 150 m。煤厚 1.6 ~ 8.4 m，平均厚 4.9 m，现场编录有 4 段长度不一的流劈理带，累计长度 200 余 m。2004 年 1 月，21021 工作面运输巷掘进到 30 m 处，掘进工作面发出闷雷声，同时巷道底板鼓出约 1 m，煤墙向外推出 0.8 m。煤尘弥漫整个巷道，累计瓦斯突出 3 667 m^3，煤量突出 268 t。此种强烈的动力现象，实属煤与瓦斯压出。

第四章 “三软”矿区瓦斯赋存及抽采技术

煤系地层中,煤层的形成和分布除受原生沉积因素影响外,后期都经历了复杂的构造作用。含煤岩系是由软、硬岩层互层交替组成的,煤层与围岩相比,因强度低、变形大,所以在构造应力作用下极易破碎、流动,这种层间滑动和顶底板之间的相互揉搓,是形成具有特殊性质的“三软”煤层的主要原因。煤层的断裂构造可在局部范围内影响到煤层的变化,而层滑构造是形成“三软”煤层的主要原因。在煤层及其顶底附近的层滑断层,无论来自何种动力,也不论是否有其他伴生和派生构造,对易发生变形的煤层及顶底板都会造成或强或弱的构造作用,从而引起煤层的流变及顶底板的破坏。

第一节 “三软”煤层的地质含义

一、“三软”煤层的科学定义

“三软”煤层指一定开采技术条件下由软煤、软顶和软底构成的特殊地质体。它既是一个地层空间组合范畴,又是一个岩体工程性状范畴。随着人们的生产实践,其科学含义不断地得到更新和诠释。

(一)软煤的变形特征

“三软”煤层的核心内容是软煤。软煤的通俗含义即受构造作用改造,强度低、变形大且易破碎的煤体。国内外学者对受构造应力作用下形成的软煤的定义不一,主要有软煤、变形煤、构造煤、破坏煤与突出煤等。有些是从研究构造学角度,或者说是参照煤岩学的研究而加以命名的;有些是从煤矿开采技术条件出发,讨论煤层破坏与瓦斯突出的关系而给出名称的。因而,从某种意义上说,软煤即地质意义中的构造煤。

国内有众多的构造煤研究成果,陈善庆从南方地质构造研究角度,指出构造煤是指受构造变动,在构造应力作用下煤物质成分、结构构造等方面发生形变,而且有一定构造变动特征的煤。多年来,我国许多煤田地质工作者对构造煤进行了有益的探讨,已取得不少研究成果。侯泉林认为,构造煤是指煤在成岩后经后期构造变形的叠加构造,使之破碎或变形,煤的原生条带部分或全部消失的一类煤。郭德勇等指出,构造煤是受应力作用使煤成分和原生结构、构造发生变化,形成具有构造结构特征的煤。张红日认为,构造煤是煤体遭到后期构造运动的破坏,失去了其原生结构、构造而形成的破碎煤。朱兴珊称构造煤为破坏煤,破坏煤是指一切非人工因素所造成的原生完整性遭到破坏的煤。曹运兴把原生结构破坏了的煤称为构造煤。张守仁将构造煤定义为原始条带状等结构破坏了的煤。实际上,他们都肯定构造煤的形成主要是由于后期的构造作用,但是因构造作用对煤体的变形程度或破坏程度不同而表述不一,而且含义也不相同,容易造成混乱。

作者在大量井下调查、光学显微镜观察以及煤岩测试分析的基础上,从煤矿开采学与构造地质学角度,并结合煤层气赋存、煤层气生成受应力影响的程度,研究认为,构造煤作为构造作用在煤层中的产物，是在一期或多期构造应力作用下，在一定的工程环境中，煤体的原生结构、构造遭到不同程度的破坏，同时引起物理力学性能极大变化的一类煤。

（二）软煤结构与成因分类

煤体结构是影响煤和瓦斯突出的重要因素之一，也是进行煤与瓦斯突出预测的重要指标，不同的煤体结构类型所具有的突出危险性不同，因而不同的研究者从煤体原生结构破坏程度不同入手将煤体结构划分为若干类型。目前对构造煤的大部分研究是和煤与瓦斯突出相关的，而与构造地质学直接相关的很少。近年来与构造地质学相关的分类方案主要有曹运兴（1999）、曹代勇等（2002）、琚宜文（2003）提出的方案。曹运兴认为，在认识瓦斯在煤体中的赋存及流动时，对裂隙的认识和描述是极为重要的，但对构造地质学来说，颗粒较裂隙具有更多的构造指向意义，所以他根据这一原则，将构造煤划分为五种成因类型（见表4-1）。曹代勇等在对大别山造山带北麓地区特殊类型高煤级煤详细研究的基础上，从煤的变形机制入手，提出构造煤变形序列划分方案（见表4-2）。该方案的构造煤类型成因划分对研究煤的形成与分布具有重要的意义。琚宜文总结出一套既适合于煤层气开发又适合于煤与瓦斯突出的结构－成因分类方案（见表4-3）。

表4-1　构造煤的显微结构类型（曹运兴，1999）

类型	变形机制	变形环境
碎裂－棱角状结构煤	脆性变形	挤压和无方向性张裂环境中，且张裂作用占主导地位
碎裂－粒状结构煤	脆－韧过渡变形	初期变形以脆性变形机制为主，而颗粒的圆化却是在脆－韧条件下发生的。一种高围压和颗粒的定向剪切流动在颗粒圆化作用中至关重要，构造变形很可能已经波及核结构层次上
叶片状结构煤	脆性变形	与简单剪切应力有关
透镜状结构煤	脆－韧过渡变形	高围压条件下的纯剪切体制，主压应力可能来自顺层方向，其形成与煤层的强烈褶皱和顺层剪切有关
揉流结构糜棱煤	韧性变形	较高温度和较高围压条件下的剪切体制

表4-2　煤的构造类型划分简表（曹代勇等，2002）

类型	变形机制	变形环境
碎裂煤	脆性变形	挤压或无方向性的张裂，且张裂作用占主导地位
碎斑煤		
鳞片煤		强烈剪切应变环境
碎粉煤		强烈破碎带，也可能是鳞片煤后期改造结果
非均质结构煤	韧性变形	在构造应力作用下，由于高地温背景引起韧性流动
揉流糜棱煤		高温、高应力地质环境，构造变形达到煤的大分子结构尺度

表 4-3 构造煤的结构及其成因机制(琚宜文,2003)

类型		变形机制	变形环境
碎裂煤	两组以上裂隙相交	脆性变形	挤压或两个以上方向的张裂,且张裂作用占主导地位
碎斑煤			
碎粒煤			强烈挤压破碎带,也可能是鳞片煤后期改造结果
碎粉煤			
片状煤	一个方向平行裂隙		挤压或一个方向的张裂或强烈剪切应变环境
薄片煤			
鳞片煤		脆韧性变形	强烈剪切或劈理化应变环境
揉流煤		韧性变形	强烈剪切应力作用或长时间低压力环境变形
糜棱煤			在构造运动作用下,由于蠕变或较高地温背景引起韧性流动
非均质结构煤			

尽管前人提出的这些分类方案都有其合理的依据,而且在特定的研究方向中都有其自身的优势,但不难看出,无论是在变形机制上还是在变形环境上,各分类方案之间存在一些混乱。

(1)有的构造煤分类方案忽略了脆－韧过渡变形类型的存在。

(2)考虑到脆－韧过渡变形类型的分类在界限上有较大的分歧。

(3)有的分类方案过细,这样造成实际应用中很难区分的不便。

(4)虽然颗粒较裂隙具有更多的构造指向意义,但分类中裂隙的重要性也是应该考虑的,因为裂隙在一定程度上也反映着构造应力对煤体的破坏程度及期次。

综上,作者通过矿井下的现场观测和实验室的测试结果,将构造煤的手标本和显微镜下的观测相结合,总结出了一套煤的结构－成因分类方案,并给出了分类依据(见表 4-4)。

表 4-4 构造煤的结构－成因分类

类型		变形机制	变形环境
碎裂煤	两组以上裂隙	脆性变形	两个以上方向的张裂或剪切,且张裂作用占主导地位
片状煤	一组裂隙		一个方向的张裂或强烈剪切应变环境
碎斑煤	两组以上裂隙		两个以上方向的张裂或剪切
鳞片煤		脆韧性变形	强烈挤压或剪切应变环境
碎粒－碎粉煤			强烈挤压破碎煤,也可能是鳞片煤后期改造结果
非均质－糜棱煤		韧性变形	强烈挤压应力作用或长时间流动变形

值得指出的是,在对构造煤进行分类时必须同时将其宏观和微观特征结合起来一起考虑,而且应该结合其所在工程位置及构造情况。

二、“三软”煤层的瓦斯赋存规律

河南省“三软”矿区,尤其是豫西滑动构造下“三软”煤层的瓦斯运移与涌出有如下三个重要特征：

(1)瓦斯涌出的多元性：受滑动构造影响，二$_1$煤层构造岩顶板松软破碎，采掘过程中随采随落，极难控制，因而无严格的伪顶、直接顶和基本顶之分，也无真正意义的冒落带、裂隙带之分。尤其是Ⅱ、Ⅲ、Ⅳ型区软岩顶板垮落后，由于缺乏裂隙带垂直逸散通道，瓦斯向上运移受阻并滞留于冒落带或冒落带之下，煤层回采时在通风负压作用下，随着采空区漏风大量涌向工作面隅角，从而形成新的二次瓦斯源。根据告成煤矿13采区内8个工作面的统计资料，正常生产条件下，采煤工作面瓦斯涌出量构成为：采面煤壁占总量的60%，采面老空占总量的25%，回风两巷占总量的15%。

(2)瓦斯涌出的瞬时性：受滑动构造影响，二$_1$煤层原生结构遭到破坏，揉搓现象严重，一般呈粉状，因而透气性差，瓦斯压力大。但煤层本身强度低，解吸速度快，一旦采掘活动发生冒顶、片帮及落煤堆积，煤体内部瓦斯将很快解吸释放，致使采掘工作面瓦斯涌出量骤增，一般为正常煤壁的几倍甚至几十倍。

(3)瓦斯涌出的不稳定性：构造区不同矿井、不同采区、不同工作面，甚至是同一工作面的不同块段的瓦斯涌出量相差甚远。多年的开采经验与事故案例显示，单斜构造符合瓦斯梯度规律，一般形成瓦斯正常区；正断层附近一般形成低瓦斯区；向斜核部一般形成高瓦斯区；向斜核部与逆断层的复合部位则是瓦斯突出和煤岩层突出的高发区。

自20世纪50年代以来，河南省“三软”矿区通过不断总结历次瓦斯矿难的经验教训，与各种瓦斯地质灾害展开了不懈的斗争，先后采用过留大根掘进、半边掘进、双巷轮替掘进等作业方式以及多钻孔排放、大直径钻孔超前排放、震动性放炮、松动爆破、水力冲孔、边掘边抽和预抽放瓦斯等技术措施，有效遏止了当前瓦斯地质灾害越演越烈的严峻趋势，并在矿井瓦斯有效抽采和综合利用方面也取得了可喜的成绩。

第二节　复杂地质条件下矿井瓦斯抽采技术

一、矿井瓦斯抽采的基本概念

矿井瓦斯抽采是利用钻孔（或巷道）、管道和真空泵将煤层或采空区内的瓦斯抽至地面，有效地解决回采区瓦斯浓度超限问题。矿井瓦斯具有资源性与灾害性两个方面。

（一）煤层气资源

煤层气是指与煤层及附近岩层共伴生赋存的以甲烷（CH_4）为主的气体总称，在煤矿中俗称瓦斯。煤层气是与煤伴生、共生的气体资源，其主要成分为甲烷，甲烷含量一般为90%～99%。煤层气属于易燃易爆有害气体，直接威胁着煤矿井下的生产安全；一旦排入大气即造成温室效应，甲烷的温室效应是CO_2的20多倍，对臭氧层的破坏能力是CO_2的7倍。但它同时又是热值高、无污染的高效、洁净燃料气资源，每吨褐煤能生成38～50 m^3煤层气，无烟煤可生成346～422 m^3煤层气。按热值计算，1 m^3煤层气的热值相当于1.13 L汽油和1.22 kg标准煤。若用1亿m^3煤层气代替煤作燃料，不仅可以大大减少大气中甲烷的含量，而且可以节省30万t煤，少排放0.36万t CO_2和0.5万t煤烟尘。

煤层气的利用可分为两类，即能源和原料。作为能源，煤层气可用于发电燃料、工业燃料、汽车燃料和居民生活燃料等；作为化工原料，煤层气可以合成氨、甲醇、乙炔等。

目前世界拥有的煤层气资源总量约为240万亿 m^3，其储量约占世界天然气总储量的30%以上。目前，世界上已经发现的26个最大的天然气田（>2 830亿 m^3）中，就有16个是煤层气田，居世界前五位的特大气田均为煤层气田。

我国具有丰富的煤层气资源，有关统计显示，我国2 000 m以浅煤层气资源量为36.8万亿 m^3，相当于450亿t标准煤，居世界第三位，与全国常规天然气资源量相当，按照有关能源消耗标准，相当于中国可以使用20多年的能源。我国煤层气资源主要分布在山西（以阳泉为中心）、陕西、东北地区（以抚顺为中心）、新疆、内蒙古、河南、云南、重庆、贵州等地区。

煤层气的开采（先采气后采煤）利用，不仅可以从根本上防止瓦斯事故、保障煤矿安全，充分利用资源，而且可以使煤炭建井费用至少降低1/4，极大地提高煤矿经济效益。同时，开采并利用煤层气，可以有效地缓解某些由于煤炭经济衰退而带来的城市发展难题，并减轻大气污染。

我国以煤炭为主要能源，不仅造成严重的环境污染，而且制约我国经济的高速发展。开发利用煤层气资源，不仅可以弥补煤炭供应缺口，而且可以改善能源质量。我国丰富的煤层气资源可作为后备战略资源，国家已将煤层气开发利用列入“十一五”能源发展规划之中，并为煤层气勘探开发利用提供财政支持和鼓励政策。国家《煤层气（煤矿瓦斯）开发利用“十一五”规划》提出，到2010年实现四个目标：全国煤层气（煤矿瓦斯）产量达100亿 m^3，其中地面抽采煤层气50亿 m^3，井下抽采瓦斯50亿 m^3；利用80亿 m^3，其中地面抽采煤层气利用50亿 m^3，井下抽采瓦斯利用30亿 m^3；新增煤层气探明地质储量3 000亿 m^3；逐步建立煤层气和煤矿瓦斯开发利用产业体系。

（二）矿井瓦斯抽采规划

瓦斯抽采（放）是从源头上防范瓦斯事故的治本之举，采取抽放措施，将富含于煤层中的瓦斯抽放出来，对防止瓦斯事故，保证煤矿安全生产、提高生产力、保护环境和开发资源具有重要意义。

1. 瓦斯抽放的条件

有下列情况的矿井，必须建立地面永久抽采瓦斯系统或井下临时抽采瓦斯系统：

（1）一个采煤工作面的绝对瓦斯涌出量大于5 m^3/min，或一个掘进工作面绝对瓦斯涌出量大于3 m^3/min，用通风方法解决瓦斯问题不合理的。

（2）矿井绝对瓦斯涌出量达到以下条件的：

①大于或等于40 m^3/min；

②年产量1.0~1.5 Mt的矿井，大于30 m^3/min；

③年产量0.6~1.0 Mt的矿井，大于25 m^3/min；

④年产量0.4~0.6 Mt的矿井，大于20 m^3/min；

⑤年产量小于或等于0.4 Mt的矿井，大于15 m^3/min。

（3）开采有煤与瓦斯突出危险煤层的。

2. 瓦斯抽放方法的分类

1）瓦斯抽放方法的分类

（1）按瓦斯的来源：开采煤层的抽放、邻近层抽放和采空区抽放。

（2）按抽放的机理：未卸压抽放和卸压抽放。

（3）按汇集瓦斯的方法：钻孔抽放、巷道抽放和巷道与钻孔综合法。

2) 选择瓦斯抽放方法的要求

选择瓦斯抽放方法，应根据煤层赋存条件、瓦斯来源、巷道布置、瓦斯基础参数、瓦斯利用要求等因素经技术经济比较确定，并应符合下列要求：

(1) 尽可能利用开采巷道抽放瓦斯，必要时可设专用抽放瓦斯巷道。

(2) 适应煤层的赋存条件及开采技术条件。

(3) 有利于提高瓦斯抽放率。

(4) 抽放效果好，抽放的瓦斯量和浓度尽可能满足利用要求。

(5) 尽量采用综合抽放。

(6) 抽放瓦斯工程系统简单，有利于维护和安全生产，建设投资省，抽放成本低。

我国采用的抽放类型、方法的适用条件及抽放率见表 4-5。

表 4-5 瓦斯抽放类型、方法的适用条件及抽放率

<table>
<tr><th colspan="3">抽放分类</th><th>抽放方法</th><th>适用条件</th><th>工作面抽放率（%）</th></tr>
<tr><td rowspan="11">开采层瓦斯抽放</td><td rowspan="6">未卸压抽放</td><td rowspan="2">岩巷揭煤
煤巷掘进预抽</td><td>1. 由岩巷向煤层打穿层钻孔抽放</td><td rowspan="2">突出危险煤层、高瓦斯煤层</td><td>30～60</td></tr>
<tr><td>2. 由煤巷工作面打超前钻孔抽放</td><td>20～60</td></tr>
<tr><td rowspan="4">采区大面积
预抽</td><td>1. 由开采层工作面运输巷、回风巷、煤巷打上下向顺层钻孔抽放或打交叉钻孔抽放</td><td>有预抽时间的高瓦斯煤层、突出危险煤层</td><td>20～60</td></tr>
<tr><td>2. 由岩巷、石门、邻近层煤巷等打穿层钻孔抽放，突出煤层瓦斯预抽可采用网格布孔</td><td>属“勉强抽放”煤层</td><td>20，个别超过 50</td></tr>
<tr><td>3. 地面钻孔抽放</td><td>高瓦斯“容易抽放”煤层，埋深较浅</td><td>20～30</td></tr>
<tr><td>4. 密闭开采层巷道抽放</td><td>高瓦斯“容易抽放”煤层</td><td>20～30</td></tr>
<tr><td rowspan="5">卸压抽放</td><td>边掘边抽</td><td>由煤巷两侧或沿掘进巷道周围打钻孔抽放</td><td>高瓦斯煤层</td><td>20～30</td></tr>
<tr><td rowspan="2">边采边抽</td><td>1. 由运输巷、回风巷等向工作面前方卸压区打钻孔抽放</td><td>高瓦斯煤层</td><td>20～30</td></tr>
<tr><td>2. 由岩巷、煤巷等向开采层上部或下部未采的分层打穿层孔或顺层孔</td><td>高瓦斯煤层</td><td>20～30</td></tr>
<tr><td rowspan="2">水力割缝、
松动爆破、
水力压裂
（预抽）</td><td>由工作面运输巷或回风巷等打顺层钻孔</td><td rowspan="2">高瓦斯“难以抽放”煤层</td><td>20～30</td></tr>
<tr><td>由岩巷或地面打钻孔进行水力压裂</td><td><30</td></tr>
</table>

续表 4-5

抽放分类			抽放方法	适用条件	工作面抽放率（%）
邻近层瓦斯抽放	卸压抽放	开采层工作面推过后抽放上、下邻近煤层	1. 由开采层运输巷、回风巷、中巷等向邻近层打钻孔抽放	邻近层瓦斯涌出量大，影响开采层安全	40~80
			2. 由开采层运输巷、回风巷、中巷等向采空区方向打斜交迎面钻孔		40~80
			3. 由煤巷打沿邻近层顺层钻孔		40~80
			4. 在邻近层掘进及瓦斯巷道抽放	邻近层瓦斯涌出量大，钻孔的通过能力满足不了抽放要求	40~80
			5. 地面钻孔抽放	地面打钻孔优于井下	30~70
采空区瓦斯抽放	全封闭式		密闭采空区插管抽放	无自燃危险或采取防火措施时	50~60
	半封闭式抽放		1. 由现采空区后方设密闭墙插管抽放		20~60
			2. 由采空区附近巷道向采空区上方打钻孔抽放		20~60
围岩瓦斯抽放			由岩巷两侧或正前向溶洞或裂隙带打钻、密闭岩巷进行抽放，封堵岩巷喷瓦斯区并插管抽放	围岩有瓦斯喷出危险，瓦斯涌出量大或有溶洞，裂隙带储存高压瓦斯时	

（三）矿井瓦斯抽放设计

抽放瓦斯系统的建设必须有抽放瓦斯工程初步设计和施工设计，前者供上级主管部门审批立项之用，后者是工程施工的依据。

编制矿井瓦斯抽放设计要以上级批准的设计任务书和经审批的《矿井抽放瓦斯可行性论证报告》提供的瓦斯基础参数为依据。设计任务书的主要内容包括抽放目的、抽放规模、抽放量预计、工程量和投资估算以及经济效益等。设计任务书一般由生产单位（局、矿）与设计单位共同编制，按隶属关系报上级批准后下达。

1. 瓦斯地质基础资料

（1）矿井地质：包括地质构造、煤层赋存条件、煤炭储量等。

（2）开拓开采：包括矿井生产能力、矿井开拓方式与巷道布置、采煤方法等。

（3）通风瓦斯：包括通风设备与能力，矿井、采区和工作面（采煤与掘进）的瓦斯涌出量，瓦斯来源与平衡分析，瓦斯特殊涌出情况，瓦斯对安全生产的威胁程度，煤尘爆炸指数，煤的自燃倾向性等。

2. 瓦斯地质基础参数

瓦斯地质基础参数主要包括煤层瓦斯压力与瓦斯含量、矿井瓦斯储量、可抽瓦斯量、瓦斯抽放率、煤层透气系数、钻孔瓦斯流量及其衰减系数等。

煤层瓦斯压力、瓦斯含量和煤层透气系数的测定与计算可参阅有关书籍。

1)矿井瓦斯储量

矿井瓦斯储量是指矿田开采过程中能够向矿井内排放瓦斯的煤层(包括可采、不可采煤层)与岩层储存的瓦斯总量。其计算公式为

$$W_k = W_1 + W_2 + W_3 \tag{4-1}$$

$$W_1 = \sum_{i=1}^{n} (A_{1i} \times X_{1i})$$

$$W_2 = \sum_{i=1}^{m} (A_{2i} \times X_{2i})$$

式中　W_k——矿井瓦斯储量,万 m^3;

W_1——可采煤层(包括局部可采煤层的可采部分)瓦斯储量总和,万 m^3;

A_{1i}——矿井每一个可采煤层的煤炭储量,万 t;

X_{1i}——每一个可采煤层的瓦斯含量,m^3/t;

n——矿井可采煤层数;

W_2——可采煤层采动影响范围内不可采邻近煤层的瓦斯储量总和,万 m^3;

A_{2i}——可采煤层采动影响范围内每一个不可采煤层的煤炭储量,万 t;

X_{2i}——可采煤层采动影响范围内每一个不可采煤层的瓦斯含量,m^3/t;

m——矿井可采煤层采动影响范围内的不可采煤层数;

W_3——围岩瓦斯储量,万 m^3。

《矿井瓦斯抽放管理规范》的附录中对开采层采动影响范围的确定作了说明:上邻近层取 50 ~ 60 m,下邻近层取 20 ~ 30 m。根据矿井地质与开采煤层厚度的具体条件可将此计算范围适当扩大。对于围岩瓦斯储量,当围岩瓦斯含量很少时可以忽略不计;若瓦斯含量多,可据经验选取或实测而定,当无实测数据时,可按煤层瓦斯储量的 10% ~15% 概算。

2)矿井可抽瓦斯量

可抽瓦斯量是指矿井瓦斯储量中在目前的开采条件和技术水平下能被抽出来的瓦斯量。常用下式概算:

$$W_c = W_k \eta / 100 \tag{4-2}$$

式中　W_c——矿井可抽瓦斯量,万 m^3;

W_k——矿井瓦斯储量,万 m^3;

η——矿井瓦斯抽放率(%)。

3)抽放率

抽放率是衡量瓦斯抽放效果的重要指标之一,其计算方法有以下两种。

(1)按瓦斯涌出量计算:

$$\eta_y = \frac{100 q_c}{q_y + q_c} \tag{4-3}$$

式中　η_y——抽放率(%);

q_c——矿井、采区或工作面的抽放瓦斯量,m^3/min;

q_y——抽放条件下的矿井、采区或工作面的风排瓦斯量,m^3/min。

(2)按煤层瓦斯含量计算：

$$\eta_x = \frac{100X_c}{X_0} \tag{4-4}$$

式中 η_x——抽放率(%)；

X_c——开采层(或邻近层)1 t煤抽出的瓦斯量，m^3/t；

X_0——开采层(或邻近层)的煤层原始瓦斯含量，m^3/t。

我国多用式(4-3)计算矿井、采区和工作面的抽放率，同时尚可利用该式分别计算工作面的邻近层抽放率和开采层抽放率。

《矿井瓦斯抽放管理规范》对瓦斯抽放率应达到的指标作了具体规定：预抽煤层瓦斯时，矿井抽放率不小于20%，回采工作面抽放率不小于25%；邻近层卸压抽放时，矿井抽放率不小于35%，回采工作面抽放率不小于45%；采用混合抽放方法时，矿井抽放率不小于25%。抽放瓦斯工程设计时，工作面的瓦斯抽放率参考值按表4-5选取。

4)煤层钻孔瓦斯流量衰减系数

钻孔瓦斯流量衰减系数是评价预抽煤层瓦斯难易的一个重要指标，该系数表示钻孔瓦斯流量随时间的推移呈衰减变化的特征。其测定与计算方法是：选择具有代表性的煤层区段，打煤层钻孔，完钻后密封钻孔，经 t_1 时间测其瓦斯流量 q_1，经 t_2 时间(数日)后再测其瓦斯流量 q_2，并以下式计算：

$$\alpha = \frac{\ln q_1 - \ln q_2}{t_2 - t_1} \tag{4-5}$$

式中 α——钻孔瓦斯流量衰减系数，d^{-1}；

q_1——t_1 时间的钻孔瓦斯流量，m^3/min；

q_2——t_2 时间的钻孔瓦斯流量，m^3/min；

t_1、t_2——测定钻孔瓦斯流量 q_1、q_2 的时间，d。

3. 抽放瓦斯的可行性论证

矿井新建抽放瓦斯系统时，必须进行瓦斯抽放可行性论证，且论证报告应由煤炭工业主管部门授权的专业科研机构编写。

抽放瓦斯可行性论证报告应详细阐述抽放瓦斯的必要性与可行性。其主要内容包括：矿井地质与煤层赋存条件，开拓方式与采煤方法，通风与瓦斯涌出情况，瓦斯储量与可抽瓦斯量计算，抽放方案与抽放量预计，抽放规模与抽放服务年限，投资估算与经济效益评价以及瓦斯利用等。

1)抽放瓦斯的必要性

从安全生产的角度考虑，当一个矿井、采区或工作面的绝对瓦斯涌出量大于通风所允许的瓦斯涌出量时，就要抽放瓦斯，即

$$q > q_f = \frac{0.6vSC}{K} \tag{4-6}$$

式中 q——矿井(采区或工作面)的瓦斯涌出量，m^3/min；

q_f——通风所能承担的最大瓦斯涌出量，m^3/min；

v——通风巷道(或工作面)允许的最大风速，m/s；

S——通风巷道(或工作面)断面面积，m^2；

C——《煤矿安全规程》允许的风流中的瓦斯浓度(%);

K——瓦斯涌出不均衡系数,取值为1.2~1.7。

《矿井瓦斯抽放管理规范》从安全和经济上的诸多因素综合考虑规定,凡符合下列情况之一者必须建立瓦斯抽放系统,开展抽放瓦斯工作:

(1)一个采煤工作面绝对瓦斯涌出量大于5 m^3/min,或一个掘进工作面绝对瓦斯涌出量大于3 m^3/min,采用通风方法解决时不合理的。

(2)年产煤量等于或小于40万t、60万t、100万t和150万t而矿井绝对瓦斯涌出量分别大于15 m^3/min、20 m^3/min、25 m^3/min和30 m^3/min的;矿井绝对瓦斯涌出量大于40 m^3/min的。

(3)开采具有煤与瓦斯突出危险煤层的。

(4)建立永久瓦斯抽放系统的矿井,还应同时具备瓦斯抽放系统的抽放量可稳定在2 m^3/min以上和瓦斯资源可靠、储量丰富,预计瓦斯抽放服务年限在10年以上两个条件。

2)抽放瓦斯的可行性

对于开采煤层预抽瓦斯的难易来讲,抽放瓦斯的可行性一般分为容易抽放、可以抽放和较难抽放3类,对应的钻孔瓦斯流量衰减系数(α)和煤层的透气系数(λ)分别为小于0.003 d^{-1}、0.003~0.05 d^{-1}、大于0.05 d^{-1}和大于10 $m^2/(MPa^2 \cdot d)$、0.1~10 $m^2/(MPa^2 \cdot d)$、小于0.1 $m^2/(MPa^2 \cdot d)$;从邻近层卸压瓦斯抽放来说,由于受煤层采动的影响,邻近煤层的透气性大大提高,故其煤层瓦斯均易抽放。显邻近层的瓦斯能够涌入开采层工作面,隐邻近层的瓦斯则不能涌入开采层工作面;从安全生产的角度考虑,前者必须抽放瓦斯,后者可以不抽放瓦斯,但因为隐邻近层瓦斯也是较易抽放的,为了回收瓦斯资源亦可进行抽放。

在进行抽放瓦斯可行性论证时,除据上述标准评价煤层瓦斯可抽性外,还必须从经济和社会的观点阐述抽放瓦斯的合理性,包括抽放瓦斯工程投资、抽放瓦斯促进煤炭生产效益、减少通风费用、瓦斯利用收益、投资款回收时间以及社会效益等。

4.抽放瓦斯设计方法

1)抽放瓦斯设计的一般原则

(1)抽放规模与抽放能力应能适应矿井生产能力和服务年限的需要,并能满足矿井生产期间最大抽放瓦斯量的要求。

(2)设计抽放瓦斯系统与抽放方法时,要有利于多抽瓦斯、保障矿井安全生产;应根据矿井地质与开采条件、瓦斯来源以及瓦斯基础参数选择适宜的抽放方法;要有适宜的打抽放瓦斯钻孔的地点及充足的抽放瓦斯时间;要配备足够的抽放瓦斯专业人员和抽放瓦斯装备。

(3)抽放瓦斯钻孔的施工和瓦斯管道的敷设应尽量利用生产巷道,特殊需要时也可掘进专用抽放瓦斯巷道。

(4)瓦斯泵站的选址除应满足安全抽放瓦斯外,尚需考虑瓦斯利用的方便。一般应设在居民集中区的附近,并利于敷设地面瓦斯管道和建造储瓦斯罐等。

2)抽放瓦斯工程设计的编制

抽放瓦斯工程设计包括设计说明书、机电设备与器材清册、投资概算书和施工图纸4个部分。

(1)设计说明书。

①矿井概况:包括矿井地质与煤层赋存、煤炭储量、生产能力与服务年限、巷道布置与开

拓系统、采煤与顶板管理方法、通风与瓦斯状况、煤尘爆炸指数、煤的自燃发火期等。

②瓦斯基础资料:包括瓦斯鉴定数据、矿井瓦斯涌出量、煤层瓦斯压力及含量、矿井瓦斯储量及可抽量、煤层透气系数、钻孔瓦斯流量及其衰减系数。

③抽放瓦斯:包括抽放方法选择、钻孔(巷道)布置、施工方法、抽放参数、抽放规模与抽放量预计。

④抽放系统与设备:包括瓦斯管路的选择与阻力计算、管道路线与安装方法、瓦斯泵选型、监测装置等。

⑤瓦斯泵站:包括瓦斯泵房建筑,设备安装、监测与安全装置,给排水系统,厂房采暖、通风、照明、通信、避雷、消防等。

⑥供电系统与设备:包括井下和地面供电设备选型、供电方式及其系统。

⑦组织与经济技术指标:包括抽放瓦斯人员编制、年抽放量、工作制度、建筑规模、用电最大负荷、劳动生产率、占地面积和投资额等。

(2)机电设备与器材清册。

详列全部瓦斯抽放工程所需要设备和主要器材的名称、型号、规格、数量等。

(3)投资概算书。

详列诸项目名称与金额,包括土建工程、主要材料、设备和安装施工费,价差预备费,建设期贷款利息,国家或上级规定的其他费用,以及总投资额。

(4)施工图纸。

主要有泵房建筑、设备安装、供水、供电、采暖、照明、抽放瓦斯钻孔布置、钻孔施工与密封、瓦斯管路系统与安装、抽放瓦斯监控等。

二、开采煤层的瓦斯抽采方法

开采煤层的瓦斯抽放(本煤层抽放瓦斯),是在煤层开采之前或采掘的同时,用钻孔或巷道进行该煤层的抽放工作。

煤层回采前的抽放属于未卸压抽放;在受到采掘工作面影响范围内的抽放,属于卸压抽放。决定未卸压煤层抽放效果的关键性因素是煤层的天然透气系数。透气系数大的煤层抽放效果好;对于透气系数小的煤层,未卸压抽放效果很差,必须在卸压的情况下或人工增大透气系数后,才能抽出瓦斯。按照煤层的透气系数评价未卸压煤层预抽瓦斯的难易程度的指标见表4-6。

表4-6 瓦斯抽放难易程度分类

类别	煤层透气系数($m^2/(MPa^2 \cdot d)$)	钻孔瓦斯流量衰减系数(d^{-1})
容易抽放	>10	0.003
可以抽放	10~0.1	0.003~0.05
较难抽放	<0.1	>0.05

开采层抽放瓦斯的方法一般按下列要求选择:

(1)煤层透气性较好,宜采用本层预抽方法,一般优先考虑沿层布孔方式;当突出危险性大时,可选择穿层布孔方式。

(2)透气性较差,有一定倾角的分层开采煤层,宜采用边采边抽的卸压抽放方法。

(3)单一低透气性、高瓦斯煤层,可选用密集网格钻孔、水力割缝、水力压裂、松动爆破、深孔控制卸压爆破、物理化学等方法强化抽放。

(4)煤巷掘进瓦斯涌出量较大的煤层,可采用边掘边抽或先抽后掘的卸压抽放方法。

(一)未卸压钻孔抽放

未卸压钻孔抽放是通过钻孔或巷道抽放未受采动影响或未受人为松动卸压的煤层中瓦斯的方法。其是在开采煤层采掘之前,预先抽放煤体中的瓦斯,又称瓦斯预先抽放,简称预抽,主要有巷道预抽、钻孔预抽、巷道与钻孔综合预抽三种方式。

未卸压钻孔抽放的瓦斯抽放效果取决于从煤体向巷道或钻孔涌出瓦斯的强度和延续时间,而这两者又取决于煤层瓦斯压力和煤层透气性。

巷道预抽是在采区回采之前,按照采区设计的巷道布置,提前把巷道掘出来,构成系统,然后将所有进、出风口都加以密闭,同时,在各出风口密闭处插管并铺设抽放瓦斯管路,将煤层中的瓦斯预先抽放出来。由于该方式在巷道掘进时瓦斯涌出量大,施工困难,同时巷道很难有效地密闭,因此已被其他抽放瓦斯方式替代。

钻孔预抽是国内外目前抽放开采层瓦斯的主要方式,可分为地面钻孔抽放和井下钻孔抽放两种方式。井下钻孔抽放按钻孔与煤层的关系,可分为穿层钻孔和顺层钻孔(沿层钻孔);按钻孔的角度可分为上向孔、下向孔和水平孔,我国多采用穿层上向钻孔。

1. 地面钻孔瓦斯抽放(煤层气开采)

地面钻孔瓦斯抽放是从地面向煤层打钻预抽煤层瓦斯,一般适用于埋藏浅、瓦斯含量高的厚煤层或煤层群的瓦斯抽放。其主要优点是抽放工作可以在矿井建设之前进行,有充分的时间进行瓦斯抽放;缺点是施工费用往往很高,有时钻孔积水处理较难。

地面钻孔抽放煤层气的工艺流程包括:在地面打钻井、压裂抽取(通过钻孔将某种液体压入煤层,致使煤层形成裂隙,使煤层气释放出来)、加工存储,最后用于发电或民用。

国内外对地面钻孔瓦斯抽放方法进行了大量的研究工作,并取得了较好的实用效果。如美国成功试验出定向拐弯钻孔的新工艺,取得了较好的抽放效果;运用多分支羽状水平井等先进技术进行瓦斯抽放,把高瓦斯矿井变成低瓦斯矿井,既有效地利用了煤层气这一宝贵资源,也较好地解决了煤矿安全生产“第一杀手”问题。

2. 穿层钻孔预抽瓦斯

穿层钻孔预抽瓦斯是在开采煤层的顶板或底板岩巷(或煤巷),每隔一段距离(一般为30 m)开一长约10 m的钻场,从钻场向煤层打3~5个穿透煤层的钻孔进行瓦斯抽放。钻场一般距煤层5~10 m,每个钻场一般打3个钻孔,中孔呈仰角7°,两侧为水平孔,钻孔的终点在煤层顶板(或底板)中呈等距离分布,钻孔长度以穿透煤层并打入岩层0.5~1.0 m为宜,钻孔直径通常为70~100 mm,抽放负压为500~1 500 Pa(见图4-1)。

该方式施工方便,预抽瓦斯时间长,开采层在经过预抽后再进行采掘工作,从而解决了掘进和采煤全过程的瓦斯问题。该方式适用于开采煤层透气性较大的近距离煤层群、厚煤层或煤与瓦斯突出煤层,一般要求有2年以上的抽放时间。穿层钻孔在抚顺、峰峰、焦作、鹤壁、淮南、淮北、天府、北票等许多矿区都有采用。

3. 顺层钻孔预抽瓦斯

顺层钻孔预抽瓦斯是在巷道进入煤层后再沿煤层打钻孔抽放瓦斯。该方法可以用于石

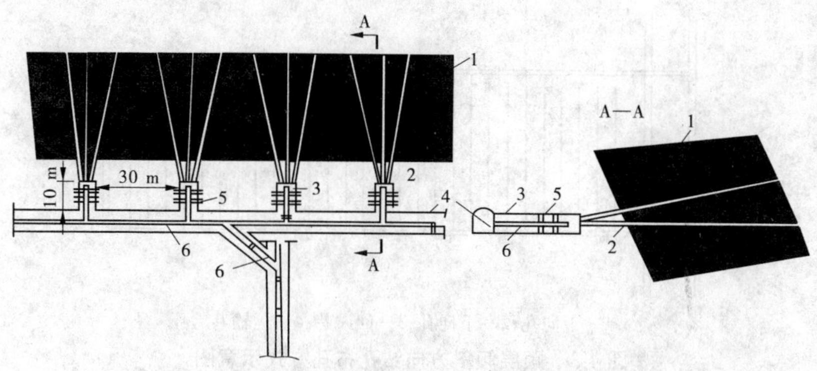

1—煤层;2—钻孔;3—钻场;4—运输巷;5—密闭墙;6—抽放管道

图 4-1 矿井钻孔抽放瓦斯

门见煤处、煤巷及回采工作面。在我国采用较多的是回采工作面,主要是在工作面准备好后,于工作面上按不同的布孔方式抽放一段时间后再采煤,以减少回采过程中的瓦斯涌出量。该方法在我国阳泉、焦作、淮南、淮北、丰成等矿都得到了较好的应用。

顺层钻孔预抽瓦斯是一种主流发展技术,它能确保采掘工作在低瓦斯含量条件下进行,给采掘工作创造安全环境,抽瓦斯成本也相对较低,一般预抽时间为 2 ~ 3 年。但由于我国煤层透气性较低,煤层可钻性较差,加上较长的预抽时间,采掘接替紧张,因此往往一些企业难以接受。但在单一煤层开采条件下,要取得安全高效的生产效果,采用顺煤层钻孔预抽煤层瓦斯是最佳的选择。

图 4-2 为顺层水平长钻孔预抽瓦斯方式示意图,适用于厚度 2 m 以上、赋存稳定、构造简单、煤层坚固系数大于 0.8 的煤层。这种方式不需要预先准备巷道工程,利用在煤层中的开拓巷道就可以施工水平钻孔,而且能够保证足够的预抽时间,有可能的话,应尽量使煤层瓦斯含量降低到 6 m^3/t 以下,为采掘工程创造安全环境。施工钻机尽量采用长钻孔钻机,如国外引进的千米钻机等。

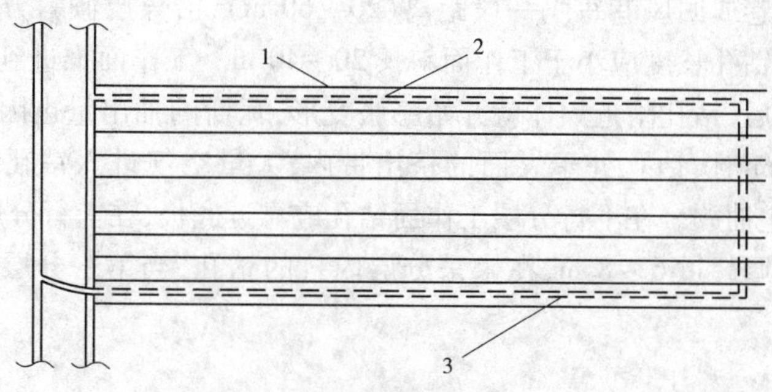

1—钻孔;2—回风巷;3—运输巷

图 4-2 顺层水平长钻孔预抽瓦斯方式示意图

图 4-3 是顺层倾斜方向钻孔布孔方式,从运输巷沿煤层向上打的上向孔尽量打长,不足一个工作面长度时,可在回风巷打下向孔进行补充,确保钻孔控制整个工作面范围。这种方式是目前我国较为常用的瓦斯抽放方式,可与回采工作面边采边抽配合使用,有利于保证“抽、采、掘”平衡。但其准备工程量大,在巷道掘进时可采用边掘边抽结合巷道工作面前方预抽的方式降低掘进条带的瓦斯浓度。

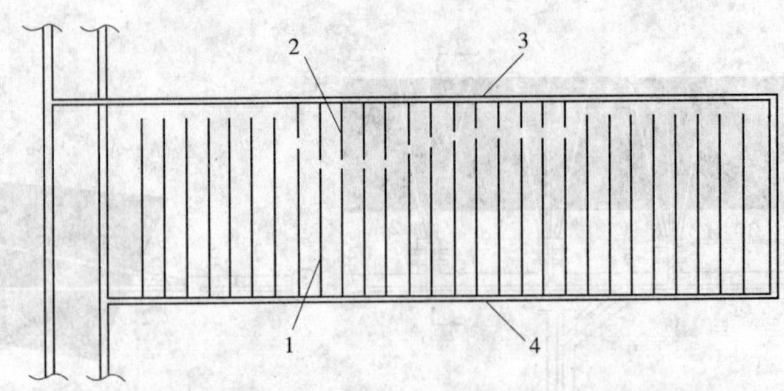

1—上向孔;2—下向孔;3—回风巷;4—运输巷

图 4-3　顺层倾斜方向钻孔布孔方式示意图

顺层钻孔与穿层钻孔相比,具有钻进速度快、费用低和钻孔抽放瓦斯的有效孔段长等优点,但存在封孔不易严密、深孔施工困难等缺点,特别是在松软煤层中打钻,容易塌孔和卡钻。在目前的施工条件下,顺层钻孔一般平均长度为 50 m 左右。

(二)卸压钻孔抽放

开采煤层的卸压钻孔抽放主要是边采(掘)边抽,是在未经预抽或虽经预抽但尚未达到最佳效果,包括抽放钻孔数量不够和预抽时间不足等原因,致使采掘过程中瓦斯涌出量仍然很大的情况下,在采掘工作进行过程中同时进行抽放瓦斯工作的抽放方式。其实质是利用采掘时的卸压效应抽放瓦斯。

1. 边采边抽

边采边抽是在开采层回采工作面前方或厚煤层的未采分层(上或下)布置钻孔,依靠工作面推进时的卸压效应,抽放工作面前方或未采分层煤体中的瓦斯。

由于回采工作面前方一定距离有一个应力集中带与工作面同时往前推进,应力集中带与回采工作面之间有一个约 10 m 的卸压带,边采边抽就是指在此区域内抽放卸压瓦斯。

边采边抽是一种行之有效的瓦斯抽放方式,具有时间快、效果好等特点。一般是在回采工作面前方由运输巷或回风巷每隔一段距离(20 ~ 60 m),沿煤层倾斜方向、平行于工作面打钻孔抽放瓦斯。钻孔长度应小于工作面斜长 20 ~ 40 m。工作面推进到钻孔附近,当最大集中应力超过钻孔后,钻孔附近煤体就开始膨胀变形,瓦斯的抽出量也因而增加,工作面推进到距钻孔 1 ~ 3 m 时,钻孔处于煤面的挤出带内,大量空气进入钻孔,瓦斯浓度降低到 30% 以下时,应停止抽放。在下行分层工作面钻孔应靠近底板,在上行分层工作面钻孔应靠近顶板。如果煤层厚超过 6 ~ 8 m,在未采分层内打的钻孔,当第一分层回采后,仍可继续抽放。

2. 边掘边抽

边掘边抽是在掘进巷道的两帮布置钻孔,利用巷道掘进的卸压效应,抽放巷道工作面前方和两帮煤体中的瓦斯。为了不影响掘进工作,每隔一定距离在巷道两侧作钻场向工作面前方打超前钻孔。

如图 4-4 所示,在掘进巷道的两帮,随掘进巷道的推进,每隔 10 ~ 20 m 开一钻场,在巷道周围卸压区内打钻孔 1 ~ 2 个,孔径 50 ~ 100 mm,孔深 200 m 以内。鸡西穆棱矿二井煤巷掘进时,在巷道两帮打超前钻孔抽放瓦斯,采用孔径 75 ~ 100 mm,孔深 50 m,孔底至巷帮平距 8 ~ 15 m,钻孔与巷道轴线夹角 8° ~ 16°,抽放瓦斯后,巷道瓦斯涌出量降低了 60% ~ 70%

以上。

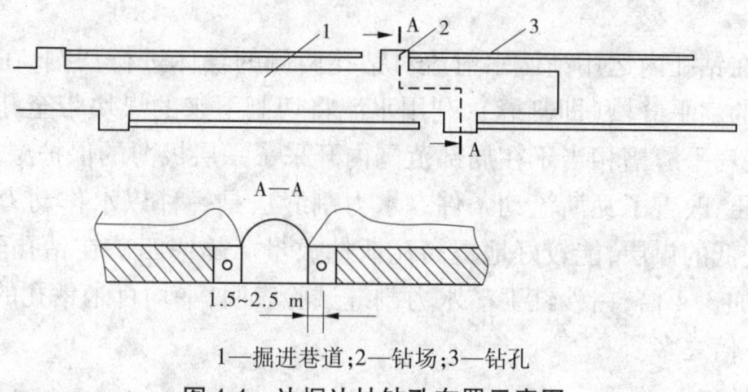

1—掘进巷道;2—钻场;3—钻孔

图4-4 边掘边抽钻孔布置示意图

(三)提高开采层瓦斯抽放量的方法

由于我国煤层多数透气性较差,一些矿井采用常规的钻孔布置方式及参数预抽煤层瓦斯,往往达不到预期的抽放效果。为解决开采层采掘工作面瓦斯涌出量大的问题,就要采用提高开采层瓦斯抽放量的其他方法,人为强迫沟通煤层内的原有裂隙网络或产生新的裂隙网络,使煤体透气性增加。

1. 加大钻孔直径

抽放瓦斯的钻孔直径一般为70~100 mm。钻孔直径对瓦斯抽出量的影响随煤层不同而异。阳泉矿务局的试验表明,预抽瓦斯钻孔直径由73 mm增大至300 mm,抽出瓦斯量约增大3倍。开滦矿务局历时3年的试验研究结果表明,大直径钻孔(180 mm)抽放瓦斯量是普通钻孔(89~108 mm)抽放瓦斯量的2.23~2.30倍(在1年时间内)。

2. 增加钻孔密度

孔间距是决定抽放瓦斯效果的重要参数。增加钻孔密度一般指缩短钻孔间距,增加抽瓦斯钻孔数量,是一种简单易行的措施,也是目前提高开采层瓦斯抽放率的一项主要措施。

3. 交叉布孔

交叉布孔是除沿煤层打垂直于走向的平行孔外,还打与平行钻孔成15°~20°夹角的斜向钻孔,形成互相连通的钻孔网。焦作的试验表明,在不增加钻孔工程量的条件下,交叉布孔预抽开采层瓦斯量增加56%~83%。分析认为,交叉布孔除由于交叉增加煤体卸压范围、提高透气性外,还由于钻孔相互交叉影响,可避免因某一钻孔坍塌堵塞而影响正常抽放。另外,斜向钻孔还可延长钻孔在回采工作面前方卸压带内的瓦斯抽放时间。因而,交叉钻孔可以较好地提高开采层的抽放瓦斯效果。

4. 水力压裂

水力压裂是通过钻孔向煤层压入液体(主要为水),当液体压入煤层的速度远远超过煤层的自然吸水能力时,由于流动阻力的增加,进入煤层的液体压力就逐渐上升,当超过煤层上方的岩压时,煤层内原来的闭合裂隙就会被压开形成新的流通网络,煤层渗透性就会增加;当压入的液体被排出时,压开的裂隙就为煤层瓦斯的流动创造了良好条件。水力压裂是以水作为动力,使煤体裂隙畅通的一种措施,注入的液体排出后,就可进行瓦斯的抽放工作。抚顺龙凤矿、焦作中马村矿、阳泉一矿、白沙红卫矿等都曾做过这种方法的工业试验。例如白沙红卫矿四层煤,一般钻孔的瓦斯涌出量最大为0.3 m^3/min,压裂后增大至0.44~4.8

m^3/min。

5. 水力割缝

水力割缝是在钻孔内运用高压水射流对钻孔两侧的煤体进行切割，在钻孔两侧形成一条具有一定深度的扁平缝槽（即割缝），利用水流将切割下来的煤块带至孔外。由于增加了煤体暴露面积，且扁平缝槽相当于在局部范围内开采了一层极薄的保护层，因而钻孔附近煤体得到了局部卸压，改善了瓦斯流动条件。水力割缝法是一种以水作动力的水力化卸压措施，对于透气性较低的煤层，能较好地提高瓦斯抽放量。鹤壁四矿在钻孔经水力割缝后，瓦斯涌出量平均增加 3.4 倍；白沙红卫矿水力割缝试验表明，平均百米钻孔的自然瓦斯涌出量经割缝后增加 33 倍之多。

6. 深孔预裂爆破

深孔预裂爆破是在回采工作面的进、回风巷每隔一定距离，平行打一定深度的爆破孔（一般孔径 75～100 mm，孔深 50 m 左右）和控制孔（一般孔径 90～150 mm，孔深 50 m 左右），二者交替布置，利用压风装药器向爆破孔进行连续耦合装药，依靠炸药爆炸的能量、瓦斯压力及控制孔的导向和补偿作用，使煤体产生新的裂隙，并使原生裂隙得以扩展，从而提高煤层透气性，达到提高抽放效果的目的。焦作焦西矿深孔预裂爆破，爆破孔孔径 75 mm，控制孔孔径 90 mm，孔深均为 50 m，孔间距 5～10 m，爆破孔封孔长度 10～12 m，控制孔封孔长度 1 m，一次起爆 2～3 个孔。爆破后，煤层透气系数平均提高 1.45 倍，瓦斯抽放量在 6 个月内提高 1.5 倍。

三、邻近层瓦斯抽放

邻近层瓦斯抽放是从开采煤层（也称首采层、保护层）向未开采已受采动影响而卸压的上、下邻近煤层（被保护层）打钻孔抽放瓦斯的方法。

邻近层瓦斯抽放，通常称为卸压层瓦斯抽放，是国内外应用最广泛的抽放类型，也是国内外防治煤与瓦斯突出所采取的最主要措施，其抽放效果主要取决于开采煤层开采后邻近层透气性的提高程度。

一般认为，煤层开采后，在其顶板形成三个受采动影响的地带：冒落带、裂隙带和变形带，在其底板则形成卸压带，如图 4-5 所示。因此，在开采煤层群时，开采煤层的顶、底板围岩将发生冒落、移动、龟裂和卸压，使其上部或下部的邻近煤层得到卸压，从而发生膨胀变形，透气性大幅度提高，邻近煤层的卸压瓦斯会通过层间裂隙大量涌向开采煤层，并向开采煤层的采空区转移。这类能向开采煤层采空区涌出瓦斯的煤层，就叫做邻近层。位于开采煤层顶板内的邻近层叫上邻近层，底板内的邻近层叫下邻近层。

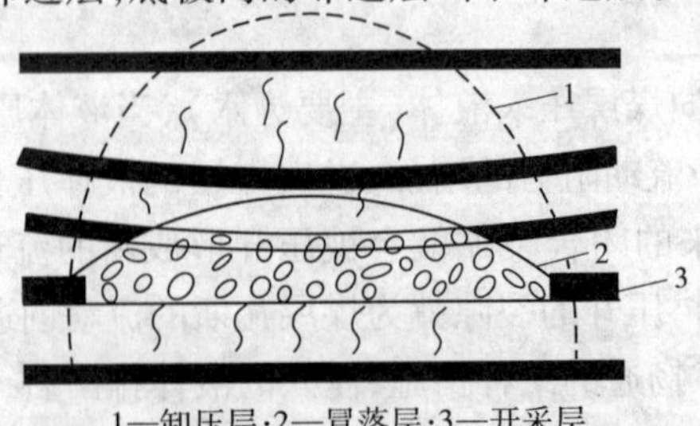

1—卸压层；2—冒落层；3—开采层

图 4-5　采空区顶底板变形示意图

邻近层抽放瓦斯的上限与下限距离，应通过实际观测，按上述三带的高度来确定。上邻近层取冒落带高度为下限距离，裂隙带的高度为上限距离。下邻近层不存在冒落带，所以不考虑上部边界，至于下部边界，一般不超过 60 ~ 80 m。

邻近层瓦斯抽放可以在有瓦斯赋存的邻近层内预先开凿抽放瓦斯的巷道，或预先从开采煤层或围岩大巷内向邻近层打钻，将邻近层内涌出的瓦斯汇集抽出，如图 4-6 所示。前一方法称巷道法，后一方法称钻孔法。

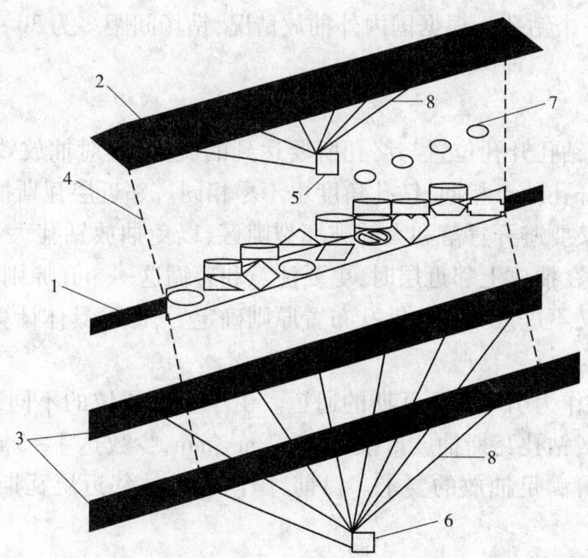

1—开采层；2—上邻近层；3—下邻近层；4—卸压线；5—顶板抽放巷；6—底板抽放巷；7—顶板水平钻孔；8—瓦斯抽放钻孔

图 4-6 邻近层瓦斯抽放方法

(一) 钻孔抽放邻近层瓦斯

钻孔抽放邻近层瓦斯是由开采煤层进、回风巷道或围岩大巷内，向邻近层打穿层钻孔抽放瓦斯，是国内外应用最多和较普遍的瓦斯抽放方法。

1. 钻场位置

钻场位置应根据邻近层的位置、开拓方式以及施工方法来确定，要求能用最短的钻孔，抽出最多的瓦斯，主要有下列几种：

(1) 钻场位于开采煤层的运输平巷内（见图 4-7(a)）。

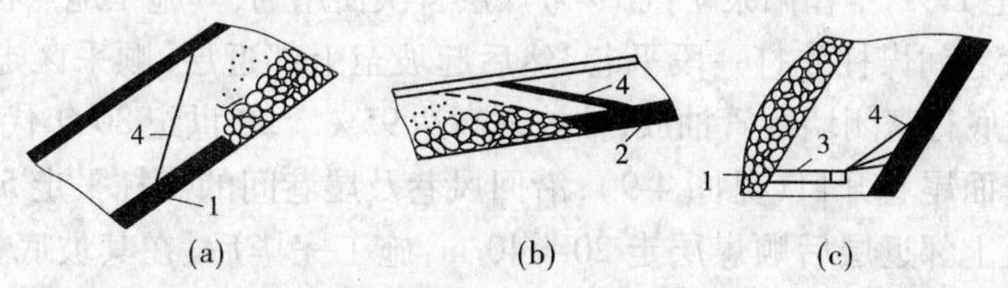

1—运输巷；2—回风巷；3—岩石巷；4—钻孔

图 4-7 邻近层瓦斯抽放的钻场位置

(2) 钻场位于开采煤层的回风巷内（见图 4-7(b)）。

(3) 钻场位于层间岩巷内（见图 4-7(c)）。

(4) 钻场位于开采煤层顶板，向裂隙带打平行于煤层的长钻孔。

(5)混合钻场,即上述方式的混合布置。

2. 钻场与钻孔的间距

钻孔的有效间距因煤层的赋存条件而不同,有的为 30 ~ 40 m,有的可达 100 m 以上。应该通过试抽,然后确定合理的距离。一般说来,上邻近层抽放钻孔距离应大些,下邻近层抽放钻孔距离应小些;近距离邻近层钻孔距离应小些,远距离的应大些,通常为 1 ~ 2 倍层间距。为保证在开采层工作面第一次基本顶冒落时能及时抽放大量卸压瓦斯,应在距开切眼 15 ~ 20 m 处再增加一个钻孔。根据国内外抽放情况,钻场间距多为 30 ~ 60 m。一个钻场可布置一个或多个钻孔。

3. 钻孔角度

钻孔角度取决于钻孔开孔位置与终孔所要达到的位置,其对抽放效果影响很大。由于抽放层位不同,即使开孔地点相同,钻孔角度也不尽相同。邻近层瓦斯抽放钻孔必须深入邻近层的卸压带内,但又要避开冒落和大的破坏裂隙区,以免抽放钻孔大量漏气,甚至被切断而使钻孔失效。特别在抽放上邻近层时,更要注意和遵循这一布孔原则,即钻孔应穿入卸压角边界附近以里,而又不进入太远。钻孔布置原则确定后,即可具体计算钻孔角度。

4. 钻孔直径

抽放钻孔主要是作为引导卸压瓦斯的通道。由于抽放层位的不同,钻孔长度从十多米到数十米不等,而一般钻孔瓦斯抽放量仅为 1 ~ 2 m^3/min,少数达 4 ~ 5 m^3/min。因此,无须很大的钻孔直径,即可满足抽放的要求。目前,国内外抽放邻近层瓦斯钻孔的直径一般为 75 mm 左右。

5. 抽放负压

在卸压邻近层中打孔抽放瓦斯后,卸压瓦斯有两个流动方向,一是沿煤层流向钻孔,二是沿层间裂隙流向开采煤层的采空区。若对钻孔施以一定负压进行抽放,则有助于改变瓦斯流动的方向,使瓦斯更多地流入钻孔。阳泉二矿的试验表明,提高抽放负压对提高邻近层瓦斯的作用效果是明显的。因此,实际抽放时,应在保证一定的抽放瓦斯浓度条件下,适当提高抽放负压,一般孔口负压应保持在 6.7 ~ 13.3 kPa 以上。

(二)巷道抽放

巷道抽放主要是指在开采层的顶部处于采动形成的裂隙带内,挖掘专用的抽瓦斯巷道(高抽巷),用于抽放邻近层的卸压瓦斯。巷道可以布置在邻近煤层或岩层内。抽瓦斯巷道分为走向高抽巷和倾斜高抽巷两种。

走向高抽巷是 1992 年在阳泉矿区 15 号煤层首次使用的,其施工地点在采区回风巷(见图 4-8),沿采区大巷间煤柱先打一段平巷,然后起坡至上邻近层,顺采区走向全长开巷,施工完毕后,在其坡底打密闭墙穿管抽放,抽放率高达 95%。20 世纪 80 年代试验成功的倾斜高抽巷,是在工作面尾巷开口(见图 4-9),沿回风巷及尾巷间的煤柱平走 5 m 左右起坡,坡度 30° ~ 50°,打至上邻近层后顺煤层走 20 ~ 40 m,施工完毕后,在其坡底打密闭墙穿管抽放。倾斜高抽巷间距 150 ~ 200 m。这种抽放方式在阳泉一矿、五矿和盘江矿区山脚树煤矿的实际应用中都取得了很好的效果,邻近层抽放率最高可达到 85%。

四、采空区瓦斯抽放

采空区瓦斯抽放指抽放现采工作面采空区和老采空区的瓦斯。前者称现采空区(半封

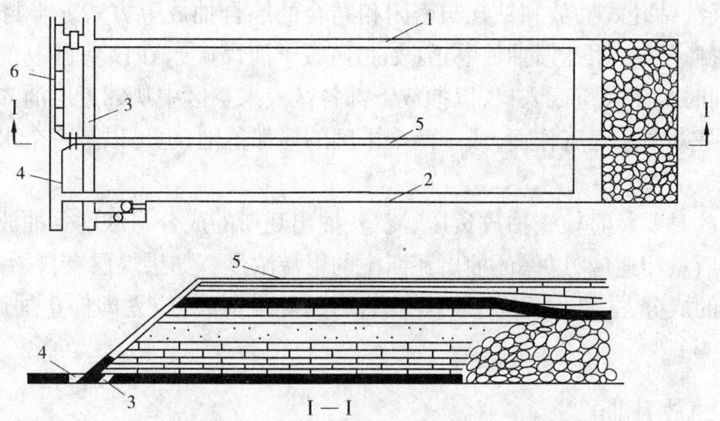

1—进风巷;2—回风巷;3—进风上山;4—回风上山;5—岩石高抽巷;6—瓦斯抽放管

图4-8 走向高抽巷抽放方法

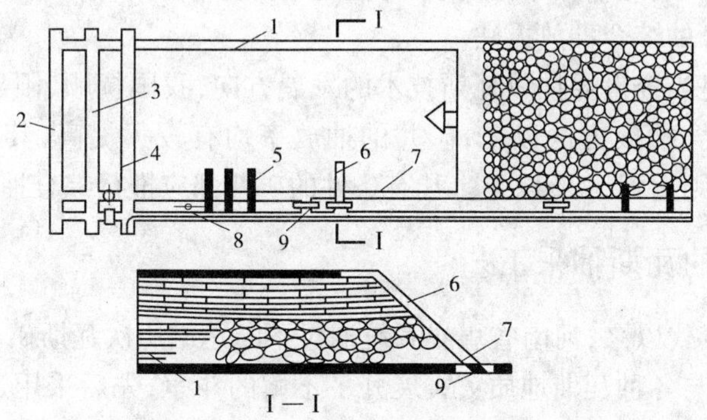

1—进风巷;2—胶带上山;3—轨道上山;4—回风上山;5—抽放钻孔;
6—岩石高抽巷;7—回风巷;8—瓦斯抽放管;9—工作面尾巷

图4-9 倾斜高抽巷抽放方法

闭式)抽放,后者称老采空区(全封闭式)抽放。

据对国内160对矿井的实际调查:半数以上矿井采空区瓦斯涌出量占矿井瓦斯涌出总量的25%~35%,少数矿井高达40%~50%。依靠通风的办法来解决瓦斯问题,既增加通风负担,又不经济。国内外的实践表明,对采空区瓦斯进行抽放不仅可行,而且有效。如峰峰煤矿,大煤顶(厚10余m)分层回采时,采煤工作面上隅角瓦斯积聚经常达2.5%~10%以上,进行工作面采空区的抽放后,就解决了该处的瓦斯积聚问题。

目前采空区瓦斯抽放已成为瓦斯抽放的主要方法之一,特别是国外非常重视这类瓦斯的抽放,如采空区抽放瓦斯量占抽放总量的比例,德国为32.8%,比利时为51.2%,法国为48.2%,而我国仅为4.8%。

采空区抽放瓦斯应符合下列要求:

(1)老采空区选用全封闭式抽放方法。

(2)现采空区可根据煤层赋存条件和巷道布置情况,采用顶(底)板钻孔法、有煤柱及无煤柱斜交钻孔法、插管法等抽放方法,并采取措施,提高抽放浓度。

(3)对有煤层自燃倾向的采空区,必须采取预防煤层自燃的措施。

全封闭式抽放是对工作面(或采区、矿井)已采完封闭的采空区进行密闭抽放瓦斯,可分为密闭式抽放、钻孔式抽放和钻孔与密闭相结合的综合抽放等方式。半封闭式抽放是在采空区上部开掘一条专用瓦斯抽放巷道（如鸡西城子河煤矿），在该巷道中布置钻场向下部采空区打钻，同时封闭采空区入口，以抽放下部各区段采空区中从邻近层涌入的瓦斯。抽放的采空区可以是一个采煤工作面，或一两个采区的局部范围，也可以是一个水平结束后的大范围抽放。

采空区抽放时要及时检查抽放负压、流量、抽出瓦斯的成分与浓度。抽放负压和流量应与采空区的瓦斯量相适应，以保证抽出瓦斯中的甲烷浓度。如果煤层有自燃危险，更应经常检查抽出瓦斯的成分，一旦发现有 CO、煤炭自燃的异常征兆，应立即停止抽放，采取防止自燃的措施。

五、综合抽放瓦斯

综合抽放瓦斯是在一个抽放瓦斯工作面同时采用两种以上方法进行瓦斯抽放。

对矿井瓦斯涌出来源多、分布范围广、煤层透气性差、煤层赋存条件复杂的矿井，应采用多种抽放方法相结合的综合抽放方法。

综合抽放方法是当今世界抽放瓦斯技术的发展方向，我国抚顺、阳泉、松藻、天府、中梁山等矿区，自采用综合抽放方法以来，矿井的抽放率均有较大提高，其平均年抽放率均在30%以上，抚顺矿区则达到50%以上。凡有条件的矿井都应推行综合抽放方法。

六、开采煤层的瓦斯抽采工艺

自20世纪50年代以来，河南省煤炭系统通过不断总结历次瓦斯矿难的经验教训，在各种复杂地质环境中，与各种瓦斯地质灾害展开了不懈的斗争，先后采用过留大根掘进、半边掘进、双巷轮替掘进等作业方式以及多钻孔排放、大直径钻孔超前排放、震动性放炮、松动爆破、水力冲孔、边掘边抽和预抽放瓦斯等技术措施，有效遏止了当前瓦斯地质灾害越演越烈的严峻趋势。针对石门揭煤、煤巷掘进以及回采工作面等不同情况，现将相应的防突措施分述如下。

（一）石门揭煤抽放

1. 群孔排放

1）防突原理

通过安全岩柱向突出煤层打多个钻孔，提前排放瓦斯，使揭煤前突出煤层及围岩的瓦斯压力迅速降低，以保证安全揭穿煤层。

有抽放系统的矿井应采用抽放方式以提高排放卸压效果，目前焦作矿区石门揭煤大都采用该项工艺，效果很好。

2）钻孔布置

距煤层3 m时，停止石门掘进，随即布孔打钻（见图4-10）。孔径一般不小于75 mm，钻孔数目视石门断面大小和排放孔影响半径而定，一般不少于15个。孔深尽可能穿透煤层，排放孔与测压孔间距应大于1.5 m，排放卸压区一般控制在揭煤处巷道周边5 m以及正前方15 m范围内。

3）排放时间

评价排放卸压孔能否发挥防突效应，其标准为观察孔（测压孔）的瓦斯压力在1 MPa以

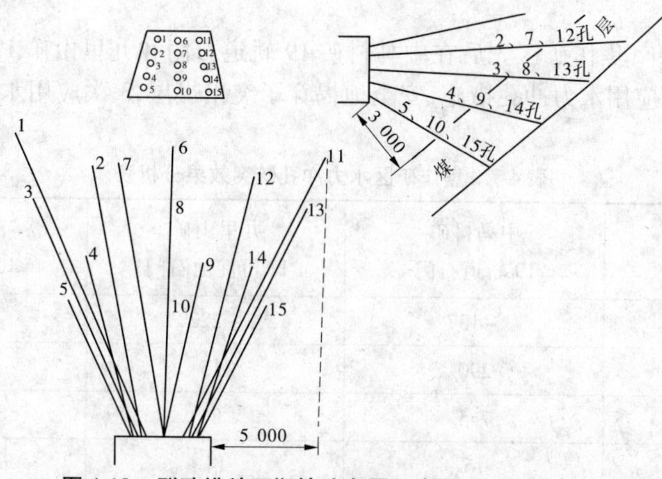

图4-10 群孔排放瓦斯钻孔布置示意图 (单位:mm)

下,或测压孔内有明显的压力降。实践证明,焦作矿区的钻孔瓦斯排放时间一般大于2个月。经长时间卸压排放后的煤层瓦斯压力,若能达到1 MPa以下的标准才准许揭煤。

2. 水力冲孔

1)作用原理

水力冲孔的基本原理是利用高压射流的冲击作用将煤体内冲出一定的空隙,从而加速瓦斯的渗透排放,促进煤层瓦斯含量和压力的降低;同时利用冲孔周围软分层移动变形,促使煤体应力重新分布,扩大渗透卸压范围;另外,冲孔过程中的高压水射流还可以在煤层内(或钻孔内)诱发小型突出,逐步释放煤层中积蓄的潜能,防止揭煤时发生大型瓦斯突出。

2)冲孔布置

穿层冲孔须保留3 m安全岩柱,揭露煤层后安全煤柱不得小于5 m。每次冲孔眼数依石门(巷道)断面大小而定,一般为8~9个。冲孔卸压的范围与煤体的力学性能有关,通常情况下巷道两侧各为2~4 m,巷道顶和底各为1~1.5 m(见图4-11)。

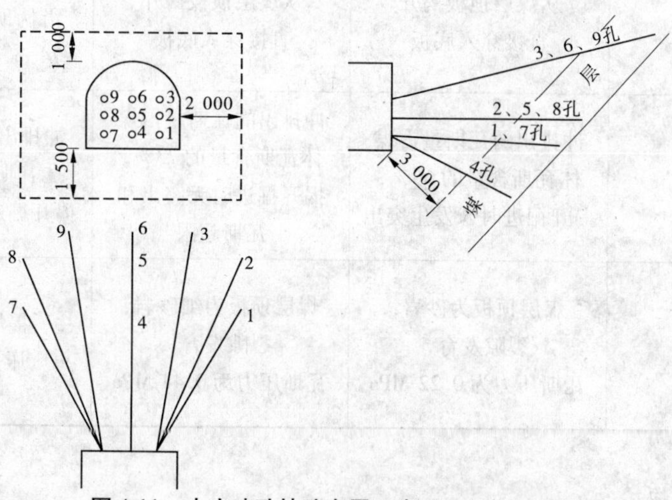

图4-11 水力冲孔钻孔布置示意图 (单位:mm)

3) 应用效果

1979～1982 年，焦作矿区先后在中马村矿 19 轨道石门和九里山矿 11、12 沉淀池石门等 3 处揭煤地点，应用水力冲孔措施，安全地揭穿了突出煤层，3 次应用水力冲孔概况及效果见表 4-7。

表 4-7　焦作矿区水力冲孔防突效果分析表

地点	中马村矿 19 轨道石门	九里山矿 11 沉淀池石门	九里山矿 12 沉淀池石门
标高(m)	-137	-222	-222
垂深(m)	290	315	315
煤层厚度(m)	7.5	8	6.6
煤层倾角(°)	15	14	12
揭煤巷道长(m)	65	70	137
施工日期	1979 年 2～7 月	1980 年 3～7 月	1982 年 1～3 月
冲孔数(个)	28	19	40
冲孔总长(m)	680	460	1 077
冲出煤量(t)	103	96	149
冲放瓦斯量(万 m^3)	10.2	14.4	4.8
煤层瓦斯含量(m^3/m^3)	40	29	11
冲孔有效时间(h)	374	199	491
冲孔水压(MPa)	4.2	4.2	4.0
煤层瓦斯自喷程度	特别严重	严重	严重
揭煤过程	从煤层顶板揭开 直接穿入底板	从煤层顶板揭开 直接穿入底板	从煤层顶板揭开后， 沿伪顶倾角(10°)上山 74 m，再穿入煤层底板
防突效果	冲排出的瓦斯量占煤 体瓦斯含量的 66%， 揭开掘进时未发生突出	冲排出的瓦斯量占煤 体瓦斯含量的 73%， 揭开掘进时无突出和 瓦斯超限	冲排出的瓦斯量占煤体 瓦斯含量的 33%， 揭开掘进时只发生响煤炮
其他说明	煤层顶板为砂岩， 裂隙发育， 瓦斯压力为 0.22 MPa	煤层顶板为细砂岩， 裂隙发育， 瓦斯压力为 0.44 MPa	揭煤工作面瓦斯 压力为 0.7 MPa

3. 震动性放炮

1) 应用范围及作用

经过采取卸压措施后，在煤层瓦斯压力降至 1 MPa 以下以及保安岩柱厚大于 1.5 m 情况下,方可采用震动性放炮措施揭露突出煤层。

2)炮眼布置

为了扩大揭露煤层面积,同时保持 1.5 m 的安全岩柱,需掘出 6~10 m 长的揭煤导洞。炮眼布置在导洞的底(顶)板上,眼距及排距小于 0.5 m,总眼数由所掘导洞底面大小而定,一般为 50~100 个。半数炮眼打入煤层内,眼深 1.8~2.0 m,另一半炮眼可不打入煤层,眼深不超过 1.2 m,炮眼装药量可适当增加,但要符合规程规定,全部炮眼同时起爆,炮眼布置如图 4-12 所示。

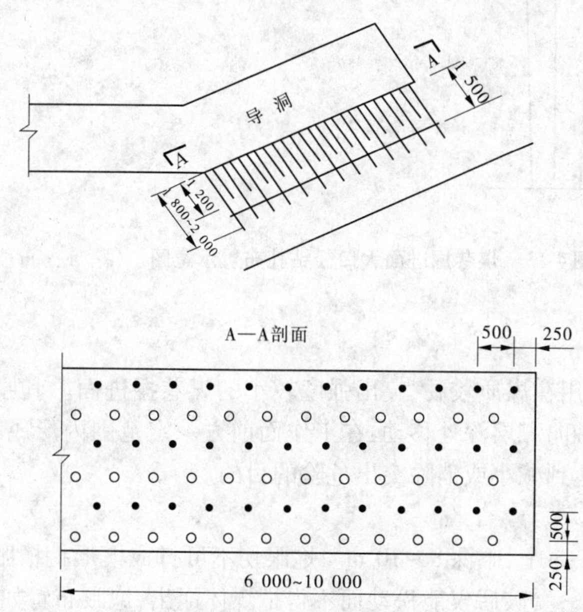

图 4-12 震动放炮导洞及炮眼布置示意图 (单位:mm)

3)注意事项

凡石门揭穿突出煤层,都必须严格按照相关规程规定,由矿井总工程师负责编制出石门揭煤的专门设计,报经矿务局总工程师批准后方可贯彻执行。

(二)煤巷掘进抽放

1. 大直径钻孔超前排放

1)应用范围及作用

该方法适用于突出危险大的软弱煤层。其原理是利用大直径钻孔排放煤层瓦斯,降低工作面的瓦斯压力,在巷道围岩中形成一定的压力梯度,从而达到减小或消除突出危险的目的。

2)钻孔布置

钻孔一般布置在软分层或软、硬煤交界处,每次打孔 3~5 个,其中上隅角要各布置一个孔径为 150~300 mm 的钻孔(EC-300 型穿孔机),孔深视煤质情况和成孔程度而定,一般每次不应小于 15 m,钻孔布置如图 4-13 所示。

3)注意事项

采取该项措施时严禁超掘,钻孔超前掘进工作面的距离不得小于 5 m。为了保证打钻操作人员的安全,应采用远距离控制。

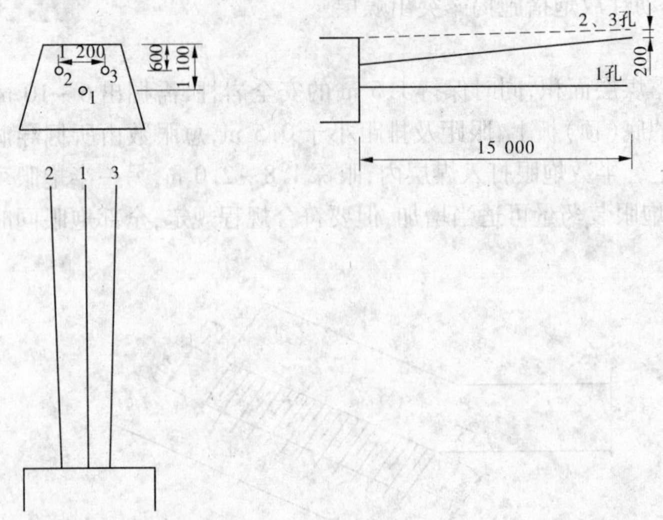

图 4-13　煤巷掘进面大口径钻孔布置示意图　（单位:mm）

2. 松动爆破

1）应用范围及作用

松动爆破主要应用在煤质较硬、突出强度较小的煤巷掘进面。其原理是通过爆破将煤体松动，使应力集中带向煤层深处移动，在工作面前方一定范围内形成卸压带，同时为排放煤层瓦斯打开通路，达到减小或消除突出危险的目的。

2）炮眼布置

炮眼一般布置 4 ~ 5 个，眼深 8 ~ 10 m。炮眼切不可打成楔形掏槽眼，一定要打成直眼。每个炮眼装药 3 ~ 5 kg，爆破后仅能松动而不得把煤体崩出，炮眼布置如图 4-14 所示。

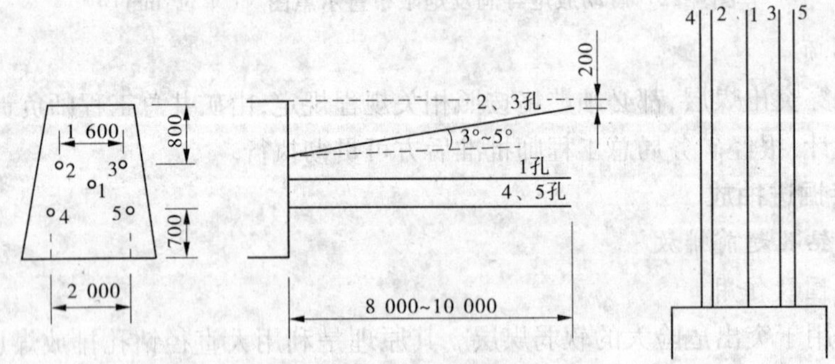

图 4-14　煤巷掘进面松动爆破炮眼布置图　（单位:mm）

3）注意事项

掘进工作面前方必须保证有 5 m 的超前松动带，松动爆破只能松动煤体，不准变成抛渣爆破。采取该项措施过程中，如发现有瓦斯异常、煤质变软、煤炮增多等突出危险性增大现象，应及时停用松动爆破措施，而采取其他适宜的防突措施。

3. 边掘边抽

1）应用范围及作用

经过对以往各项防突措施效果的总结分析，不难看出，在突出严重地区，无论采取哪一种单项防突措施，都不能彻底地消除事故隐患。在突出严重地区，若采取双重防突措施则可取得事半功倍的效果。1984 年 8 月,李封矿首先在天官区 23041 煤巷掘进过程中试用了边掘进边抽放,同时配合打大直径超前排放钻孔的双重防突措施,不但有效地消除了突出危险,而且能够截流巷道两帮煤层瓦斯的涌出,大幅度降低了掘进巷道风流中的瓦斯浓度,防突效果十分明显。在李封矿试验基础上,1986 年焦作矿务局先后在九里山矿、焦西矿及马村矿推广应用了这一新的防治措施,共掘进 2 500 余 m 煤巷,尚未发生过一次突出现象。

2)钻场布置规格

掘进巷道两帮各布置一个钻场,规格为 2.4 m×2.4 m,深 4~5 m,待抽放孔投入使用后,钻场口应予密闭。

3)钻孔布置

每一钻场可沿掘进巷道方向,布置抽放钻孔 2~3 个,钻孔靠近巷道轮廓线的最小距离不得小于 2 m,孔口距离不应小于 1 m,钻孔与巷道中心水平夹角最大不得超过 3°~5°或 6°~8°,钻场及抽放钻孔布置如图 4-15 所示。

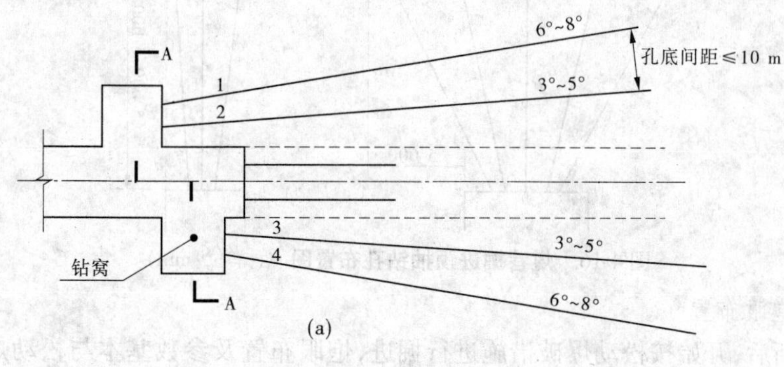

(a)

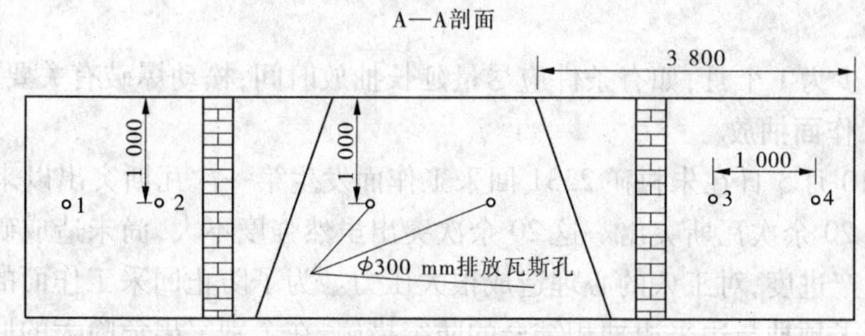

(b)

图 4-15 煤巷边掘边抽钻场及钻孔布置图 (单位:mm)

4)大直径超前排放钻孔布置

钻场内钻孔开始抽放后,掘进工作面正前同时打 150~300 mm 的大直径排放钻孔,孔数每次 2~4 个,孔深超过 15~20 m,钻孔位置与一般大直径排放钻孔的布置方法相同。

5)注意事项

抽放钻孔布置要合理,要保证封孔质量。掘进过程中如需放炮,要合理布置炮眼,控制装药量,防止因放炮导致抽放孔漏气。另外,抽放钻孔和大直径排放钻孔,都必须保持 5 m 的安全距离,否则必须重新打眼。

4. 预抽瓦斯与松动爆破的复合措施

1) 应用条件

在瓦斯量大、突出危险严重、有预抽时间的地区可采取该项防突措施。

2) 预抽孔布置

布置在掘进工作面的预抽瓦斯钻孔，每次可打孔 4 ~5 个，孔深一般为 50 ~60 m，抽放钻孔要控制巷道两侧各 5 m，钻孔布置如图 4-16 所示。

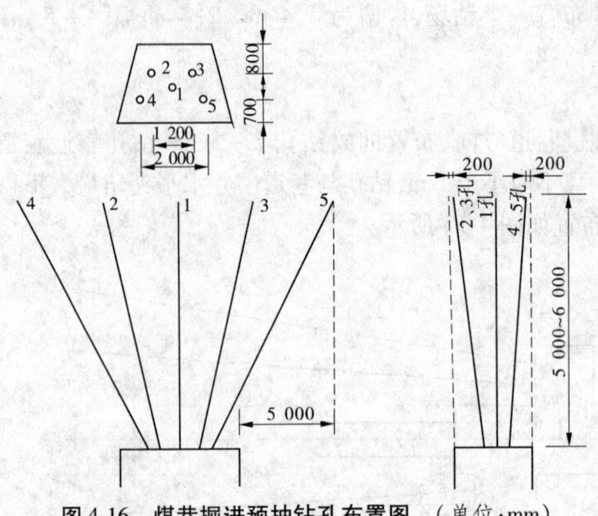

图 4-16　煤巷掘进预抽钻孔布置图　（单位：mm）

3) 松动炮眼布置

预抽瓦斯后，开始按松动爆破措施进行掘进，炮眼布置及参数基本与松动炮相同；每次炮眼数可视抽放效果好坏作适当增减。

4) 注意事项

预抽时间至少为 1 个月，如有条件应尽量延长抽放时间，松动爆破有关要求同前所述。

（三）回采工作面抽放

自 1976 年 10 月 5 日在朱村矿 2331 回采工作面发生第一次瓦斯突出以来，焦作矿区回采工作面已发生 20 余次瓦斯突出。这 20 余次突出虽然强度不大，尚未造成矿难事故，但严重影响矿井的生产进度，对工人的心理造成很大压力。为了防止回采工作面的瓦斯突出，生产单位主要采取了预抽与边采边抽相结合的防突措施，在个别突出危险大的回采工作面，还采取了松动爆破的防突措施。现简述如下。

1. 预抽与边采边抽防突措施

在回采工作面掘进过程中或送出上下风道后，沿工作面走向每隔 3 ~4 m，再沿煤层倾斜方向从上下风道打抽放钻孔，下向孔孔深为 30 m，上向孔孔深为 60 m。钻孔打成后及时封孔，投入抽放，开采前要预抽 2 ~6 个月，开采后这些抽放孔仍可继续使用，直到回采工作面采透抽放钻孔。

焦作矿务局朱村矿 2341 工作面，经预抽与边采边抽防突措施，共抽出瓦斯 40 万 m^3，回采时瓦斯绝对涌出量由 6 ~8 m^3/min 降为 3 m^3/min 左右，工作面风量也由 800 ~900 m^3/min 减小为 550 m^3/min，不但改善了工作面劳动环境，而且提高了矿井生产效率。

2. 松动爆破措施

针对严重突出煤层，虽然经过边采边抽等防突措施，但回采工作面由于预抽时间短，有时仍不能彻底消除突出危险。为了安全起见，矿井一般采取松动爆破的防突补充措施。松动爆破的炮眼布置方式基本是三花眼，眼距2 m，眼深2～2.5 m，每眼装药3～5卷。放炮时切断所有设备电源，人员全部撤出工作面，回风道也不得留人。松动爆破超前工作面距离不得少于1 m，放炮时间一般安排在检修或放顶期间。

第三节 滑动构造区“三软”煤层含气性分析

豫西芦店滑动构造位于嵩山—五指岭和箕山—风后岭之间的登封、新密境内，东起新密大槐镇，西止于登封南嵩山断层带的玉皇庙断层。西宽东窄，总体展布近东西向，呈向北凸出的弧形，滑动系统面积260 km^2（见图4-17）。

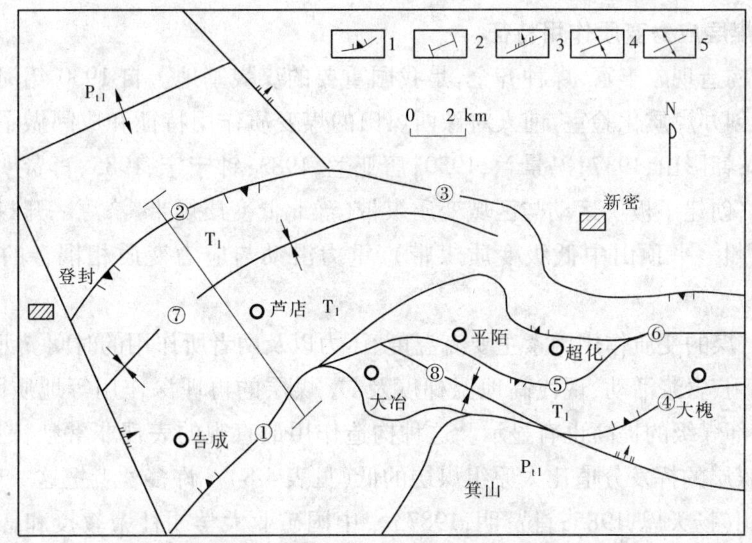

1—滑动构造；2—剖面线；3—正断层；4—向斜轴；5—背斜轴
①—石棕河断层；②—月湾断层；③—牛店断层；④—新庄断层；
⑤—葛沟断层；⑥—大槐断层；⑦—颍阳芦店向斜；⑧—大平向斜

图4-17 芦店滑动构造平面分布图

滑动构造的主滑脱面沿二$_1$煤层及顶底板附近层位发育，钻孔揭露为平均厚40 m的碎裂岩带，剖面形状为舟状。中部平缓，两端翘起，并交于边界正断层之上。滑动系统由二叠系至下第三系地层组成，芦店—告成区总体构造形态为不对称的朝阳沟背斜。下伏原地系统为一个不完整的向斜，南北两翼正断层发育，总体上具有北深南浅的箕状断陷性质（见图4-18）。

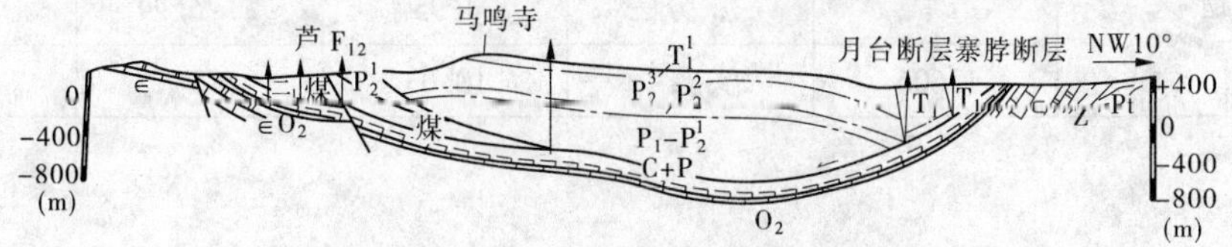

图4-18 芦店滑动构造勘探线剖面图

一、构造煤瓦斯生成条件分析

煤的瓦斯生成条件指在一定煤化阶段，煤的成烃作用与生烃能力的总和。豫西煤田火成岩体极不发育，$二_1$ 煤层基本没有受到热异常的影响，但因受后期滑动构造的强烈改造，基本上全区构造煤化，动力变质程度较高，煤级从高级烟煤到无烟煤，镜质组最大反射率为 1.75% ~2.95%，属中灰、低硫的瘦贫煤。煤层的变形特征为“片状－鳞片－碎粒－碎粉”结构，碎裂后断面光滑如镜面，摩擦镜面、擦痕及擦槽极其发育，揉搓现象严重，质松性脆，且小挠曲和劈理构造非常发育，厚度一般为 7 ~8 m，是豫西典型的“三软”煤层。

构造煤作为构造作用在煤层中的产物，是在一期或多期构造应力作用下，煤体的原生结构、构造遭到不同程度的破坏，甚至造成内部化学成分和化学结构发生变化的一类特殊煤。从瓦斯的生成和赋存角度，构造煤包括瓦斯含量、瓦斯压力及瓦斯渗透性能等内容，因而是矿井工程领域的一个综合性范畴。

（一）$二_1$ 煤层应力变质作用特征

豫西煤田构造现象丰富，煤种齐全，是我国重要的煤炭基地。自 1930 年河南地质调查所成立并随后创办煤质化验室，前人对豫西煤田的煤变质作用特征和成因做了大量研究工作（沈和，1932；韩影山，1937；冯景兰，1950；唐亚兰，1983；钟宁宁，1985；肖贤明，1986；胡社荣，1992），最终创建了板块运动与区域变质煤带（豫北低变质煤带、济源—开封北西西向高变质煤带及禹州—平顶山中低级变质煤带）、重力滑动与应力变质相耦合的豫西煤变质模式。

众所周知，煤的变质作用因素主要有温度、压力以及两者所作用的时间。河南煤田的煤变质除断裂作用、岩浆活动、现代高地温梯度及$二_1$ 煤层的再埋深作用等地质因素外，重力滑动构造对局部煤级的提高也有显示。这种构造作用最直观的表现非常独特，即滑动构造区山西组$二_1$ 煤层的挥发分值比太原组煤层的低（见表 4-8）。许多学者把这一现象称为“负梯度”变质作用（杨天恩，1985；肖贤明，1987）。中国矿业大学胡社荣教授和曹代勇教授则把构造应力对煤化进程的影响分别称为“再煤化作用”和“应力降解作用”。除勘探孔所见“负梯度”现象外，近年来滑动构造区生产矿井的煤质化验资料也验证了这种“负梯度”现象是普遍存在的（见表 4-9）。

表 4-8　钻孔煤质“负梯度”现象统计表

构造区	钻孔号	煤层	挥发分（%）	煤层	挥发分（%）
米河滑动构造	12605	$一_1$ 分一	5.1	$一_1$ 分二	5.69
		$二_1$ 分一	5.21	$二_1$ 分二	6.06
		$二_1$ 分三	4.95	$二_1$ 分四	5.27
	12606	$一_3$	10.63	$二_1$	5.37

续表 4-8

构造区		钻孔号	煤层	挥发分(%)	煤层	挥发分(%)
芦店滑动构造	告成区	12801	一$_1$	12.73	二$_1$	11.59
		12803	一$_1$	15.10	二$_1$	12.69
		12806	一$_1$	14.54	二$_1$	10.60
		13006	一$_1$	13.22	二$_1$	11.73
		12010	一$_1$	10.50	二$_1$	10.11
		13005	一$_1$	14.43	二$_1$	10.70
		13202	一$_1$	12.78	二$_1$	10.61
		12203	一$_1$	13.56	二$_1$	12.41
	芦店区	14001	一$_1$	13.56	二$_1$	13.29
		14301	一$_1$	14.17	二$_1$	13.03
		14607	一$_1$	10.52	二$_1$	9.92
任岗滑动构造		1301	一$_1$ 分一	8.37	一$_1$ 分二	8.29
			一$_5$ 分一	9.49	一$_5$ 分二	9.56
			二$_1$ 分一	9.98	二$_1$ 分二	10.24
			二$_1$ 分三	10.22	二$_1$ 分四	9.22
			二$_1$ 分五	9.93	二$_1$ 分六	10.11

表 4-9 告成煤矿二$_1$ 煤层含气性统计表

试样编号	采样位置	标高(m)	挥发分(%)	瓦斯含量(m^3/t)	瓦斯质量浓度(%)		
					O_2	N_2	CH_4
05023	13081 皮带巷“十头”向上 530 m 处	+38	13.10	6.07	4.80	35.63	59.56
05024	13121 工作面轨道巷 10#钻场向东 30 m 处	±0	13.16	9.01	2.57	22.78	74.65
05021	13081 皮带巷“十头”向上 365 m 处	−3	12.90	9.22	1.09	8.23	90.68
05025	13121 工作面轨道巷“十头”向上 230 m 处	−25	13.25	5.96	6.72	42.47	50.81
05022	13081 皮带巷“十头”向上 200 m 处	−30	13.78	4.16	8.85	47.48	43.66
05028	21021 下副巷运$_3$ 向南 6 m 处	−109	11.04	7.28	3.96	18.20	77.84

续表 4-9

试样编号	采样位置	标高（m）	挥发分（%）	瓦斯含量（m^3/t）	瓦斯质量浓度（%）		
					O_2	N_2	CH_4
05051	21021 上副巷材$_{12}$向南 20 m 处	-113	11.89	2.30	2.56	50.11	47.33
05026	21 回风下山回$_{17}$向下 10 m 处	-152	13.87	15.70	0.72	5.26	94.02
05046	21 回风下山回$_{20}$向上 3 m 处	-155	13.28	13.00	9.60	48.58	41.82
05027	21 回风下山回$_{22}$向下 10 m 处	-184	13.52	13.92	9.50	47.22	43.28
05050	21 轨道下山变电所通道口向里 20 m 处	-225	13.40	2.59	5.07	48.56	46.37

总结地质勘探与矿井开采资料，构造区“负梯度”现象具有如下特点：

（1）芦店滑动构造浅部构造作用强烈、缺层较多，而往深部逐渐减弱，因而南翼告成区比核部芦店区的“负梯度”现象明显。

（2）凡钻孔或井下煤层挥发分“负梯度”现象存在的地方，往往滑动构造发育。

（3）芦店滑动构造边缘煤的镜质组反射率研究表明，自煤层顶部（滑动面）向底部，靠近滑动面的样品的双反射率比远离的样品要大。

由此可见，构造煤的应力变质作用在豫西煤田客观存在。构造作用造就了“负梯度”现象，促进了有机质的演化及瓦斯的生成。

（二）应力性质对变质作用的影响

镜质组反射率是目前公认的一种快速可测和准确指示煤化作用进程的煤级指标。20 世纪 70 年代以来，镜质组反射率测试及各向异性分析逐渐成为恢复古构造应力场（Hower 等，1981；Hevine 等，1984；李青元等，1989）、确定构造事件与煤化作用的时间关系（Teichmuer，1966，1982；Ting，1981，1983；李小明，2003；曹代勇，2005）和研究滑脱构造特征（Stone 等，1979；Underwood 等，1988；曹代勇等，1990；王志荣等，1993）等方面的一种有效手段。作者从应力应变分析角度，结合煤样的构造位置、宏观微观变形特征，分别研究了芦店滑动构造区不同构造单元中煤的光性特征，力图揭示研究区构造应力性质对煤化作用的影响以及构造煤变形－变质的演化途径和地质背景。

煤样采自芦店滑动构造及附近的二叠系山西组二$_1$ 煤层，所采样品虽受强烈构造作用，但基本排除受到异常热的影响。分析测试结果见表 4-10。不同构造位置的构造煤镜质组反射率主要呈现以下规律：

表 4-10 构造煤镜质组反射率测试表

构造位置		样品号	采样地点	时代	宏观特征	$R_{o,max}$(%)	$R_{o,min}$(%)	$R_{o,bi}$(%)	$R_{o,bi}/R_{o,max}$
区域伸展构造区		QMC－二$_1$－1	郑煤米村	P_1^1S	炭质泥岩	1.78	1.51	0.27	0.155
		QMC－二$_1$－2	郑煤米村	P_1^1S	非均质－糜棱煤	1.96	1.73	0.23	0.117
		QMC－二$_1$－3	郑煤米村	P_1^1S	碎粒－碎粉煤	1.94	1.65	0.29	0.151
		QWZ－二$_1$－1	郑煤王庄	P_1^1S	鳞片煤	2.91	2.34	0.57	0.197
		QWZ－二$_1$－2	郑煤王庄	P_1^1S	鳞片煤	2.58	2.28	0.30	0.117
		QWZ－二$_1$－3	郑煤王庄	P_1^1S	碎斑煤	2.56	2.25	0.31	0.122
		QWZ－二$_1$－4	郑煤王庄	P_1^1S	碎斑煤	2.34	1.71	0.63	0.269
		QWZ－二$_1$－5	郑煤王庄	P_1^1S	碎斑煤	2.34	1.71	0.63	0.269
		QWZ－二$_1$－6	郑煤王庄	P_1^1S	非均质－糜棱煤	2.29	1.81	0.48	0.207
		QWZ－二$_1$－7	郑煤王庄	P_1^1S	鳞片煤	2.38	1.74	0.64	0.270
滑动构造区	剪切带	LCH－二$_1$－1	郑煤超化	P_1^1S	碎裂煤	1.75	1.66	0.09	0.051
		LCH－二$_1$－2	郑煤超化	P_1^1S	碎裂煤	1.93	1.53	0.40	0.207
		LCH－二$_1$－3	郑煤超化	P_1^1S	碎裂煤	1.75	1.58	0.17	0.097
		LCH－二$_1$－4	郑煤超化	P_1^1S	碎裂煤	2.07	1.28	0.79	0.382
		LGC－二$_1$－1	郑煤告成	P_1^1S	碎裂－碎斑煤	2.19	1.75	0.44	0.198
		LGC－二$_1$－2	郑煤告成	P_1^1S	非均质－糜棱煤	2.24	1.98	0.26	0.119
		LGC－二$_1$－3	郑煤告成	P_1^1S	非均质－糜棱煤	2.12	1.85	0.27	0.126
		LGC－二$_1$－4	郑煤告成	P_1^1S	碎裂－碎斑煤	2.03	1.51	0.52	0.257
		LGC－二$_1$－5	郑煤告成	P_1^1S	鳞片煤	2.16	1.80	0.36	0.167
		LGC－二$_1$－6	郑煤告成	P_1^1S	非均质－糜棱煤	2.22	1.86	0.36	0.166
	挤压带	LDP－二$_1$－1	郑煤大平	P_1^1S	非均质－糜棱煤	1.98	1.55	0.43	0.217
		LDP－二$_1$－2	郑煤大平	P_1^1S	碎粒－碎粉状煤	2.03	1.50	0.53	0.261
		LDP－二$_1$－3	郑煤大平	P_1^1S	碎斑煤	2.89	1.21	1.68	0.581
		LDP－二$_1$－4	郑煤大平	P_1^1S	碎粒－碎粉状煤	2.95	1.05	1.90	0.644
		CYG－二$_1$	朝阳沟	P_1^1S	碎粒－碎粉状煤	1.94	0.86	1.08	0.557
		YQC－二$_1$	养钱池	P_1^1S	碎粒－碎粉状煤	2.47	0.78	1.69	0.684

注：$R_{o,max}$和$R_{o,min}$分别为平均视最大反射率、平均视最小反射率。

(1)研究区(包括芦店重力滑动构造区和区域伸展构造区)二$_1$煤层的镜质组反射率光率体普遍为二轴晶,具斜方对称形式;最小反射率方向与层面法线发生程度不同的偏离,因而表明了构造煤已经历三轴构造作用。A、B、C 系列煤样镜质组最大反射率($R_{o,max}$)变化多介于1.75%～2.95%,煤级属于高级烟煤和无烟煤。图 4-19 中数据分布集中,横轴($R_{o,max}$)

方向分区不明显，煤的演化与变形－变质程度大致相同。

(2)图4-19纵轴($R_{o,min}$)方向构造分区十分明显，滑动构造挤压带煤样位于图区最下方，煤的镜质组双反射率($R_{o,bi}$)普遍最大，双反射率介于0.43%～1.90%，平均为1.22%；其次为区域伸展区，介于0.12%～0.27%，平均为0.19%；剪切区与区域伸展区几乎相同，一般介于0.05%～0.38%，平均为0.18%。由此可见，挤压应力对构造煤镜质组反射率各向异性的促进作用最为明显。

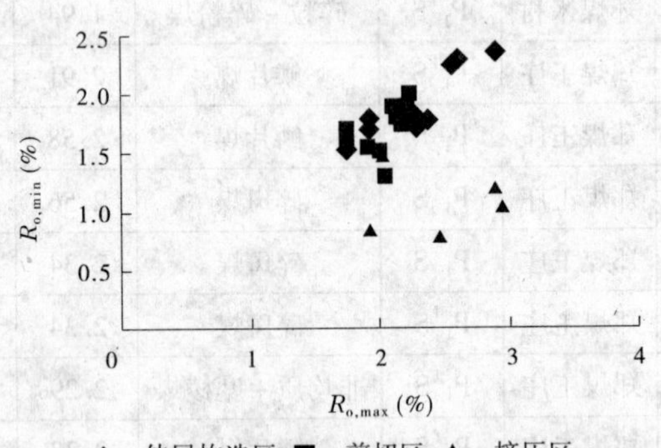

图4-19　不同构造单元反射率的分布特征

(3)滑动构造挤压带煤样具有最小的标准差和离散性。镜质组最大反射率($R_{o,max}$)一般介于1.94%～2.95%，平均为2.38%，为本区最高；顺层剪切带煤样的镜质组最大反射率($R_{o,max}$)最小，介于1.75%～2.24%，平均为2.05%(见图4-20)；区域伸展构造区煤样的最大反射率数据离散，变化范围较大，镜质组最大反射率($R_{o,max}$)介于1.78%～2.91%，平均为2.31%，表明煤化因素复杂。分析表明，最大反射率的变化不仅与构造应力的性质有关，而且依赖于镜质组本身的局限、烃源岩有机质类型和岩性、样品采集与处理过程以及测定环节等影响因素。

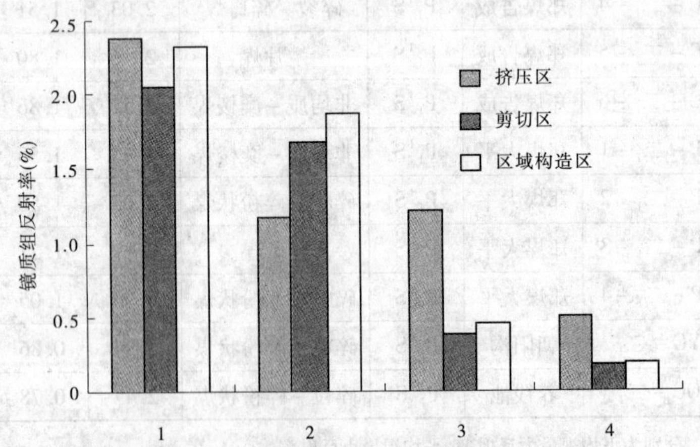

图4-20　构造煤反射率参数平均值对比

张守仁(2001)、李小明(2003)、曹代勇(2005)在对大别山北麓的高煤级煤($R_{o,max}$ > 4%)研究时发现强烈的剪切作用可以极大地促进最大反射率和双反射率的提高。作者通过对芦店滑动构造区煤的光性特征的测试，认为这一结论同样适用于中煤级煤，但将上述关于构造煤应力变质作用的观点进行了拓展,即在相同的区域变质作用背景下,无论是挤压应力、剪切应力还是张拉应力,都可以在一定程度上促进高煤级煤镜质组反射率的提高,从而影响构造煤瓦斯的形成与富集。而挤压应力则对最大反射率及双反射率的提高影响最大。

(三)变质作用对瓦斯生成的影响

变质作用对瓦斯生成条件的影响和如下机理有关:首先,从生气的角度看,煤的变质度越高,累计生成的甲烷就越多,气源充足有利于煤层吸附更多的甲烷。其次,煤的变质程度影响煤的孔隙内表面积,从肥煤起随变质程度的增高,煤的孔隙内表面积逐渐增大,煤对甲烷的吸附能力也逐渐增加。王凤国等(2003)根据华北地区主采煤层的100多组勘探数据进行统计分析,结果显示当煤层上覆有效厚度一定时,瓦斯含量随煤级升高而增加。河南煤田是我国煤变质程度差异较大的地区,煤级对瓦斯量的控制作用在该区也非常明显。郑州、焦作、义马等高煤级区绝大部分为高瓦斯矿井,而煤级较低的平顶山矿区(气、肥、焦煤),矿井垂深500 m以内几乎没有瓦斯突出。近年来随着开采水平的延伸,瓦斯突出次数逐渐增加,但仍然呈现一定的规律。突出煤层己煤组的煤化程度最高(焦煤、瘦煤),戊煤组次之(肥煤),丁煤组最差(气煤)。根据全矿区131次突出事故的统计资料,己煤组发生56起,戊煤组发生36起,丁煤组发生39起,分别占总突出次数的42.7%、27.5%、29.8%,佐证了突出危险性随着突出煤层煤化程度增大而增加。

平顶山矿区各主采煤层的含气量也验证了上述规律。李雪雁等(2003)利用煤层气井的岩芯资料,通过模拟试验,运用数学方法获取了平顶山矿区煤层气逸散气量的回归公式,并结合实验室煤层含气量分析数据,对平顶山矿区的煤层含气量进行了较为准确的测定(见表4-11)。结果同样显示,变质程度较高的己煤组含气量最高,含气质量最好,戊煤组次之,丁煤组则最差。

表4-11 平顶山矿区煤层含气量及甲烷含量(李雪雁等,2003)

煤层编号	煤层含气量(m^3/t)	甲烷含量(%)
丁$_{5-6-1}$	0.33	64.13
丁$_{7-1}$	0.24	44.06
戊$_{8-1}$	9.73	98.38
戊$_{8-2}$	2.86	98.18
戊$_{9-10-1}$	5.10	97.99
戊$_{9-10-2}$	5.12	97.96
戊$_{9-10-3}$	6.77	98.37
己$_1$	7.55	75.96
己$_2$	7.69	80.66
己$_3$	7.24	58.96
己$_4$	8.07	72.30
己$_5$	4.04	73.41

二、构造煤含气性分析

芦店滑动构造区北翼煤层埋藏较深,目前尚未开采。南翼开采条件优越,大小矿井星罗棋布。西段告成井田和东段超化井田瓦斯含量较高且稳定,平均值为17.35 m^3/t。中段外弧一侧为构造张拉区,含煤岩系断裂构造发育,瓦斯容易运移和逸散,通过调查朝阳沟煤矿、养钱池煤矿、王楼煤矿、李堂煤矿和七里岗煤矿等，经资料分析得出，瓦斯含量均小于 10 m^3/t；中段内弧一侧的大平井田位于强烈挤压区，瓦斯动力现象明显，含量分布极不均匀，一般仅为 8 ~10 m^3/t。

(一)矿井瓦斯含量分布特征

构造区独特的构造形态和应力环境造成矿区二$_1$ 煤瓦斯分布的极大异常。据河南煤田地质一队资料，告成井田瓦斯含量沿煤层走向变化较大，12604 孔— 12807 孔— 13006 孔一线以北含量较低，为 6. 29 ~8. 85 $m^3/(t·r)$，南部含量较高，一般为 8. 01 ~11. 66 $m^3/(t·r)$，井田西南部的 11908 孔达 14. 11 $m^3/(t·r)$，为全井田的最高值。瓦斯含量沿煤层倾向无正常的梯度变化规律。在井田中部二$_1$ 煤层顶板正常区，含量变化较小；在井田构造岩顶板区，瓦斯含量变化较大。尤其是在煤层铲失(薄)区和断层交会带，瓦斯含量出现反常现象。如 12902 孔位于告 F_{21} 张性断层与煤层铲薄区的复合部位，煤层瓦斯经顶板破碎带沿告 F_{21} 向上逸散，实测瓦斯含量仅为 1. 76 $m^3/(t·r)$。而浅部 12010 孔虽同样处在煤层铲薄区附近，但受到告 F_3 压性断层的阻隔，瓦斯含量竟高达 11. 66 $m^3/(t·r)$(见图 4-21)。

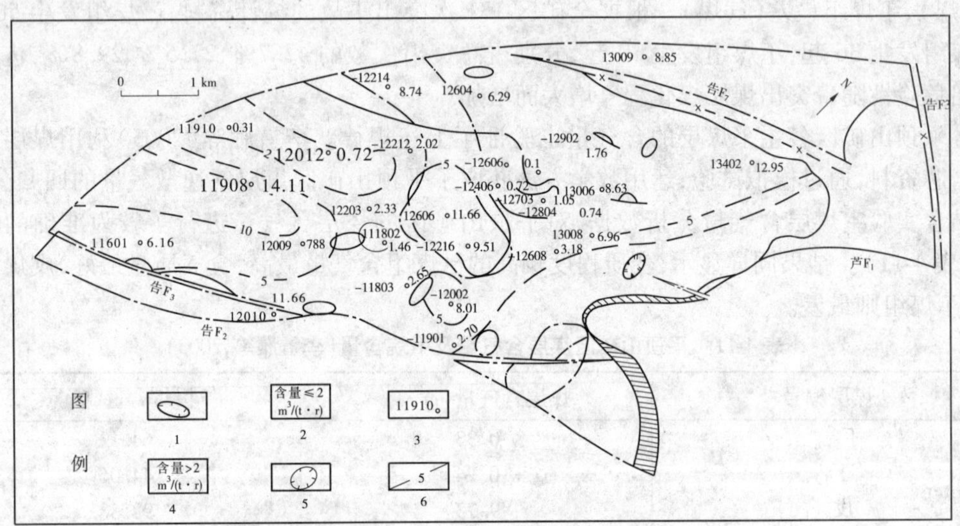

1—正常顶板区;2—瓦斯风化带;3—孔号与瓦斯含量;4—沼气带;
5—煤层铲失(薄)带;6—瓦斯含量等值线

图 4-21 告成井田二$_1$ 煤层瓦斯地质图

(二)矿井瓦斯质量分布特征

构造区告成煤矿 13 首采区的瓦斯排放资料，验证了勘探报告"二$_1$ 煤层瓦斯含量沿煤层走向由南向北递减"这一重要结论，对矿井深部开采的瓦斯预测和防治具有极其重要的意义。根据告成煤矿在开采期矿井瓦斯经排放后垂深的分布情况，对二$_1$ 煤层瓦斯测试数据进行分析可以看出，瓦斯甲烷浓度随煤层埋深或瓦斯含量都无递增规律，离散性显著。如按瓦斯中甲烷浓度为 80% 时对应的煤层埋深作为瓦斯风化带下限，那么告成煤矿目前开采标高 -230 m 以上煤层基本上属于风化带煤层。可见，二$_1$ 煤层在变质成烃过程中强烈的构造作用和风化过程中复杂的化学反应，都极大地影响着构造区的瓦斯质量。

(三)矿井瓦斯梯度分布特征

告成煤矿广泛发育的构造岩顶板，极大地改变了瓦斯原始渗流场的边界条件。与西侧滑动构造区外的新登煤矿相比较(见图 4-22),除 05051 和 05050 样品处断层带数值严重偏低外,其余大都高于区域正常值,而且瓦斯含量梯度波动性很大,相关系数普遍较低,不遵循所谓的瓦斯梯度规律。

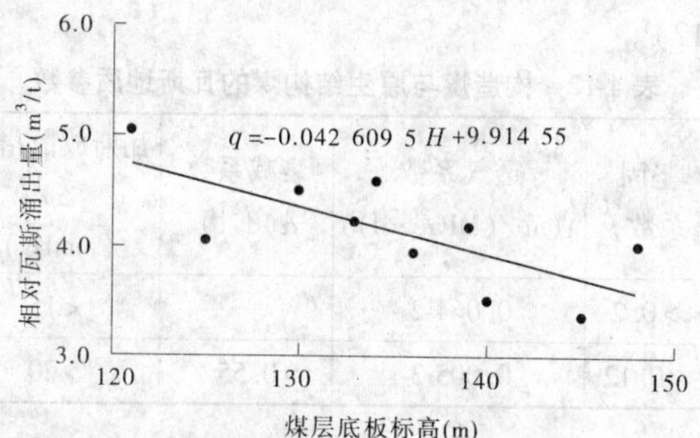

图 4-22 新登煤矿瓦斯涌出量与煤层底板标高关系回归(郑同社,2005)

第四节 滑动构造区软煤瓦斯抽采技术

河南省煤矿多系“三软”(软顶、软底、软煤)矿区,煤层气资源极其丰富,全省埋深 2 000 m 以上的煤层气蕴藏量约 1 万亿 m^3,平均资源丰度达 1.97 亿 m^3/km^2。然而,“三软”煤层独特的低渗性能,使煤层气综合利用与矿井瓦斯防治任务十分艰巨。目前全省共有高瓦斯矿井 22 对,突出矿井 67 对,而且高突矿井以单一软弱煤层居多,普遍缺乏保护层开采条件。省内各大煤业集团尽管采用了多种国内外先进的矿井瓦斯抽采技术,但由于尚未掌握“三软”煤层的压裂性能,矿井抽采率一般保持在 25% 左右,仍不能实现煤层气的有效抽采和高效利用。

一、软煤瓦斯地质特征

河南省处华北聚煤区南部边界,地质构造复杂,全省煤田为典型的华北石炭 - 二叠系煤田。矿区火成岩体极不发育,主采二$_1$ 煤层基本没有受到热异常的影响,但因受后期滑动构造和断块掀斜的强烈改造,全区基本构造煤化,动力变质程度较高;构造煤的变形特征为“片状 - 鳞片 - 碎粒 - 碎粉”结构,碎裂后断面光滑如镜面,摩擦镜面、擦痕及擦槽极其发育,揉搓现象严重,质松性脆,且小挠曲和劈理构造非常发育,厚度一般为 7 ~ 8 m,是我国典型的“三软”煤层(见图 4-23)。

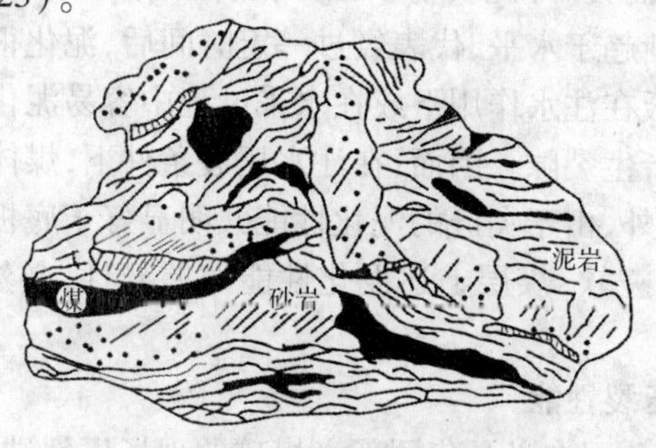

图 4-23 告成煤矿构造煤变形素描图

矿井瓦斯实测数据表明，经过强烈构造作用的软煤强度低，透气性差，瓦斯压力大，但解吸速度较快，衰减期很短，一旦采掘活动发生冒顶、片帮及落煤堆积，煤体内部瓦斯将很快解吸释放，致使采掘工作面瓦斯涌出量骤增，一般为正常煤壁的几倍甚至几十倍，实属低渗难抽放软弱煤层（见表 4-12）。

表 4-12 构造煤与原生结构煤的瓦斯地质参数

煤层	结构类型	煤样数	坚固系数 f	透气系数 $\lambda(m^2/(MPa^2 \cdot d))$	衰减系数 $\alpha(d^{-1})$	瓦斯放散指数 Δp (mmHg)	瓦斯含量 (m^3/t)	瓦斯压力 (MPa)
$二_1$	原生煤	5	>0.2	0.064 2	—	<15	<8	<0.5
$二_1$	构造煤	12	<0.12	0.005 3	0.55	>20	>10	>0.68

二、“三软”煤层的物理力学性能

针对河南省单一松软低渗透性煤层地质条件的特殊性，普遍采用煤层压裂增透技术对“三软”矿井瓦斯进行抽采。定向压裂技术就是通过向煤层内注射压力水，使煤层内部沿一定方向产生裂隙或较大的孔隙，从而增强其渗透性能。煤层注水不仅能压裂煤层，而且能充分湿润渗流场内的煤体，大大改善其力学性能，如强度降低，塑性增强。实际上，煤体注水是一个复杂的水动力学过程和物理化学过程。对煤体进行注水，在其内部产生众多的次生应力，如孔隙水压力、瓦斯压力、渗透应力和泥化夹层遇水引起的膨胀应力。以上次生应力改变了原来的“煤－瓦斯”两相平衡体系，形成“煤－瓦斯－水”新的三相平衡体系。煤体中的细小颗粒与游离瓦斯不断被集中，瓦斯压力骤然增加，固体有效应力骤然降低，从而导致瓦斯、水与煤屑的混合流体不断向煤壁和抽放孔等低压区渗透排放。

（一）“三软”煤层的泥化性能

自然界岩石遇水一般都有塑性增强、强度降低及体积膨胀的泥化性能。泥化性能强的岩石在压力和水的联合作用下变形极大，但很少破坏产生裂隙。煤作为一种特殊的有机岩石，遇水后必然会产生一系列复杂的物理化学反应，从而大大改变其水力学性能。登封煤田朝阳沟煤矿位于著名的芦店滑动构造区，主采$二_1$煤层及其顶、底板极其软弱破碎，其泥化试验结果在河南“三软”矿区具有一定的代表性（见图 4-24）。

图 4-24 表明，“三软”煤层的原煤、顶板（砂质泥岩）泥化现象明显，特别是开始 5 min，曲线斜率大，泥化速度快；而夹矸（泥质粉砂岩）与底板（粉砂岩）泥化现象不明显，其曲线位于坐标系的底部，往右逐渐趋于水平，代表经过一定时间后，泥化很快停止，趋于稳定。根据上述特点，预料原煤和顶板在注水作用下或在水采过程中容易泥化，很难产生裂隙。而夹矸与底板泥化不明显，容易产生裂隙。因而，在注水压裂条件下，煤体与夹矸、底板的界面附近容易形成层间裂隙带。另外，由于夹矸的泥化性能又明显好于底板，因而煤层的下部或底部最容易压裂。由此可见，“三软”煤层上述泥化性能的差异性，必然增强其注水压裂性能及其瓦斯透气性。

（二）“三软”煤层的压裂性能

河南煤层气开发有限公司在义马集团新义煤矿的现场压裂试验从另一个侧面佐证了上述科学推断。通过对传统注水压裂技术进行改进（5 MPa 左右的定向动水压力），相同施工

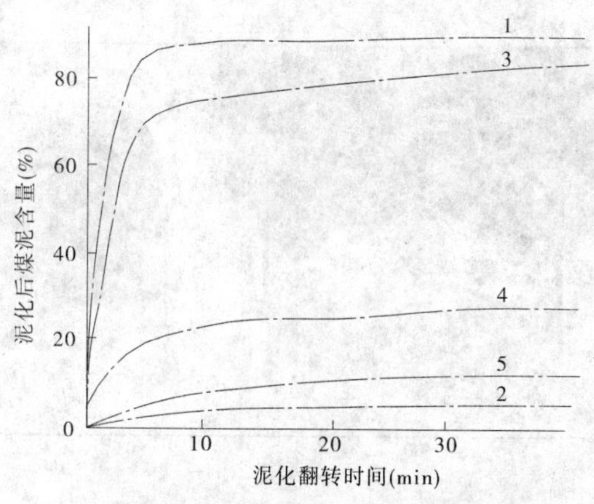

1—顶板;2—底板;3—原煤;4—夹矸;5—浮煤

图 4-24 朝阳沟小井二$_1$ 煤层及构造岩顶板泥化曲线

条件下,软煤中注水的压裂半径仅为 3 ~ 5 m,而沿层间裂隙带的压裂长度可达 55 ~ 60 m。这种明显的定向压裂效果,也得到了井下电法探测的充分验证(见图 4-25)。压裂前高抽巷 40 ~ 80 m 巷底以下 25 m 范围内的煤层处于密实状态,因而为视电阻率(ρ_s)的深色高阻区(见图 4-25(a))。压裂后水体沿层间关键裂隙层流动,同一区域,即 1 号与 2 号钻孔之间的煤层已变为视电阻率(ρ_s)的浅色低阻区,这种压裂现象在煤层下部尤为明显(见图 4-25(b))。现场压裂试验充分佐证,“三软”煤层注水压裂可以沿一定方向并且在一定部位产生层间裂隙。

三、“三软”煤层的抽采试验

(一)井下压裂与井下抽采

科学试验表明,井下注水压裂技术不仅能增加煤层透气性,提高瓦斯抽采率,从而降低煤与瓦斯突出风险,并且对防治煤尘、顶板、冲击地压等矿井地质灾害均具有明显促进作用。平煤十矿于 2009 年 2 月 24 日在 24080 工作面运用该技术进行了瓦斯抽采试验。试验点煤层厚 4 m,瓦斯含量 23 m^3/t,瓦斯压力 2.4 MPa,渗透率 0.001 3 m/d,坚固系数 0.24 ~ 0.37,属于较难抽放软弱煤层。

河南省煤层气开发有限公司通过井下水力定向压裂煤层,在压裂范围内预抽钻孔 56 d 单孔抽采瓦斯总量为 10 093 m^3,平均单孔瓦斯抽放量由压裂前的 77 m^3 增加到压裂后的 7 893 m^3,衰减周期由 7 d 左右延长到 80 ~ 90 d,单孔瓦斯预抽出率提高到 33%。根据分源预测法计算,压裂后回采工作面瓦斯涌出量将由 30.13 m^3/min 降到 16.67 m^3/min。按照现有通风条件,回风巷中瓦斯浓度将由压裂前的 1.51% 下降到 0.83%。可见,“三软”煤层在水力压裂条件下的瓦斯抽放效果十分显著。

注水压裂煤层还能充分湿润煤体,有效治理“三软”矿区的煤尘灾害。煤样测试表明,压裂后煤体含水量在 1.2% ~ 2.89%,均大于煤层原始含水量 0.94%。煤体的含水量与采面位置有直接关系,离压裂孔越远,含水量越低。距压裂孔最远的采面(间距 80 m),煤体含水量仅为 1.0%,十分接近煤层原始水分(见表 4-13)。

注水压裂后的防尘效果也十分明显,压裂前生产期间,如割煤和施工钻孔所产生的煤尘

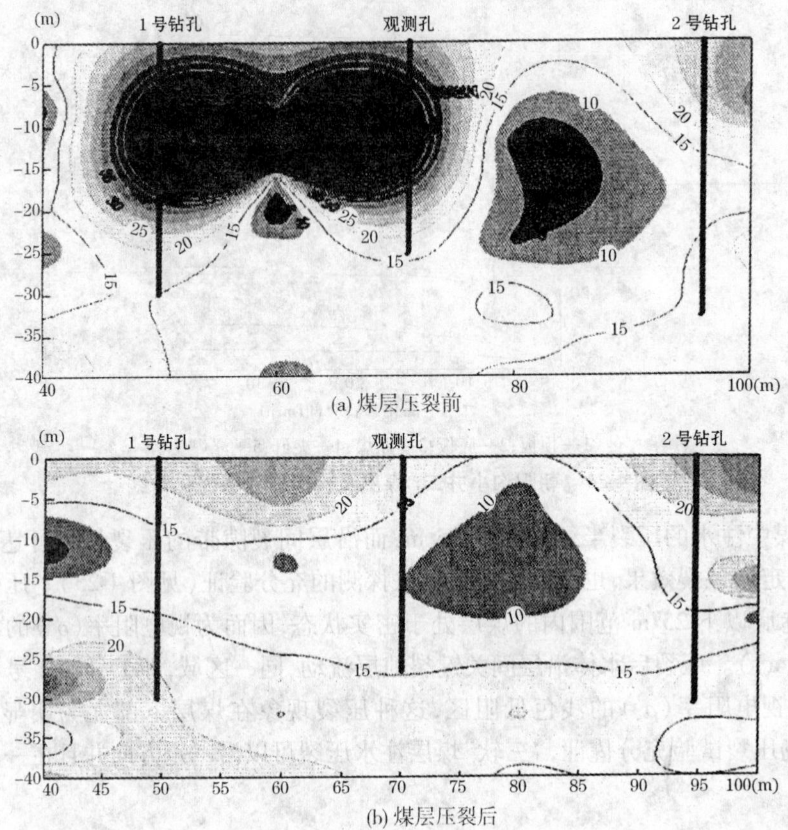

(a) 煤层压裂前

(b) 煤层压裂后

图 4-25　新义煤矿煤层压裂电法探测对比

最大含量分别为 263 mg/m³ 和 55 mg/m³，压裂后相应最大煤尘含量分别下降为 86 mg/m³ 和 17 mg/m³（见表 4-13）。

表 4-13　新义煤矿煤体含水量与煤尘含量压裂试验对比表

采面与压裂孔间距(m)	压裂后煤体含水量(%)	煤尘含量(mg/m³)			
		割煤		施工钻孔	
		压裂前	压裂后	压裂前	压裂后
40	2.66	153	9	18	5
50	2.24	170	15	17	6
60	1.37	191	23	23	8
70	1.10	249	56	47	13
80	1.00	263	86	55	17

（二）地面压裂与井下抽采

地面压裂就是借鉴地面油气井压裂工艺，在地面布置压裂孔，沿一定方向进行水力压裂，然后进行井下抽采。该工艺克服了“三软”低渗煤层单纯地面压裂井增产效果差的缺陷，有效实现了煤矿“先抽后采”、“采煤采气一体化”，尤其适用于不具备井下压裂条件的中小煤矿，为复杂井田连片整合及区域瓦斯抽采提供了技术保证。

2007 年 9 月 26 日，焦作矿区位村煤矿在试验井田范围内共布置 6 个地面钻孔进行地面水力压裂，其中 GW 试 -001、GW 试 -002 孔位于矿井 181 工作面区域内。压裂试验后，经微地震测试，GW 试 -002 孔裂缝方位呈 NE71.5°，东翼缝长为 82.4 m，西翼缝长为 109.5 m。

截至 2008 年底，回采工作面已接近地面井压裂区域，生产矿井在巷道的上下帮沿煤层倾向分别施工抽放钻孔。从钻孔瓦斯抽放效果来看，1 号、19 号和 20 号钻孔终孔位置距压裂裂缝中心线较近，抽放浓度是 72 号、166 号(终孔位置距压裂裂缝中心线较远)的 2~3 倍以上，平均日抽放瓦斯纯量远大于 72 号、166 号(见表 4-14)。

表 4-14 位村煤矿地面压裂后井下钻孔抽放效果对比

孔号	抽放负压(kPa)	孔位与压裂缝距离(m)	平均抽放浓度(%)	抽放时间(d)	抽放量(m^3)	平均抽放量(m^3/d)
1	20~30	118.8	80	61	1 836	30.1
19	14~27	79.6	75	480	25 795	53.74
20	14~27	83.9	55	480	15 425	32.14
72	75~285	216.8	25	395	8 196	20.75
166	112~270	179.3	18	690	6 125	8.88

四、结论

在我国面临“低碳经济”的新形势下，河南省“三软”煤层瓦斯综合利用具有十分重要的社会经济意义，因而也面临着无限的机遇和挑战，如何在商机中找到生机是值得深思的课题。本节立足于室内泥化试验、现场压裂试验及现场抽采试验，经过分析大量试验现象和数据后得出以下结论：

(1)河南省“三软”煤层结构复杂，变形强烈，实属低渗难抽煤层。在我国面临“低碳经济”的新形势下，综合利用储量丰富的“三软”煤层瓦斯资源，具有十分重要的社会经济意义。

(2)矿井现场压裂和抽采试验表明，以“定向注水压裂”为核心内容的瓦斯抽采技术，能够明显改善“三软”煤层的透气性，显著提高瓦斯抽采率，因而是新形势下我国煤矿瓦斯抽采技术的新突破。

(3)煤层注水尚能抑制“三软”矿区日益严重的瓦斯、煤尘爆炸事故，因而也是一项防治矿井地质灾害的“双赢”技术。

第五节 滑动构造区软顶瓦斯抽采技术

芦店滑动构造的滑动带岩芯极其破碎，结构松软。在漫长的地质时期中，瓦斯向多空隙的构造岩顶板运移与富集，从而形成豫西地区特有的构造岩顶板瓦斯异常现象。

一、构造岩顶板变形特征

芦店滑动构造的二次滑动成因造就了研究区丰富的构造现象。构造带在垂向上普遍出现分带现象，大致呈上部断层裂隙带、中部断层破碎带和底部断层带(滑动构造带主体)的共生组合。断层带本身又可细分为上部构造角砾岩覆盖下部断层泥的复杂二元结构（见图 4-26）。根据变形特征和工程地质试验结果，构造角砾岩尚可进一步分为剪切角砾岩（见图 4-27（a））和张性角砾岩（见图 4-27（b））两种成因类型。滑动构造带中的张性角砾岩和断层泥的物理力学性能基本符合软岩分类特征（见表 4-15）。

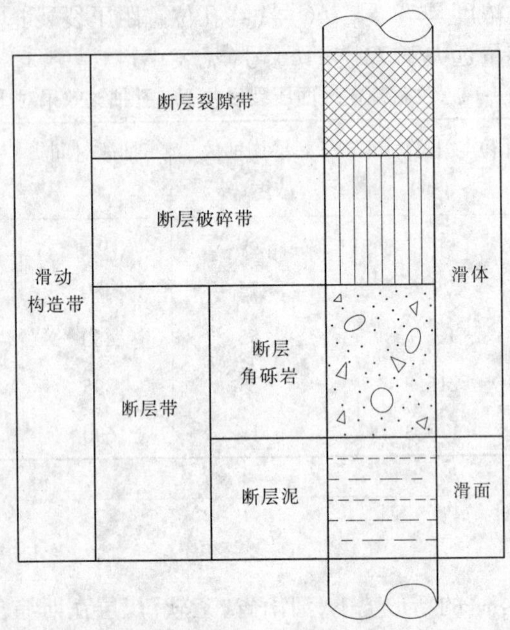

图 4-26　滑动构造带垂向结构

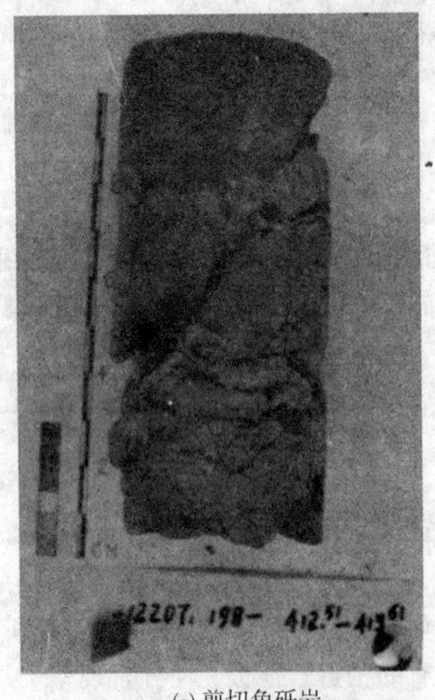

(a) 剪切角砾岩

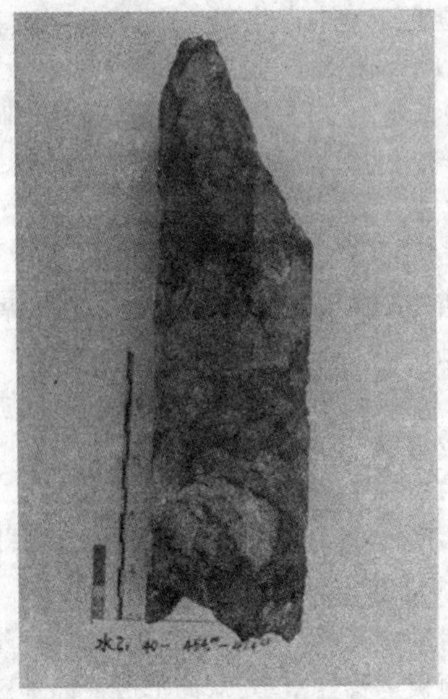

(b) 张性角砾岩

图 4-27　滑动构造区断层角砾岩钻孔岩芯

表 4-15 构造带岩石的物理力学参数

岩体类型	密度 (g/cm^3)	空隙率 (%)	含水量 (%)	吸水率 (%)	抗压强度 (MPa)	抗拉强度 (MPa)	弹性模量 (GPa)
断层裂隙带	2.75	3.69	0.87	0.54	87.6	3.3	3.16
断层破碎带	2.72	3.78	1.15	1.02	56.3	3.1	2.53
张性角砾岩	2.36	5.37	1.25	1.23	14.2	1.6	0.11
剪切角砾岩	2.77	3.87	1.04	1.10	45.2	2.3	0.57
断层泥	2.72	4.09	1.59	—	22.4	—	0.36

二、构造岩顶板力学性能

根据告成井田的构造岩岩石力学试验结果(见图 4-28),张性角砾岩的变形特征主要为脆性变形,开采时冒落裂隙带较为发育,可切穿滑面与上覆系统的垂直裂隙相沟通,瓦斯容易逸散,矿井实测采面瓦斯涌出量仅为 5.83 m^3/min,是告成煤矿的低瓦斯区;另有一部分顶板分散在井田中浅部初采区,分布面积 6 km^2,主要由厚度 0.2 ~ 30 m 的剪切角砾岩和断层泥组成,这类岩石强度较低,也是煤层顶板的软弱带。大部分顶板主要分布于井田南部,分布面积达 23 km^2,占全部顶板的 76.7%。该类顶板由断层泥和张性角砾岩组合而成,厚度 0.45 ~ 31.72 m,结构复杂,胶结松软,强度值很低,甚至可以说是典型的软岩。岩石试验表明,该类软岩顶板受力后易产生塑性变形,垮落后冒裂带基本不形成采动裂隙,对煤层瓦斯起到良好的封闭作用。因此,由该类顶板构成的采面,瓦斯涌出量最大,平均值达 17.35 m^3/min,是告成煤矿的高瓦斯区。

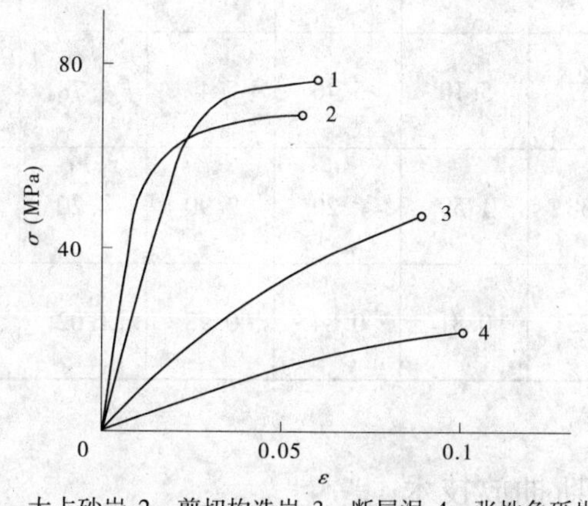

1—大占砂岩;2—剪切构造岩;3—断层泥;4—张性角砾岩

图 4-28 不同构造岩应力—应变关系曲线

三、构造岩顶板瓦斯开采特征

构造岩顶板的破碎性能基本决定了矿井的“顶板瓦斯”现象。断层泥和张性角砾岩强度低,变形大,在全部垮落法管理顶板的开采方式中随采随落,因而无严格的伪顶、直接顶和基本顶之分,也无真正意义的冒落带、裂隙带之分。软岩顶板垮落后随即进入塑性软化状态，导致采动裂隙极不发育。采空区瓦斯向上运移受阻并滞留于冒落带或冒落带之下，难以通过采动裂隙向上覆系统围岩运移，前方采面推进时，在通风负压和矿压的共同作用下，随着采空区漏风大量涌向工作面隅角，从而形成新的二次瓦斯源。告成煤矿 13 采区内 8 个工作面的统计资料表明，正常生产条件下，采煤工作面瓦斯涌出量构成为：采面煤壁占总量的 60%，采面老空区占总量的 25%，回风两巷占总量的 15%。

采掘面通风排释是矿井治理瓦斯地质灾害的基本手段，问题的关键是科学合理地确定风量。在人们的一般概念中，风量越大，瓦斯稀释效果越好。但在研究区这种特殊的构造条件下，增大风量也随之带来了严重的副作用。一方面老空区赋存在构造岩顶板中的瓦斯，随着巷道风量的增加源源不断涌向工作面，从而增加了矿井通风负荷；另一方面粉状构造煤在强烈风流的作用下产生大量煤尘，既恶化了工作环境，又埋下了事故隐患。

表 4-16 是告成煤矿 13031 采面瓦斯涌出量与风量关系统计，该采面顶板由极其软弱的断层泥和张性角砾岩组成。表 4-16 中数据显示，采煤工作面风量在 1 000 m^3/min 以下时，瓦斯涌出量为 8.50 m^3/min 以下，而老空区仅占总量的 20.0% ~25.8%；当采煤工作面风量在 1 000 m^3/min 以上时，老空区瓦斯所占比例剧增，平均达 43.32%。对高瓦斯采面而言，瓦斯涌出量都在 14 m^3/min 以上，单靠通风排释，则风量需相应达到 1 500 m^3/min。而此时随着通风负压的增加，老空区瓦斯已占 50% 以上，采面风速也达 6 m/s，严重违反安全规程。因此，采空区构造岩顶板瓦斯是造成矿井采面“二次涌出”的首要原因。

表 4-16　告成煤矿 13031 采面瓦斯涌出量与风量关系统计

风量（m^3/min）	700	800	900	1 000	1 100	1 200	1 300	1 400	1 500
回风流瓦斯（m^3/min）	6.20	6.70	7.50	8.50	9.35	11.00	12.40	13.80	14.50
采面瓦斯（m^3/min）	4.28	4.57	5.10	5.46	5.47	5.78	5.81	5.85	5.88
老空区瓦斯（m^3/min）	1.24	1.38	1.59	2.20	2.90	4.20	5.56	6.83	7.45
巷道瓦斯（m^3/min）	0.68	0.75	0.81	0.84	0.98	1.02	1.03	1.12	1.17

四、构造岩顶板瓦斯抽放技术

在顶板全部垮落法的采煤工作面，沿推进方向，顶板一般呈现煤壁支撑影响区、离层区和重新压实区三区分区现象；在离层区的垂直方向上，上覆地层又分为冒落带、裂隙带和弯曲带。由于瓦斯密度较小，随着采面推进，将沿离层区冒落带向上飘移，从而在裂隙带内大量积存。顶板岩石瓦斯抽放正是利用布置在煤层顶板中的钻孔或巷道，在泵站负压的作用下，改变采空区瓦斯的流向，通过抽排系统将瓦斯导入矿井总回风中，从而达到降低采面隅角和回风流瓦斯浓度的目的。

(一)顶板钻孔直接抽放

1. 地面抽放

研究区构造煤结构破坏严重,基本上被挤压成片状和碎粉状,煤的渗透性极差,几乎无法实施煤层强化抽放。但构造岩顶板空隙率大、渗透性强,自然状态下即可实施直接抽放。针对上述开采地质条件,作者从煤与瓦斯突出防治措施中的开采“解放层”方法中得到启示,提出了煤层构造岩顶板地面完整井或井下直接强化抽放瓦斯的新方法。地面完整井方法,即使用钻机钻穿构造岩顶板但不钻入煤层即行完孔,选择最破碎的区段建立“自然储层”,然后从这一“自然储层”中抽放由煤层扩散出来的瓦斯。超化煤矿于 2003 年 7 月开始建立地面瓦斯抽放系统,抽放流量在 70 ~ 100 m^3/min,一般稳定在 80 m^3/min;抽放瓦斯浓度在 4% ~20%,一般稳定在 8%;抽放瓦斯纯流量平均为 6.4 m^3/min;在风量为 1 200 m^3/min 情况下,工作面瓦斯浓度、上隅角瓦斯浓度和上副巷回风流瓦斯浓度分别可控制在 0.2%、0.6% 和 0.35% 以下。矿井瓦斯经过综合治理,不仅改善了采面的工作环境,并且消除了瓦斯超限现象,为我国东部伸展构造区的瓦斯地质灾害防治作出了示范。

2. 井下抽放

研究区内高瓦斯矿井一般采用井下顶板钻孔抽放技术。实践证明,钻孔施工是顶板瓦斯抽放技术的关键环节。构造区告成煤矿在应用该技术时,进行了周密安排和设计(见图 4-29、表 4-17)。为解决顶板破碎造成的钻进慢、易塌孔、易断杆问题,井下钻孔采用 SGZ-ⅢA 和 ZYG-150 型钻机进行施工,同时积极采取以下应对措施:

(1)将传统的旋转钻进改为风动冲击钻进,使钻进速度提高 5 倍以上,保证了抽放钻孔的接替。

(2)为解决塌孔问题,对破碎顶板采取注浆加固措施,每钻进 5 ~ 10 m 即进行一次注浆,待凝固后进行第二次钻进,如此循环往复直至终孔。对完整性较好的剪切构造岩,钻进后及时下花管即可。

(3)为解决断杆问题,一般使用直径较大(ϕ50 mm)的钻杆,目前最大进尺已达 120 m。

采用井下顶板抽放技术,告成煤矿瓦斯抽放量可达 2 ~ 3 m^3/min,平均抽放浓度达 15%,最高为 70%。在采面风量相同的条件下,通过抽放可使瓦斯浓度降低 0.2% ~0.4%;在采面瓦斯浓度不变的情况下,则可减少风量 200 ~ 300 m^3/min。这样不但可以改善井下工作环境,而且保证了采面的安全生产,瓦斯治理效果非常明显。

(二)顶板“高抽巷”抽放

郑州煤业集团超化煤矿在“三软”厚煤层 21071 综放工作面,采用本煤层高抽巷方法进行瓦斯抽放,取得了良好的效果。

1. 工作面概况

21071 综放工作面位于该矿 21 采区东部,受滑动构造影响,煤层厚度变化极大,平均厚度为 8 m,倾角 4° ~20°,煤层结构复杂,坚固系数小,f=0.13 ~0.2,易冒落。煤层顶、底板岩性均为砂质泥岩,较为破碎。根据掘进时情况,瓦斯涌出呈带状分布,顶板破碎地段最大涌出量达到 6.0 m^3/min 以上。结合该矿经验,回采与掘进工作面瓦斯涌出经验比值可达 3.38,预计工作面回采时最大瓦斯涌出量为 20.28 m^3/min。

2. “高抽巷”瓦斯抽放方法

该工作面回采二$_1$ 煤层特厚且透气性极差,瓦斯主要在回采时集中涌出。根据本煤层

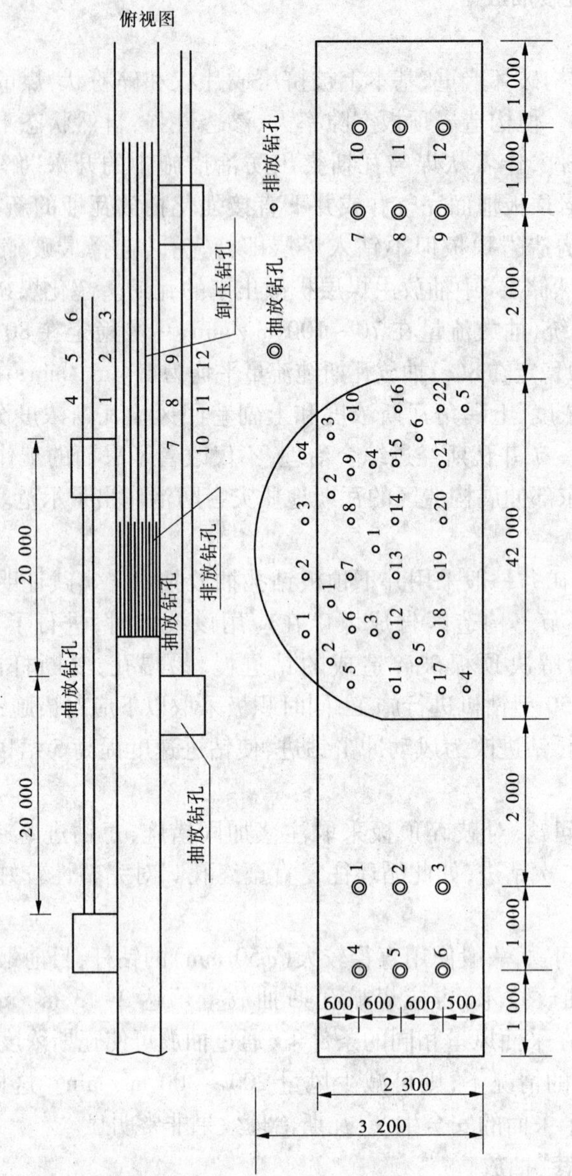

图 4-29 煤巷掘进头瓦斯抽放钻场布置图 （单位:mm）

钻孔抽放难钻进、易塌孔、流量小且衰减期短的特点,在本煤层沿顶板内错回风巷 15 m 位置开拓高抽巷。高抽巷采用木棚及其他不燃性材料进行支护,利用机械形成的高负压对冒落带、裂隙带及老塘区瓦斯进行抽放,解决回风流及上隅角瓦斯超限问题。

高抽巷与工作面同期施工,同时投入使用。高抽巷末端应位于切巷开切眼塌陷角以内,保证工作面回采时高抽巷能与工作面及早沟通。

3.“高抽巷”瓦斯抽放效果

瓦斯抽放效果十分明显,抽放系统起到了很好的作用。抽放率从最初的 18.1% 上升到 60% 以上,抽放浓度也由最初的 5% 上升到 40% 左右,保证了工作面上隅角及回风流瓦斯浓度稳定在安全范围,工作面日产量稳定在 5 000 t 以上,极大地提高了工效。

表 4-17 告成煤矿瓦斯钻孔抽放设计

孔号		1(7)	2(8)	3(9)	4(10)	5(11)	6(12)	1	2	3	4	5	6	1－4	5－10	11－16	17－22	1	2	3	4	5
钻孔性质		抽放钻孔						卸压钻孔						排放钻孔				效果检验孔				
沿顶掘进	方位(°)	0	0	0	0	0	0	0	0	0	0	0	0	0	0	0	0	0	－24	＋24	－24	＋24
	倾角(°)	－1	－2.5	－3.9	－2.1	－3.5	－4.9	－1.2	－1.2	－3.7	－3.7	－6.2	－6.2	＋1.7	－5	－11.6	－18	－2.6	－2	－2	－25.6	－25.6
	孔深(m)	55	55	55	55	55	55	40	40	40	40	40	40	8	8	8	8	5.5	5.5	5.5	5.5	5.5
沿底掘进	方位(°)	0	0	0	0	0	0	0	0	0	0	0	0	0	0	0	0	0	－24	＋24	－24	＋24
	倾角(°)	＋0.7	－0.7	－2.1	－0.3	－1.7	－3.1	＋1.2	＋1.2	－1.3	－1.3	－3.8	－3.8	＋13.4	＋7.1	＋0.5	－6.2	－2.6	＋20	＋20	－3	－3
	孔深(m)	55	55	55	55	55	55	40	40	40	40	40	40	8	8	8	8	5.5	5.5	5.5	5.5	5.5

注:1. 钻孔施二以此表数据为准,并随巷道坡度、煤厚的变化而相应调整。

2. 方位为钻孔与巷道中线的夹角,符号向右为＋,向左为－。

(三)封孔工艺

根据钻场迎头顶板岩性的不同,应分别采用两种不同的封孔方法。

1. 孔口管直接封孔法

如果钻场迎头岩性比较完整,裂隙较少,直接下孔口管到钻孔中,然后将整个断面喷浆封闭,要求喷层覆盖整个钻场迎头断面及以外不少于2 m的巷道。孔口管直径为4寸,长度不少于3 m,利用外面法兰直接与抽放管连接。这种方法的优点是工艺简单、加工方便、容易操作;缺点是开孔时要用大直径钻头对填封孔部分进行扩孔(该矿使用ϕ127 mm钻头扩孔),原来密封性较差,但通过注浆加固,已较好地解决了密封性问题。

2. 聚氨酯封孔法

封孔前将钻孔巷道全部喷浆封闭。封孔管使用2寸钢管,长3 m。将封孔管分为各1.5 m长的两节,在一节两端各焊一个挡板(相距0.7 m,挡板直径小于钻孔直径)。将一块0.7 m×0.7 m毛巾的一边固定在两个挡板之间。封孔时,先将聚氨酯药包A型10包(200 g/包)、B型10包(250 g/包)倒在容器中迅速搅拌均匀,将封口管上的毛巾伸开,将混合液体均匀糊在毛巾上,边糊边卷,然后将封口管插进钻孔的预定位置,整个过程必须在1 min内完成。其优点是密封性能好,但操作必须快速熟练。

(四)结论

软岩顶板瓦斯抽放技术,作为厚煤层低透气性采煤工作面瓦斯治理的最优选择,在滑动构造区矿井生产中已发挥了重要作用。这是瓦斯综合治理“十二字”方针的具体体现。该技术从根本上解除了矿井安全生产的隐患,既利于职工个体防护和粉尘治理,又有利于瓦斯的综合利用,从而提高了矿井的抗灾能力和安全系数,为矿井实现高产高效提供了强有力的技术保障。

第六节 “三软”矿区瓦斯抽采的意义

“三软”矿区瓦斯综合利用是当前建设节约型社会和发展低碳经济的客观需要。众所周知,所谓的低碳经济,是以低能耗低污染为基础的经济。而以低碳经济为依托的低碳技术涉及电力、交通、建筑、冶金、化工、石化等经济部门以及可再生能源与新能源、煤的清洁高效利用、油气资源和煤层气的勘探开发、二氧化碳捕获与埋存等科学领域,因而必定是一项能有效控制温室气体排放的高新技术。以郑州煤业集团超化煤矿为例,该矿属高瓦斯“三软”矿井,$二_1$煤层瓦斯含量平均为10.8 m^3/t,可采煤层剩余瓦斯赋存量预计在8亿~10亿 m^3。依据矿井采掘布置整体规划,高瓦斯采面抽放稳定期长达10年,地面抽放系统抽放混合流量按80 m^3/min计,抽放瓦斯浓度基本能稳定在7%~15%,平均在10%以上。因此,瓦斯纯流量将在5.6~12 m^3/min,一般稳定在8 m^3/min左右,若每天抽放时间为23 h,1年共可抽放纯瓦斯402.9万 m^3,计人民币805.8万元(按2元/m^3)。另外,每年在高瓦斯区可增加原煤产量30万t,原煤纯利润按100元/t计,则每年可创经济效益3 000万元。

此外,低碳排放将成为未来经济社会发展的一个重要方向。煤层气是一种新型洁净能源,无论是在能源补充、降低矿井灾害,还是在减少温室气体排放、保护大气环境方面,其开发利用都是利国利民的好事。据初步测算,应用注水压裂技术在河南“三软”矿区可以减少瓦斯治理直接投资30%以上,抽采瓦斯利用率达到90%以上,增加瓦斯抽采和利用量5亿

m^3 以上，相当于60万t标准煤。尤为重要的是 CO_2 排放相应减少800 t，SO_2 排放相应减少800 t。

然而，煤层气的综合开发利用是一个复杂的系统工程，涉及的领域和专业非常广泛。该产业的兴起必将带动一个庞大产业链的互动，从而促进我国国民经济的可持续发展。同时，我们应该清醒地认识到，支撑这个巨型产业集群的公共系统如土地、交通、通信、教育及科研等部门的建设也需要一并纳入统筹规划，从而塑造健康的产业链、产业集群和产业生态（见表4-18），这是企业、政府和所有从业人员应该共同承担的行业责任。

表4-18 产业链、产业集群与产业生态相互关系

产业链	上	中	下
	勘探、开发、生产	压缩、液化、处理、管道	工业燃料、化工原料、民用发电
产业集群	煤	气	油
	煤炭开采、煤化工、煤矿安全、火力发电、煤炭运输	井下抽放、地面开采	煤成油与水煤浆的精加工
产业生态	产	学	研
	钻井、压裂、排采、集输	教育、培训、会议、科研院所、厂矿企业	成藏机理、复杂开采、综合利用

参 考 文 献

[1] Wignall P B, Twitchett R J. Oceanic anoxia and the End – Permian mass extinction[J]. Science, 1996, 272: 1155 – 1158.

[2] Willis K J, McElwain J C. The evolution of plants[M]. Oxford: Oxford University Press, 2002:1 – 378.

[3] 孙茂远,黄盛初.煤层气开发利用手册[M].北京:煤炭工业出版社,1998.

[4] 傅雪海,秦勇,韦重韬.煤层气地质学[M].徐州:中国矿业大学出版社,2007.

[5] 赵庆波,李贵中,孙粉锦,等.煤层气地质选区评价理论与勘探技术[M].北京:石油工业出版社,2009.

[6] 赵明鹏,王宇林,周瑞.阜新煤田王营煤层气田构造因素研究[J].煤炭学报,1999,24(3):234 – 239.

[7] 关德师.论中国煤层甲烷可采资源量及当前主要勘探区[C]//煤层气开发和利用国际会议论文集,1995.

[8] 刘俊杰.王营井田地下水与煤层气赋存运移的关系[J].煤炭学报,1998,23(3):225 – 230.

[9] 李思田.断陷盆地分析与煤聚集规律[M].北京:地质出版社,1988.

[10] Palmer I D, Metcalfe R S, Yee D,等.煤层甲烷储层评价及生产技术[M].徐州:中国矿业大学出版社,1996.

[11] Wang Z R, Chen L X, Cheng C R, et al. Forecast of gas geological hazards for “Three – Soft” coal seams in gliding structural area[J]. Journal of China University of Mining and Technology, 2007, 17(4): 484 – 488.

[12] 王志荣,朗东升,刘士军,等.豫西芦店滑动构造区瓦斯地质灾害的构造控制模式[J].煤炭学报,2006,31(5):553 – 557.

[13] Wang Z R, Li S K, Wang Y X. Characteristics of compression fracture of “Three – Soft” coal bed by perfusion and gas sucking technique[J]. Journal of Coal Science and Engineering, 2011, 17(1): 43 – 46.

[14] 何晶.华北地区煤层气可采性的主要影响参数探讨[J].河南石油, 2001(5): 14 – 15.

[15] 张文惠.煤层气地质特征及评价选区研究[R].地质矿产部华北石油局地质研究大队, 1995.

[16] 宋健人.国外对含煤层天然气的研究概况[J].石油地质科技动态,1984,84(1): 1 – 5.

[17] 秦勇.煤储层厚度与其渗透性及含气性关系初步探讨[J].煤田地质与勘探, 2000(1): 24 – 27.

[18] 中国煤田地质总局.中国煤层气资源[M].徐州:中国矿业大学出版社,1998.

[19] 刘华明.安徽两淮煤田煤层气开发利用现状及前景[J].中国煤层气,1997(12):24 – 26.

[20] 杨宗震.淮南矿区煤层气资源评价与开发前景[J].煤层气,1997(3):2 – 5.

[21] Close J C. Natural fracture in coal. In: Hydrocarbons from coal [J]. Law B E and Rice D D eds. AAPG, 1993, 38: 119 – 132.

[22] Gamson P, Beamish B, Johnson David. Effect of coal microstructure and secondary mineralization on methane recovery[J]. Geological Special Publication, 1998, 199: 165 – 179.

[23] 傅雪海,秦勇.多相介质煤层气储层渗透率预测理论与方法[M].徐州:中国矿业大学出版社, 2003: 19 – 31.

[24] ХоДоТ В R.煤与瓦斯突出[M].宋世钊,王佑安译.北京:中国工业出版社, 1996:27 – 30.

[25] 吴俊,金奎励,童有德,等.煤孔隙理论及在瓦斯突出和抽放中的应用[J].煤炭学报, 1991, 16(3): 86 – 95.

[26] 姚艳斌,刘大锰,胡宝林,等.地理信息系统在煤层气资源评价中的应用[J].煤炭科学技术, 2005,33(12):1 – 4.

[27] 胡宝林.鄂尔多斯盆地煤层气储层特性及综合评价[D].北京:中国地质大学, 2003.

[28] 严继民,张启元.吸附与聚集[M].北京:科学出版社, 1979.
[29] 陈萍,唐修义.低温氮吸附法与煤中微孔隙特征的研究[J].煤炭学报,2001,26(6):552-556.
[30] 童宏树,胡宝林.鄂尔多斯盆地煤储层低温氮吸附孔隙分形特征研究[J].煤炭技术, 2004, 23(7):1-3.
[31] 叶建平,秦勇,林大扬.中国煤层气资源[M].徐州:中国矿业大学出版社, 1998.
[32] 张新民,庄军,张遂安.中国煤层气地质与资源评价[M].北京:科学出版社, 2002.
[33] 荀庆国,石彪.河南省煤层气资源开发前景展望[M].郑州:河南科学技术出版社, 2001.
[34] 李雪雁,吴亮,陈俊亮.平顶山矿区煤层气资源量预测浅探[J].中州煤炭, 2004(2):17-18.
[35] 李臣,王坤,刘春兰,等.压汞曲线在低渗储层酸化改造中的应用[J].新疆地质,2004(2).
[36] Gan H, Nandi S P, Walker P L. Nature of porosity in American coals[J]. Fuel,1972(51).
[37] 李明潮,梁生正,赵克镜.煤层气及其勘探开发[M].北京:地质出版社,1996.
[38] 周胜国.煤层含气量模拟试验方法及应用[J].煤田地质与勘探,2002,30(5):25-27.
[39] 陈书楷,常献伟,王建军,等.高瓦斯矿井的瓦斯综合防治技术[J].能源技术与管理,2005(4):30-31.
[40] 吕健全,谢劲松,李松虎.超化煤矿地面瓦斯抽放系统创建与使用[J].煤炭技术,2005,24(8):47-49.
[41] 樊瑞峰,王世贤,高国栋,等.告成矿高瓦斯高应力区瓦斯综合治理技术[J].中州煤炭,2005(5):59-60.
[42] 苏现波,吴贤涛.煤的裂隙与煤层气储层评价[J].中国煤层气,1996(2):88-90.
[43] 张子敏,林又玲,吕绍林.中国煤层瓦斯分布特征[M].北京:煤炭工业出版社,1998.
[44] 刘立果.顶板高抽巷瓦斯抽放在超化煤矿的应用[J].煤炭技术,2005,24(7):48-49.
[45] 车承斌, 冯志江.顶板钻孔瓦斯抽放方法在告成矿的应用[J].煤炭科学技术,2002,30(10):7-8.
[46] 王志荣.告成井田 F1 滑动构造带水文地质工程地质特征及灾害防治[J].地质灾害与环境保护,2003,14(4):21-24.
[47] 王凤国,李兰杰,徐德红.华北地区煤层含气性影响因素探讨[J].焦作工学院学报:自然科学版,2003,22(2):88-90.
[48] 苏现波,汤友谊.构造煤发育区煤层气地面开发方案的探讨[J].中国煤层气,1997(1):42-43.
[49] Hongwei Zhang, Xuehua Chen, Yue Nan. The regional prediction of tectonic stress in virgin rock mass[C]. APCOM99 国际会议论文集,1999.
[50] 地矿部华北石油地质局.煤层气译文集[C].郑州:河南科学技术出版社,1990.
[51] 郭晓波,张时音.内蒙古二道岭矿区煤层含气性特征[J].煤田地质与勘探,2003,31(6):25-27.
[52] 刘焕杰,秦勇,桑树勋.山西南部煤层气地质[M].徐州:中国矿业大学出版社,1998.
[53] 秦勇,刘焕杰,桑树勋.山西南部上古生界煤层含气性研究(Ⅰ)[J].煤田地质与勘探,1996,25(4):25-30.
[54] 秦勇,刘焕杰,桑树勋.山西南部上古生界煤层含气性研究(Ⅱ)[J].煤田地质与勘探,1997,25(6):18-22.